Das Meer

Das Meer

GEHEIMNISSE AUS 400 MILLIONEN JAHREN

BRYAN RICHARD

SARAH RICKAYZEN • JOAN BARKER

Copyright © Parragon Books Ltd

Entwurf und Realisation: Stonecastle Graphics Limited

Alle Rechte vorbehalten.
Die vollständige oder auszugsweise Speicherung, Vervielfältigung oder Übertragung dieses Werkes, ob elektronisch, mechanisch, durch Fotokopie oder Aufzeichnung, ist ohne vorherige Genehmigung des Rechteinhabers urheberrechtlich untersagt.

Copyright © für die deutsche Ausgabe
Parragon Books Ltd
Queen Street House
4 Queen Street
Bath BA1 1HE, UK

Übersetzung aus dem Englischen:
Dr. Monika Niehaus
Dr. Marion Pausch
Jorunn Wissmann

Satz und Redaktion: Gerdi Killer, bookwise GmbH, München
Koordination: trans texas GmbH, Köln

ISBN: 978-1-4075-0666-1

Printed in China

INHALT

Einführung	6
DER URSPRUNG ALLEN LEBENS	8
DYNAMIK DER OZEANE	10
LEBEN IM OZEAN	36
An den Küsten	
Oberhalb der Wasserlinie	48
Flussmündungen, Salzmarschen und Watten	60
Sandküsten	76
Felsküsten	92
Flachwasserzonen	112
Mangroven	142
Polare Küsten	160
Korallenriffe	188
Das offene Meer	220
Die Tiefsee	254
Die Restlichtzone	260
Die Dunkelzone	270
Der Tiefseeboden	280
DER MENSCH UND DAS MEER	288
Herausforderung Meer	290
Ressourcen des Meeres	300
Seerecht	307
Einflüsse des Menschen	309
Register	316
Danksagung	320

EINFÜHRUNG

Von einem bestimmten Punkt über dem Pazifik aus erscheint die Erde vom All aus ganz und gar blau. Die ungeheuren Vorkommen an Wasser machen unseren Planeten im Sonnensystem einzigartig. Die Ozeane brachten die frühesten Lebensformen hervor, und bis heute erhalten sie alle irdischen Kreaturen, auch den Menschen – nicht nur durch den Wasserkreislauf; sie haben zudem großen Einfluss auf die Temperatur der Erde. Ohne sie wäre unser Planet bei Tage unwirtlich heiß und nachts eisig kalt.

Wir wissen heute viel über die Ozeane, von der Ursache für ihre typische Farbe bis hin zu ihrer Rolle bei Phänomenen wie Tornados, Tsunamis und El Niño. Gleichzeitig sind sie die letzte echte Wildnis auf der Erde. Licht dringt nur bis in etwa 200 Meter Tiefe vor, und darunter befindet sich eine dunkle Welt mit ungewöhnlicher Topografie und erstaunlichen Lebewesen. Es gibt Gebirgszüge, neben denen die Anden kümmerlich wirken, und Gräben, die so tief sind, dass über dem Mount Everest, setzte man ihn dort hinein, noch immer mehr als ein Kilometer Wasser wäre. Erstaunlich auch, was man in ihnen entdeckt. Die Quastenflosser etwa galten bis 1938 als ausgestorben und als wahre „Dinosaurier der Meere", denn Fossilbelege zeigen, dass es sie seit mindestens 400 Millionen Jahren gibt. Erst 1938 wurde eine überlebende Art im Indischen Ozean entdeckt. Und 1976 mussten die Lehrbücher erneut umgeschrieben werden, als man erstmals auf den Riesenmaulhai stieß. Welche unbekannten Arten mögen also noch in der Tiefe auf ihre Erkundung warten?

Ozeane beleuchtet jede Facette dieses bemerkenswerten Lebensraums, von der Plattentektonik bis zum Einfluss des Mondes, vom mikroskopisch kleinen Phytoplankton bis zu den riesigen Walen. Das Buch berichtet über das Bemühen des Menschen, die Tiefsee wissenschaftlich zu erforschen, und ebenso über seine rücksichtslosen Eingriffe in die Umwelt, deren Spätfolgen noch immer nicht absehbar sind.

Mit Beginn des Zeitalters der Raumfahrt in den 1950er-Jahren blickte der Mensch hinaus ins All. Dieses Buch aber zeigt, dass 70 Prozent der Erdoberfläche viele Wunder bereithalten, die es noch zu entdecken gilt.

Der Ursprung allen Lebens

Mit einer Gesamtmasse von weit über 500 Millionen Kubikkilometern ist Wasser eine der häufigsten Substanzen auf der Erde. Über 97 Prozent davon bedecken als Ozeane mehr als 70 Prozent der Oberfläche des Planeten; die übrigen drei Prozent sind Süßwasser und größtenteils (zu 69 Prozent) in Gletschern und Eiskappen enthalten, außerdem im Grundwasser der unterirdischen Lithosphäre (30 Prozent), in terrestrischem Oberflächenwasser wie Sümpfen, Flüssen und Seen (0,03 Prozent) sowie in der Atmosphäre als Wasserdampf (0,04 Prozent). Dieser durchläuft ständig den Wasserkreislauf. Zudem ist in den Geweben aller Lebewesen Wasser enthalten, das manchmal über 90 Prozent ihres Körpergewichts beträgt. Dieses „biologische" Wasser, das ebenfalls einem stetigen Kreislauf unterliegt, macht insgesamt jedoch nur etwa 0,0001 Prozent des irdischen Wassers aus.

Wasser ist in gewisser Weise eine der einfachsten chemischen Verbindungen. Im Reinzustand ist es farb-, geschmack- und geruchlos. Andererseits zählt es zu den kompliziertesten Verbindungen und weist eine Vielzahl ungewöhnlicher und sogar einzigartiger chemischer und physikalischer Eigenschaften auf. Diese bestimmen über die chemischen und physikalischen Bedingungen auf der Erde und sind für das Leben auf dem Blauen Planeten essenziell.

Physikalische Eigenschaften

Wasser hat die einfache chemische Formel H_2O. Ein Wassermolekül besteht also aus je zwei Wasserstoffatomen (H) und einem Sauerstoffatom (O). Damit zählt es zu den kleinsten und leichtesten Molekülen. Die Art der Verbindung zwischen Wasserstoff- und Sauerstoffatomen führt außerdem dazu, dass das Molekül an den Wasserstoffatomen positiv und am Sauerstoffatom negativ geladen ist. Dadurch entstehen zwischen den Molekülen sogenannte Wasserstoffbrückenbindungen, die die Moleküle zusammenhalten. Wasserstoff ist von allen Elementen im Universum das häufigste; er stellt wahrscheinlich 92,7 Prozent aller Materie und geht mit Sauerstoff leicht stabile Verbindungen ein.

Obwohl jüngste Entdeckungen vermuten lassen, dass Wasser im Weltraum nicht ganz so selten vorkommt, wie bislang angenommen, gibt es nur wenige Orte, an denen es in flüssiger Form auftritt. Genau aus diesem Grund ist es wohl besonders bemerkenswert, dass es auf der Erde so viel davon gibt. Zudem findet es sich hier in allen drei Aggregatzuständen: flüssig, fest und gasförmig.

Wir nehmen oft als gegeben hin, dass flüssiges Wasser bei etwa 100 °C (je nach Höhe) zu Gas oder Dampf wird und bei 0 °C zu Eis gefriert. Doch im Gegensatz zu allen anderen Substanzen hat es seine maximale Dichte im flüssigen Zustand bei etwa 4 °C und nicht in fester Form.

Wie andere Substanzen neigt Wasser dazu, sich bei Erwärmung auszudehnen und beim Abkühlen zusammenzuziehen, doch wegen der streng geometrischen Anordnung der Moleküle beginnt es sich, wenn es unter den Punkt seiner maximalen Dichte abkühlt, wieder auszudehnen. Sein Volumen nimmt dann um fast neun Prozent zu, während seine Dichte abnimmt. Darum schwimmt Wasser in seiner festen Form auf flüssigem Wasser. Dies hat für die Erde bedeutende Folgen, denn schwimmendes Eis bildet eine Isolierschicht, die das Wasser und die Organismen darin schützt und das Gefrieren verlangsamt. Würde sich das Eis immer weiter kontrahieren und außer Reichweite der Sonnenwärme absinken, würden die polaren Gewässer komplett gefrieren, was weitreichende Auswirkungen auf die Strömungen in den Tiefen der Ozeane und auf das Weltklima hätte. Da sich Wasser beim Gefrieren ausdehnt, können zudem bestimmte Organismen darin überleben und werden vom Eis nicht zermalmt.

Unten: Schwimmendes Eis bildet eine Isolierschicht, die das Wasser und die in ihm lebenden Organismen schützt.

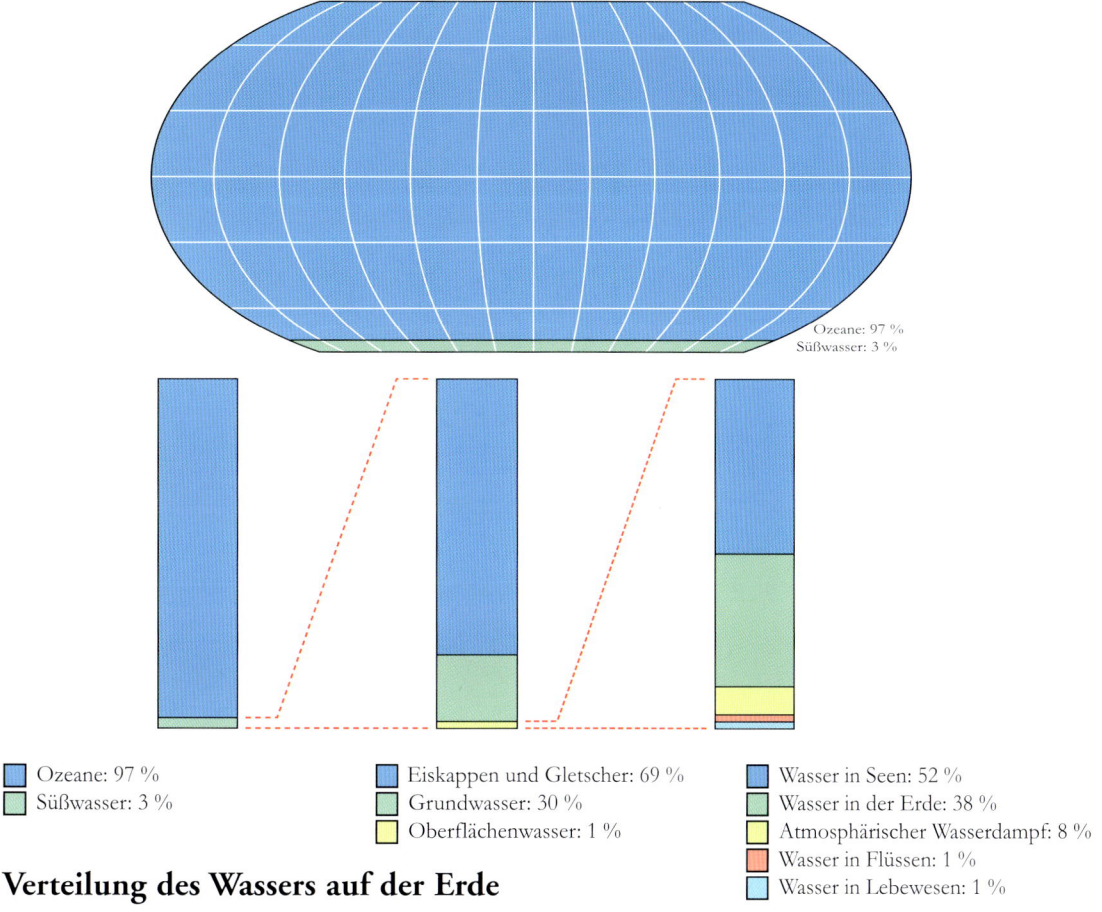

Verteilung des Wassers auf der Erde

Ozeane: 97 %
Süßwasser: 3 %

Eiskappen und Gletscher: 69 %
Grundwasser: 30 %
Oberflächenwasser: 1 %

Wasser in Seen: 52 %
Wasser in der Erde: 38 %
Atmosphärischer Wasserdampf: 8 %
Wasser in Flüssen: 1 %
Wasser in Lebewesen: 1 %

Regulierung des Weltklimas

Wasser hat noch weitere wichtige thermale Eigenschaften. Es leitet Wärme besser als jede andere Flüssigkeit (mit Ausnahme von Quecksilber) und hat eine sehr hohe spezifische Wärme. Dieser Wert bezieht sich auf die Energie, die nötig ist, damit das Wasser seine Eigentemperatur ändert. Abgesehen von Ammoniak hat Wasser sogar die höchste bekannte spezifische Wärme aller natürlich vorkommenden Verbindungen. Es kann also langsam große Mengen an Wärmeenergie aufnehmen, bevor seine eigene Temperatur ansteigt, und diese Energie wird wieder frei, wenn es abkühlt.

Auf diese Weise tragen große Wassermassen wie die Weltmeere zur Regulierung des Erdklimas bei. Am Tage und im Sommer speichern sie Wärme, die sie bei Nacht und im Winter wieder abgeben. Auf demselben Wege können Seen für ein milderes lokales Klima sorgen, und auch bei der Regulierung der Körpertemperatur von Lebewesen spielt das Phänomen eine wichtige Rolle.

Wasser wird manchmal als universales Lösungsmittel bezeichnet, denn es neigt stark dazu, andere Substanzen – organische wie anorganische – zu lösen und in gelöster Form zu transportieren. Dieser Prozess ist für das Leben unerlässlich, denn so werden Nährstoffe in Lebewesen hinein-, aus ihnen heraus- und in ihrem Inneren transportiert. Kein bekannter Organismus kann ohne Wasser existieren. Wasser ist für zahllose biologische und biochemische Prozesse unerlässlich, etwa für die Photosynthese der Pflanzen, die die vorherrschende Form der Primärproduktion auf der Erde darstellt.

In den Ozeanen finden sich gewaltige Mengen an Elementen und Verbindungen, Mineralien und gelösten Gasen, darunter Natrium und Chlorid, die zusammen Kochsalz bilden. Ebenso gibt es Elemente, die als Grundbausteine des Lebens gelten. Dazu gehören etwa Kohlenstoff, Stickstoff, Phosphor, Wasserstoff und Sauerstoff. Diese bilden organische Verbindungen, aber auch essenzielle Nährstoffe wie Phosphate, Nitrate und Silikate. Dennoch ist Meerwasser sehr rein. Es besteht zu rund 95 Prozent aus Wasser. Doch für jede in ihm enthaltene Substanz gibt es wahrscheinlich einen Organismus, der diese für sich nutzen kann. Das Wasser mit all seinen bemerkenswerten Eigenschaften ist also nicht nur der Ursprung allen Lebens, sondern erhält es auch.

DYNAMIK DER OZEANE

DYNAMIK DER OZEANE

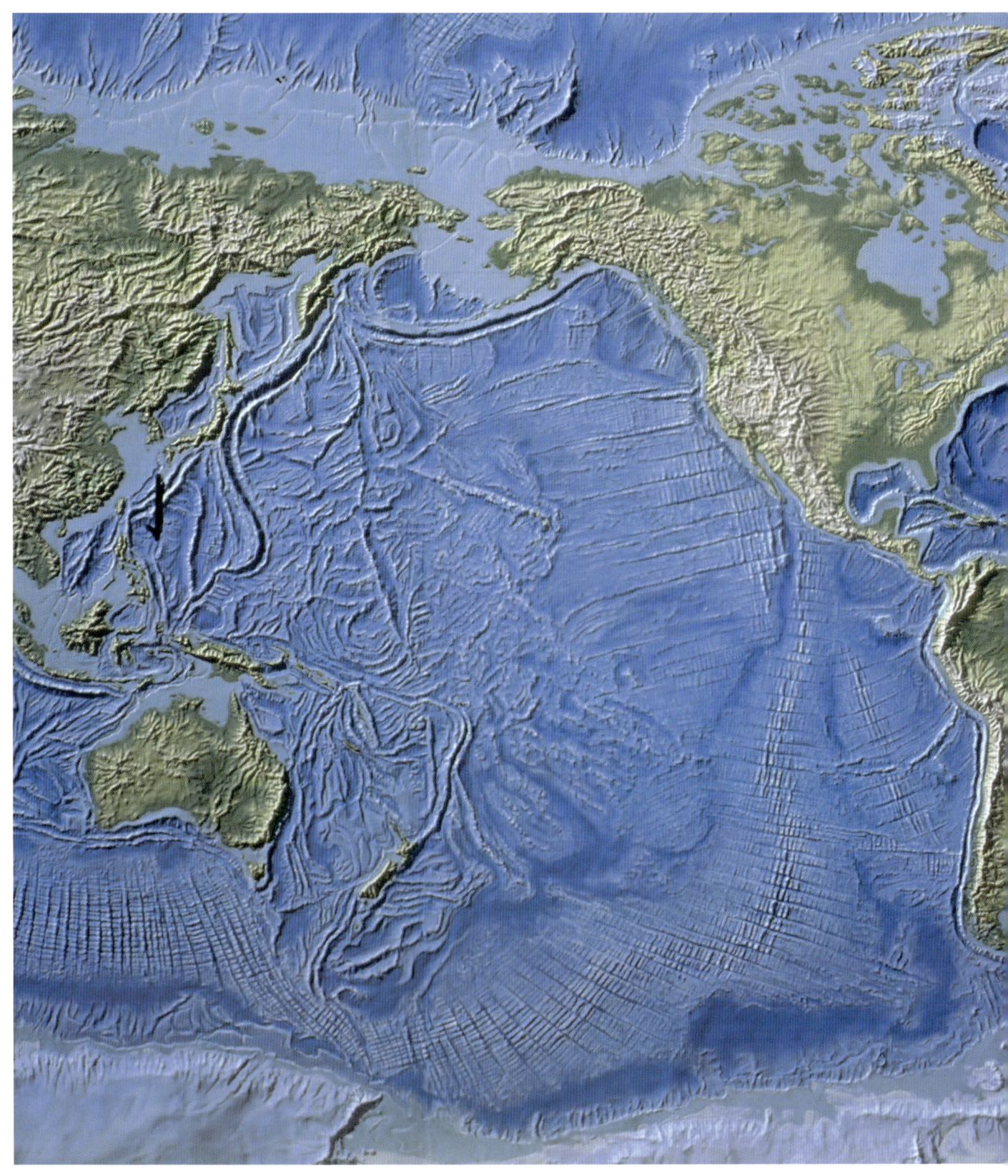

Oben: Die Topografie des Meeresbodens mit Kontinentalschelfen, ozeanischen Becken, Rücken und Gräben.

Entstehung der Ozeane

Plattentektonik

Die Erde mit ihren Weltmeeren und Kontinenten entstand vor 4,6 Milliarden Jahren als glühender Ball aus Gasen und Metallen. Sie kühlte viele Millionen Jahre ab und bildete die Erdkruste aus Vulkangestein. Die Kruste hat eine Dicke von über zehn Kilometern unter dem Meeresboden und bis zu 65 Kilometern unter dem Festland. Unter ihr liegen drei weitere Schichten: der Erdmantel mit etwa 3000 Kilometer Dicke, der äußere Kern aus Nickel und Eisen mit rund 3500 Kilometer Dicke sowie der innere Kern, ein Ball aus geschmolzenem Metall mit einem Radius von etwa 1200 Kilometern.

Die Erdkruste bildet keine einheitliche Schicht, sondern besteht aus mehreren tektonischen Platten, die wie Puzzleteile zusammenpassen. Sie alle schwimmen auf dem Mantel aus halb geschmolzenem Gestein. Man unterscheidet zwischen ozeanischen und kontinentalen Platten; Letztere unterliegen der sogenannten Kontinentaldrift (Kontinentverschiebung).

Ozeanische Becken und das erste Wasser

Nach der Bildung der Erdkruste vor etwa 4,5 Milliarden Jahren begannen sich die ozeanischen Becken zu formen. Da die ozeanische Erdkruste schwerer ist als die kontinentalen Platten, drückte sie stärker auf den Mantel. Die Erdoberfläche sank ein, und es bildeten sich die ozeanischen Becken, die sich allmählich mit Wasser füllten. Das erste Wasser auf der Erde entstand vor rund vier Milliarden Jahren aus Gasen, die aus vulkanischer Aktivität im Erdmantel stammten. Als sich die Erde abkühlte, kondensierte der Wasserdampf, fiel als Niederschlag herab und sammelte sich in den ozeanischen Becken. Wasser kam auch mit eishaltigen Kometen aus dem All, verdampfte beim Eintritt in die Atmosphäre und kondensierte beim Akühlen zu Regen.

Unten: Heute sind mehr als 70 Prozent der Erde von Wasser bedeckt. Wäre die Erdoberfläche flach und eben, betrüge die Wassertiefe 3,5 Kilometer. Zum Glück sorgt die komplizierte Topografie der Erde mit ihren tiefen ozeanischen Becken dafür, dass sich das Wasser zu fast 98 Prozent dort befindet.

Kontinental-verschiebung

Da die tektonischen Platten ständig in Bewegung sind, verändert sich auch laufend die Form der Kontinente und Ozeane. Vermutlich verursachen Konvektionsströmungen im Erdmantel, auf dem die Platten wie Eis auf Wasser schwimmen, ihre Bewegung. Diese Theorie von der Kontinentaldrift wurde erstmals 1912 von dem deutschen Meteorologen Alfred Wegener postuliert und war zunächst heftig umstritten. Erst als sie in den 1960er-Jahren bewiesen wurde, setzte sie sich durch.

Vor rund 200 Millionen Jahren gab es ein einziges großes Weltmeer – Panthalassa –, das einen Riesenkontinent (Pangäa) und das kleinere Tethysmeer umgab. Pangäa brach 50 Millionen Jahre später allmählich auf und bildete zwei Landmassen: Laurasia im Norden, aus dem Nordamerika und Eurasien entstanden, und Gondwana im Süden, aus dem Südamerika, Afrika, Indien, Australien und die Antarktis hervorgingen. Als die beiden Urkontinente auf ihren Platten auseinanderdrifteten, bildete sich zwischen ihnen eine Wasserfläche, der heutige Nordatlantik. Damals entstand der Mittelatlantische Rücken.

Der Indische Ozean entstand aus einer Spalte in Gondwana. Als sich Pangäa ausdehnte und auseinanderbrach, bildete sich das Nordpolarmeer. Das südatlantische Becken entwickelte sich und schloss am Nordatlantik an; dabei vereinigten sich auch ihre mittelozeanischen Rücken. Der Riesenozean Panthalassa schrumpfte und wurde Teil des heutigen Pazifiks.

Vor etwa 15 Millionen Jahren hatten dann die Ozeane und Kontinente praktisch ihre heutige Ausdehnung erreicht. Die Platten bewegen sich jedoch auch weiterhin: Der Pazifik schrumpft immer noch ein wenig, und der Atlantik dehnt sich jedes Jahr um etwa 2,5 Zentimeter aus.

Rechts: Der Riesenkontinent Pangäa umfasste bis zur Trias die gesamte Landmasse der Erde. Als er zerfiel, teilte er sich zunächst in Laurasia und Gondwana und später dann in die heutigen Kontinente. Diese sind nach wie vor in Bewegung.

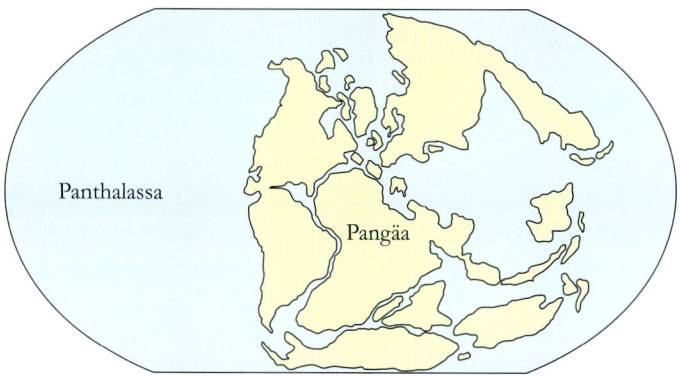
vor 225 Millionen Jahren

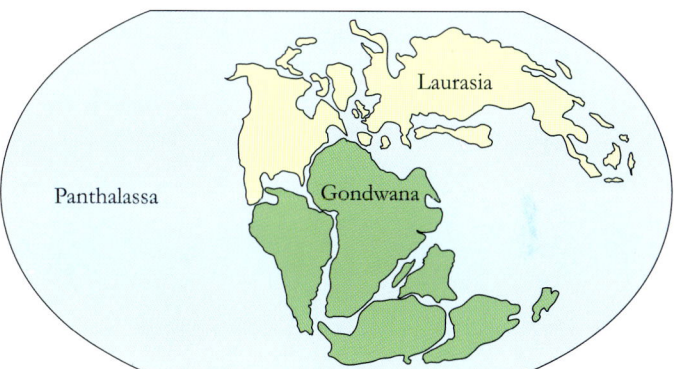
vor 130 Millionen Jahren

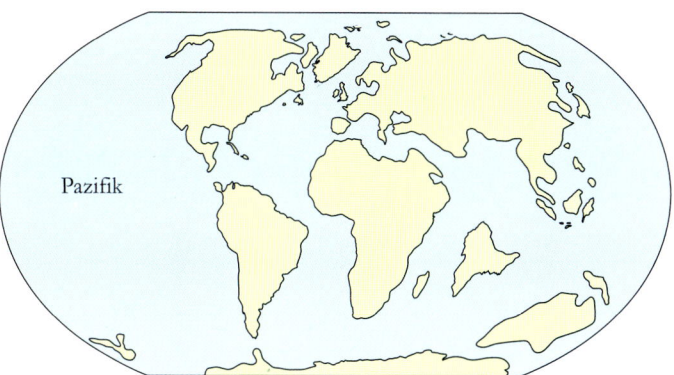
vor 80 Millionen Jahren

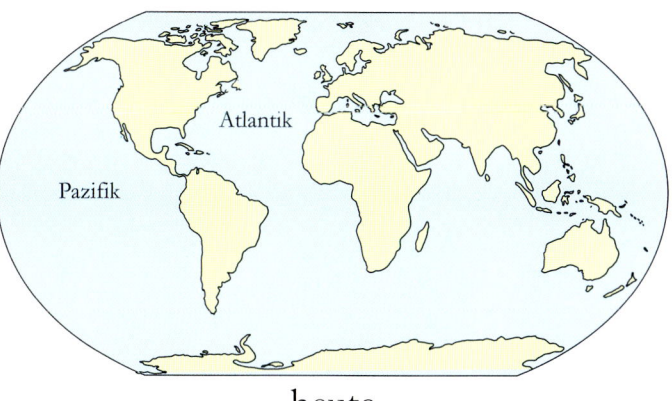
heute

Topografie des Meeresbodens

Erst mithilfe der Sonartechnik, die nach dem Ende des Zweiten Weltkriegs eingesetzt wurde, war es möglich, die Topografie des Meeresbodens zu erkunden. Dieser entpuppte sich keineswegs, wie bis dahin angenommen, als flach und leer. Man entdeckte vielmehr unterseeische Gebirge, Spalten, Gräben und Plateaus. Sie finden sich in allen Weltmeeren und sind das Ergebnis der tektonischen Plattenverschiebungen.

Vulkanische Aktivität

Am Rande eines Ozeans erstreckt sich der Kontinentalschelf unter Wasser ins Meer hinein. Dieser Kontinentalsockel entspricht den letzten Kilometern der Platten, die einstmals noch oberhalb der Wasserlinie lagen. Meist sind dies rund 65 Kilometer, gelegentlich aber nur knapp ein Kilometer oder an manchen Stellen sogar bis zu 900 Kilometer.

Am Schelfrand fällt der Kontinentalhang bis hinunter zur ozeanischen Kruste steil ab. Dort beginnt die Tiefsee- oder abyssale Ebene. Diese Ebene ist von toter organischer Materie bedeckt und von unterseeischen Vulkanen – Tiefseeberge oder Guyots genannt – durchzogen. Erheben sich diese Tiefseeberge über das Wasser, bilden sie vulkanische Inseln, wie etwa Hawaii. Bei den Guyots handelt es sich um erodierte Tiefseeberge mit abgeflachtem Gipfel.

Tiefseerinnen oder -gräben

Tiefseerinnen sind ebenfalls charakteristisch für den Meeresboden. An jenen Stellen, an denen zwei Platten aneinandergrenzen, macht eine der anderen Platz. Es kommt zur sogenannten Subduktion, das heißt, eine der Platten taucht in den Erdmantel ab; dabei entsteht eine Tiefseerinne. Diese kann unglaublich tief sein. Den Rekord hält der Marianengraben, der mit 11 000 Metern deutlich tiefer ist als der Mount Everest hoch. Der Graben befindet sich im Nordwestpazifik vor der japanischen Küste und entstand durch Subduktion der Pazifischen Platte unter die Philippinische.

Tiefseerinnen finden sich vor allem am Rand des Pazifiks, wo die ozeanische Platte unter die kontinentalen Platten gezogen wird. Geschieht dies nahe der Küste, entsteht im Meer am Ort der Subduktion eine Tiefseerinne. Im Inland dagegen kann sich die kontinentale Platte zu einem Gebirge auftürmen. So entstanden die Anden, weil die Pazifische Platte die Nazca-Platte gegen den südamerikanischen Kontinent schob.

Unten: Die bekannten Platten der Lithosphäre. Die Erdoberfläche besteht aus 13 größeren und mehreren kleineren Platten, die alle auf dem Mantel aus teilweise geschmolzenem Gestein schwimmen. Einige Platten sind ozeanisch, andere tragen Kontinente. Diese sind für die Kontinentaldrift verantwortlich.

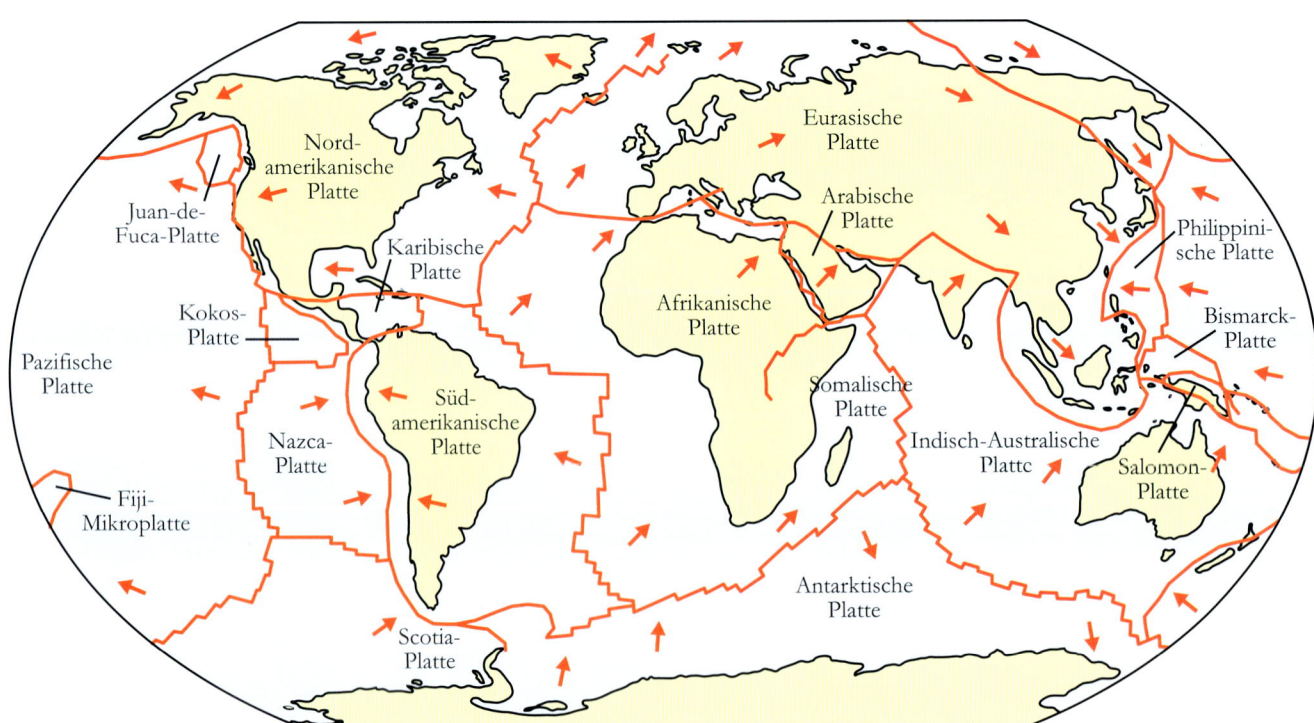

Unterteilung der Erde in lithosphärische Platten

Mittelozeanische Rücken

Wenn zwischen zwei ozeanischen Platten Magma aufsteigt und diese auseinanderdrängt, bilden sich die mittelozeanischen Rücken. In den Spalten zwischen den Platten entsteht ein Graben, der Meeresboden verändert sich. Das Gebiet ist bereits instabil, weil das Magma die Erdkruste durchstößt; Meerwasser sickert durch die Kruste, wird im Erdmantel stark erhitzt und wieder an die Oberfläche gepresst. Hier tritt es in Form von hydrothermalen Schloten aus. Diese Schlote bieten trotz fehlenden Sonnenlichts zahlreichen Lebewesen am Meeresgrund eine Heimat. So gibt es etwa viele Bakterien, die sich über chemische Synthese von den in den Quellen enthaltenen Mineralien ernähren, sich vermehren und dann anderen Lebewesen wiederum als Nahrung dienen.

Die tektonischen Platten östlich und westlich des Mittelatlantischen Rückens entfernen sich voneinander. Dieser massive unterseeische Gebirgszug verläuft vom nördlichen Polarkreis bis zum Südpolarbecken; an seinen höchsten Punkten erhebt er sich aus dem Wasser und bildet Inseln wie Island, die Azoren und Ascensión. Seine Entdeckung in den 1950er-Jahren führte zur allgemeinen Anerkennung von Alfred Wegeners Theorie der Kontinentalverschiebung.

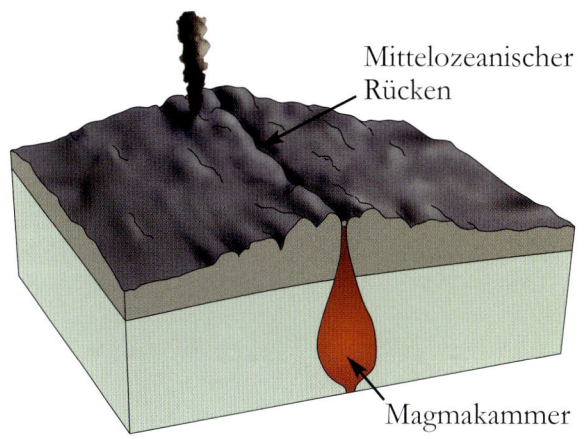

Oben: Querschnitt durch einen mittelozeanischen Rücken mit durch die Erdkruste aufsteigender Magma. Die unterseeischen Gebirgszüge sind durch Plattentektonik entstanden und miteinander verbunden. Sie durchziehen alle größeren Weltmeere, mit Ausnahme des Nordpazifiks. Die mittelozeanischen Rücken bilden mit fast 45 000 Kilometern das längste Gebirgssystem der Erde. Sie sind bis zu 50 Kilometer breit und werden mehr als 3000 Meter hoch.

Unten: Unterseeische Vulkane finden sich überall entlang der mittelozeanischen Rücken. Manchmal türmen sie sich so hoch auf, dass sie vulkanische Inseln wie die Galapagos- oder Hawaiiinseln bilden. Wenn vulkanische Lava ins Meer fließt, wird sie vom Wasser abgekühlt und sammelt sich am Meeresboden an.

Meeresspiegelanstieg

Auf dem Höhepunkt der letzten Eiszeit – vor ca. 18 000 Jahren – lag der Meeresspiegel gut 130 Meter niedriger als heute. Damals bildete die heutige Beringstraße zwischen Alaska und Asien eine durchgehende Landbrücke, über die wahrscheinlich der Mensch nach Nordamerika einwanderte.

Nach dem Ende der Eiszeit stieg der Meeresspiegel wieder an, und zwar größtenteils bis vor 6000 Jahren. In den letzten 3000 Jahren blieb er dagegen relativ konstant, während er sich im 20. Jahrhundert um ein bis zwei Zentimeter pro Jahrzehnt, im vergangenen Jahrzehnt dann sogar um drei Zentimeter erhöhte. Dieser Anstieg seit der letzten Eiszeit führte zur Überflutung zuvor freiliegender Gebiete an allen Rändern der kontinentalen Kruste. Dabei entstanden auf der ganzen Welt große Flachmeerlebensräume.

Kurzfristige Veränderungen des Meeresspiegels werden durch viele Faktoren verursacht, etwa Gezeiten, Sturmfluten, Verdunstung, Regen, Überschwemmungen, Zufluss durch Flüsse und Tsunamis. Längerfristige Veränderungen sind vor allem durch die Temperatur und diejenige Wassermenge beeinflusst, die gebunden ist in Meereis, polaren Eiskappen, Gletschern und im Süßwasser.

Globale Erwärmung

Die weltweite Temperaturerhöhung stellt ein großes Problem dar. Manche Vorhersagen prophezeien einen Anstieg des Meeresspiegels um bis zu einem Meter am Ende dieses Jahrhunderts. Zur globalen Erwärmung tragen vor allem die zunehmenden Emissionen von Treibhausgasen bei, allen voran Kohlendioxid (CO_2), dessen Ausstoß in den letzten 100 Jahren um 25 Prozent angewachsen ist. CO_2 verhindert, dass Sonnenwärme wieder ins All abgestrahlt wird; so erhöht sich die Temperatur überall auf der Erde. Schreitet dieser Prozess fort, schmelzen die Polkappen, und der Meeresspiegel steigt. Die Schätzungen über das Ausmaß gehen weit auseinander. Manche vermuten, dass der Anstieg beim Schmelzen kleinerer Gletscher und Eiskappen etwa 60 Zentimeter ausmachen könnte. Würde das Grönlandeis abschmelzen, wären es rund 6,5 Meter, und handelte es sich um den ganzen antarktischen Eisschild, dann könnten es erschütternde 70 Meter sein.

Hält die Klimaerwärmung an, werden die Szenarien wohl in einigen Jahrhunderten oder Jahrtausenden eintreten. Doch der Rückgang der Eiskappen wird schon in den kommenden 100 Jahren signifikante Folgen haben. Die Küsten wären weltweit betroffen: Großflächige Verluste bei natürlichen Lebensräumen, küstennahen Siedlungen und Flächen, Erosion, stärkere Bedrohung durch Überflutungen in tief gelegenen Gebieten und eine veränderte Wasserqualität wären die Folge, ebenso die Beeinträchtigung von Tourismus, Transportwesen und anderen mit dem Meer assoziierten Industrien.

Oben: Der Meeresspiegel ist heute deutlich höher als vor 18 000 Jahren. Heute sind alle Kontinentalränder überflutet und bilden marine Lebensräume des Flachmeeres, die man auch Kontinentalschelf nennt. Dieser bietet einer Vielzahl von Pflanzen und Tieren einen idealen Lebensraum.

Rechte Seite, oben: Die arktische Eisdecke erreicht im Winter ihre maximale Ausdehnung. Mit anhaltendem Tauwetter im Frühling bricht die periphere Eisdecke auf, und die dabei entstehenden Schollen driften südwärts. Zwar ist die Dynamik des Eises noch nicht ganz erforscht, doch weiß man, dass Eisschollen mit dem Wind wandern, während Eisberge Meeresströmungen folgen.

Rechte Seite, unten: In den letzten Jahren hat das verfrühte Aufbrechen und Schmelzen des Eises in zu warmen Wintern vermehrt Jungrobben das Leben gekostet, die auf dem Eis geboren wurden. Ungeeignete, dünne Eisschollen bieten den Müttern weniger Platz zum Gebären, und die Jungen ertrinken oder werden zermalmt, wenn das Eis unter ihnen bricht. Die warmen Winter könnten erste Anzeichen des Klimawandels und der globalen Erwärmung sein.

Küstenlandschaften

Die Küsten der Welt wurden von Wellen, Wind und Wetter geformt und bieten zahlreichen Tieren vielfältigen Raum zum Leben und zur Fortpflanzung: Sandstrände, Watt, Klippen, Flussmündungen und Salzmarschen locken unterschiedlichste Arten an. Jeder dieser Lebensräume leitet sich im Grunde von einem der zwei Küstentypen ab – felsigen oder sandigen Küsten.

Typisch für Felsküsten sind heftige Brecher, die gegen hohe Kliffe oder Felsvorsprünge schlagen. Kliffe entstanden meist aus aufgeworfenen Gesteinsschichten, die noch erodieren oder aber sich noch weiter erheben. Erosion durch Wellengang ist hier charakteristisch. Das dabei entstehende Geröll und Sediment wird schnell fortgespült und lagert sich in ruhigerem Wasser ab.

Formationen wie Bögen, Blow Holes („Blaslöcher") und Steilklippen bieten ebenfalls dramatische Effekte. Bögen entstehen, wenn Felsvorsprünge durch das Meer erodiert werden. Gute Beispiele dafür sind Durdle Door an der Küste von Dorset (England) und London Arch vor der Küste von Victoria in Südaustralien. Letzterer wurde früher der Ähnlichkeit wegen „London Bridge" genannt, doch in den 1990er-Jahren stürzte ein Teil ein, und es blieb nur eine Felsklippe stehen.

An spektakulären Klippenformationen kennt man The Needles vor der Isle of Wight und die Old Harry Rocks in der englischen Grafschaft Dorset. Sie alle entstanden durch Brandungs- und Winderosion.

Unten: Die Kalksteinklippen der Formation „Zwölf Apostel" im australischen Port-Campbell-Nationalpark. Die Felsklippen sind Säulen aus Sedimentgestein und waren einst Teil der angrenzenden Küste. Sie entstanden, als Küstenteile durch Wellen erodiert und isoliert wurden.

Flachküsten

An Schwachstellen im Kliff dringt Wasser ein und erodiert das Gestein, bis nach einiger Zeit der Kliffrand ins Meer abbricht. Kiesel und größere Steine, ja sogar Felsblöcke können sich um den Fuß der verbliebenen Klippe herum ablagern, während feineres Sediment durch Wellengang, Gezeiten und Strömungen an geschütztere Stellen wandert.

Sandige Küsten, auch Flachküsten genannt, sind meist vor den starken Kräften des Ozeans relativ geschützt. Doch Wellen und Witterung beeinflussen auch ihre Gestalt, die sich in der Regel mit den Jahreszeiten verändert. Winterstürme etwa transportieren Sediment und Treibgut weiter landeinwärts, und im Laufe des Jahres wandert dieses wieder zurück ins Meer.

Das aus den Felsküsten erodierte Material wird fortgespült und lagert sich rund um die Strände ab. Dort, wo die Wellentätigkeit gering oder nicht anhaltend ist, entsteht letztlich ein Watt. Bei starker Wellentätigkeit bilden sich dagegen Sandstrände. Erosion und Ablagerung halten sich meist ungefähr die Waage; wird jedoch mehr Material abgelagert als fortgespült, dehnt sich der Strand oder das Ufer weiter ins Meer aus. Das kann Hunderte von Jahren dauern, doch gibt es auch Beispiele für Städte, die mit der Zeit von der Küste ins Inland „gewandert" sind. Ein Teil des Sandes wird durch Wind oder Wellen weiter auf den Strand hinauftransportiert. Durch weitere Windtätigkeit entstehen kleine Rippenstrukturen und jenseits des eigentlichen Strandes schließlich Dünen.

Oben rechts: Durdle Door an der Küste von Dorset (England). Die Formation entstand durch Küstenerosion. Weicheres Gestein erodierte, und zurück blieben vorgelagerte härtere Felsen. Der Bogen entstand durch Aushöhlung einer weicheren Stelle im harten Fels; er wird letztlich einstürzen und eine Klippe zurücklassen.

Unten rechts: Lower Coastal Plain (Georgia/USA). Salzmarschen bilden sich auf Wattlandschaften, etwa an Flussmündungen und Buchten. Der Großteil der Marsch wird zweimal täglich von Meerwasser überflutet. Der Lebensraum der Salzmarschen ist bedroht, weil der Mensch vielerorts das Land trockenlegen und dem Meer zur eigenen Nutzung abgewinnen will.

Die Tiefsee

Strömungen an der Oberfläche der Weltmeere werden durch Winde angetrieben, während diejenigen in der Tiefe und am Meeresgrund von Luftbewegungen unbeeinflusst bleiben. Früher glaubte man daher, die Tiefsee sei von statischer Natur.

Inzwischen weiß man, dass dem nicht so ist, sondern dass – langsame – Tiefenströmungen in gewaltigem, globalem Umfang auftreten und alle Weltmeere miteinander verbinden. Da diese Strömungen Wärmeenergie transportieren, haben sie einen sehr großen Einfluss auf das Weltklima. Sie werden durch Unterschiede in der Wasserdichte angetrieben, die je nach Temperatur und Salinität (Salzgehalt) variiert. Je kälter das Wasser, desto höher seine Dichte; auch bei hoher Salinität ist die Wasserdichte hoch. Wasser mit hoher Dichte ist schwerer als das umgebende Wasser und sinkt ab.

In Regionen der polaren Breiten sinken diese dichten Wassermassen in die tiefen ozeanischen Becken ab. So kühlt zum Beispiel der Golfstrom auf seinem Weg nordostwärts in den Atlantik ab und wird zum Nordatlantischen Strom. Bei Grönland nimmt sein Salzgehalt durch Verdunstung und Abkühlung zu. Polares Wasser ist ohnehin salziger, denn beim Gefrieren verbleibt das Salz im nicht gefrorenen Wasseranteil. Diese dichte Wassermasse – das Nordatlantische Tiefenwasser (North Atlantic Deep Water, NADW) sinkt langsam ab und drängt weiteres dichtes Wasser südwärts vor sich her.

Dasselbe geschieht im Weddellmeer vor der antarktischen Küste. Dort bildet sich das Antarktische Bodenwasser (Antarctic Bottom Water, AABW), das nordwärts in den Atlantik fließt. Dieses kalte, sehr salzige Wasser ist das dichteste der Welt und schiebt sich beim Zusammentreffen unter das NADW.

Das globale Förderband

Diese Bewegung ungeheurer Wassermassen – in jeder Sekunde treten 300 Millionen Kubikmeter in den Strom ein – nennt man auch globale thermohaline Zirkulation oder „globales Förderband" (Great Ocean Conveyor, Global Conveyor Belt).

Das Band bewegt sich langsam ostwärts um Südafrika herum, ein Teil löst sich und verläuft entlang der Westküsten Südamerikas (Humboldtstrom) und Afrikas (Benguelastrom). Des Weiteren nimmt das Band seinen Weg ostwärts in den Pazifik; im Indischen Ozean und im nördlichen Pazifik steigen kalte Wassermassen auf. Dabei erwärmen sie sich und fließen nun durch den südlichen Indischen Ozean wieder westwärts in den Atlantik bis hinauf nach Grönland, wo der Prozess

erneut beginnt. Ein solcher Kreislauf dauert schätzungsweise 1200 Jahre. Er gewährleistet eine Durchmischung der Weltmeere, transportiert Wärme über die ganze Welt und trägt so zur Klimaregulierung bei.

Ein Beispiel ist der Golfstrom bzw. Nordatlantische Strom. Sein warmes äquatoriales Wasser kühlt auf dem Weg nach Norden in den Atlantik ab; die Wärme wird an die Luft abgegeben und von den Passatwinden ostwärts bis an die Küsten Westeuropas getragen. Dort ist das Klima relativ mild, und die Temperaturen schwanken zwischen Winter und Sommer nicht so extrem wie auf dem übrigen Kontinent.

Oben: Das Ostufer des Toten Meeres. Das Wasser hat einen Salzgehalt von über 20 Prozent und ist zudem reich an Magnesium-, Kalzium- und Kaliumchloriden. Dies ist der Grund für die sehr hohe Dichte, die es dem Menschen unmöglich macht, im Wasser zu sinken.

Rechts: Meerwasser ist 1,03-mal schwerer als dieselbe Menge Süßwasser derselben Temperatur. Verschiedene Wassermassen haben unterschiedliche Salzgehalte. Diese werden in Promille (‰) angegeben. Bei einem Gramm Salz auf 1000 Gramm Wasser beträgt der Salzgehalt ein Promille. Die Salinität der Ozeane liegt im Mittel bei 35 Promille und variiert zwischen 32 und 37 Promille. Die Schwankungen gehen auf Regen, Verdunstung, Zufluss von Süßwasser und Eisbildung zurück. Das Schwarze Meer etwa wird durch seine Zuflüsse derart verdünnt, dass seine Salinität im Durchschnitt nur 16 Promille beträgt. Das Tote Meer dagegen hat einen durchschnittlichen Salzgehalt von 300 Promille.

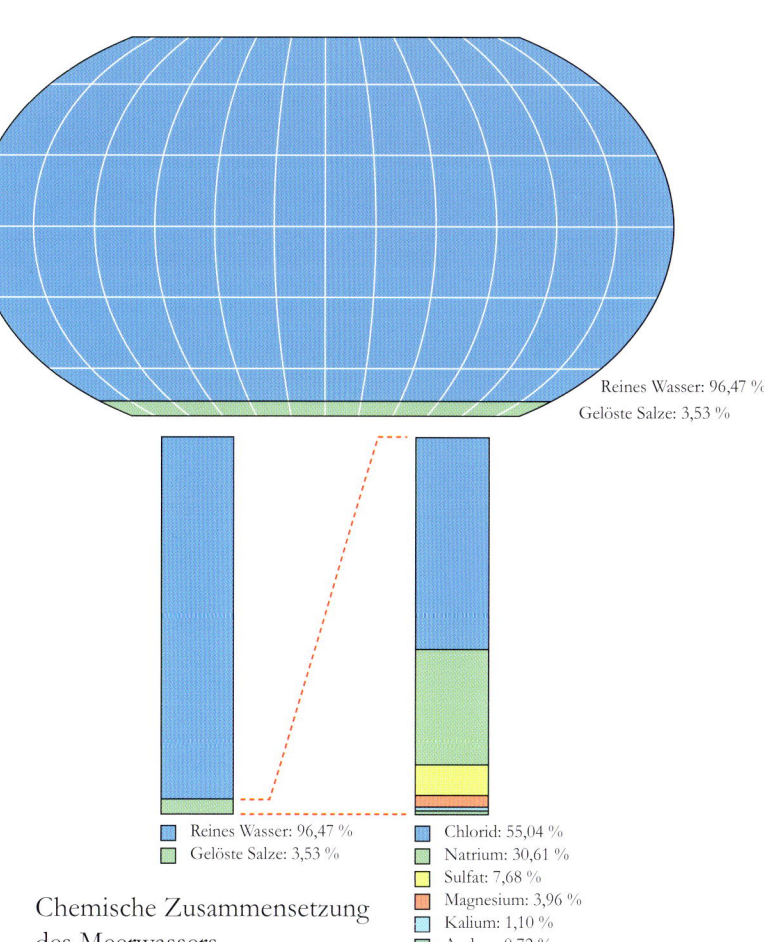

Chemische Zusammensetzung des Meerwassers

Reines Wasser: 96,47 %
Gelöste Salze: 3,53 %

Chlorid: 55,04 %
Natrium: 30,61 %
Sulfat: 7,68 %
Magnesium: 3,96 %
Kalium: 1,10 %
Andere: 0,72 %

DYNAMIK DER OZEANE

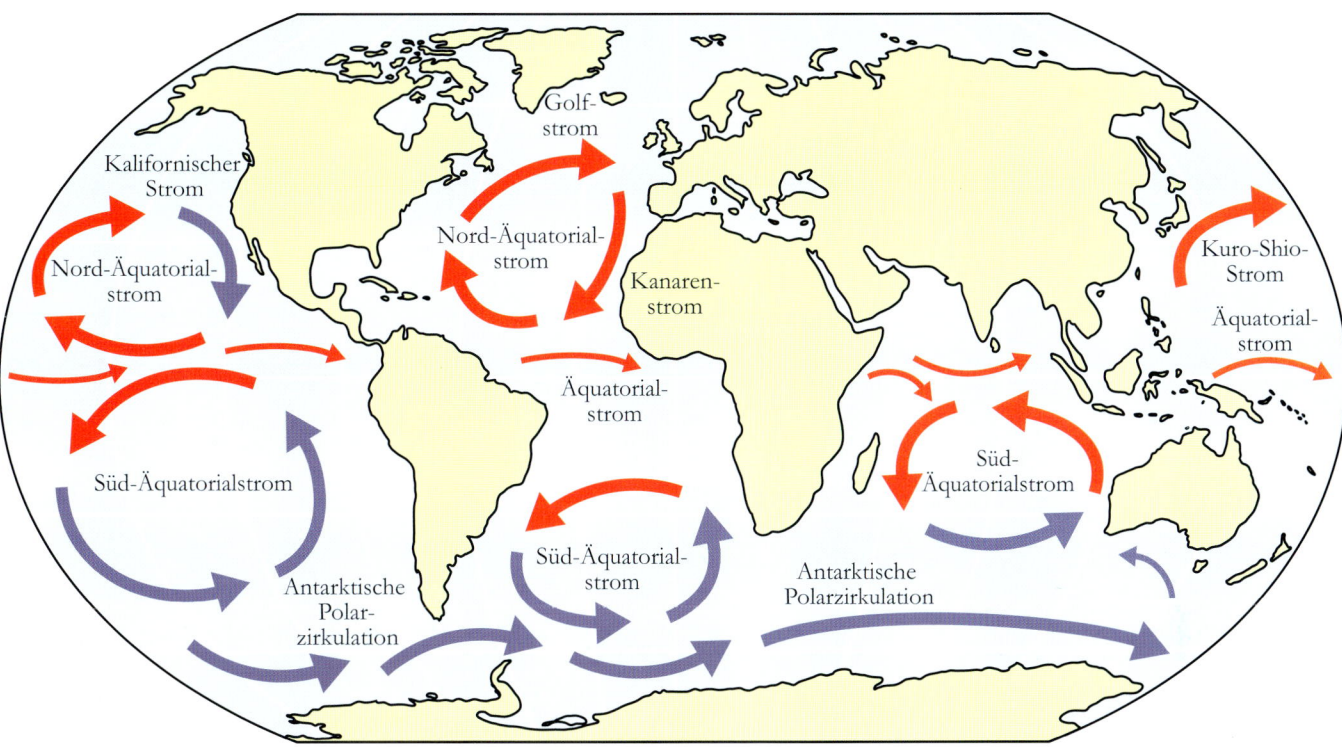

Oben: Es gibt zweierlei Meeresströmungen: Oberflächen- und Tiefenströmungen. Erstere nehmen die oberen 450 Meter und somit rund zehn Prozent des Meerwassers ein, Letztere die restlichen 90 Prozent. Diese Wassermassen bewegen sich, angetrieben von Dichtegradienten und Schwerkraft, durch die Ozeane. Die Wasserdichte schwankt aufgrund von unterschiedlicher Temperatur und Salinität. Dichte Wassermassen sinken in den hohen Breiten, wo niedrige Temperaturen die Dichte ansteigen lassen, in die tiefen ozeanischen Becken ab.

Links: Polarwasser ist besonders salzig, weil das Salz beim Gefrieren im nicht gefrorenen Wasseranteil zurückbleibt. Dieses sinkt wegen seiner hohen Salinität und Dichte ab. Eis hat eine geringere Dichte als flüssiges Wasser und schwimmt deshalb oben – andernfalls würden die Polarmeere massiv gefrieren.

Linke Seite: Mangroven wachsen in flachen, schlammigen Gewässern geschützter tropischer oder subtropischer Küsten und Flussmündungen. Sie ertragen es, zweimal täglich von Salzwasser überflutet zu werden, und wachsen auch auf instabilem, sauerstoffarmem Untergrund. Dank ihrer verschlungenen Wurzeln kommen sie mit dem Salz des Wassers zurecht, indem sie Schlammpartikel anlagern. Manche Mangrovenwurzeln (die Pneumatophoren) wachsen aufwärts, um Luftsauerstoff aufzunehmen, weil der schlammige Untergrund meist sauerstoffarm ist. Durch das Anlagern von Schlammpartikeln wirken Mangroven der Küstenerosion entgegen.

Polare Eisdecken

Im Gegensatz zu anderen Materialien, die sich beim Abkühlen zusammenziehen, dehnt sich Wasser beim Gefrieren aus, während seine Dichte gleichzeitig abnimmt. Daher schwimmt es auf flüssigem Wasser, das eine höhere Dichte aufweist. Wäre dies nicht so, gäbe es die polaren Eiskappen, die rund zwölf Prozent der Weltmeere bedecken, gar nicht. Das Eis würde in die Tiefe sinken, außer Reichweite des Sonnenlichts, und dort massiv gefroren bleiben. Es gäbe keine ozeanische Tiefenzirkulation, die das Weltklima reguliert. Das würde wiederum dazu führen, dass die Pole das ganze Jahr hindurch gefroren blieben und die gemäßigten Zonen viel kälter und längere Zeit im Jahr gefroren wären. Die Tropen dagegen wären viel heißer.

Polareis findet sich an beiden Polen, doch Arktis und Antarktis unterscheiden sich insofern deutlich voneinander, als die Arktis ein Meer unter einer dicken Eisschicht ist, umgeben von den großen Landmassen Grönlands, Eurasiens und Nordamerikas. Die Antarktis dagegen ist ein ausgedehnter Kontinent unter Schnee und Eis. Er liegt im Südpolarmeer und je nach Jahreszeit unter einer mal mehr, mal weniger großen Eisdecke.

Polareis

Im Winter dehnt sich das Meereis im Nordpolarmeer über rund 14 Millionen Quadratkilometer aus; im Sommer geht es auf etwa 6,5 Quadratkilometer zurück. Etwa die Hälfte dieses Eises bleibt also permanent gefroren als sogenanntes Polareis oder mehrjähriges Alteis und ist rund sieben Meter mächtig. Aufgrund der globalen Erwärmung jedoch könnte diese permanente Schicht anfangen zu schmelzen. Das Meer- oder Packeis, das sich alljährlich im Polargebiet bildet und dann wieder verschwindet, ist nicht statisch, sondern wandert mit der transpolaren Drift südwestwärts um den nördlichen Polarkreis, bis es wieder an seinem Ursprungsort ankommt. Ein Teil treibt in niedrigere Breiten ab.

Das Südpolarmeer

Das Südpolarmeer umgibt die Antarktis. Es ist ausgedehnter als das Nordpolarmeer und wird zum Teil vom angrenzenden Pazifik und Indischen Ozean erwärmt. Die Antarktis war vor 290 Millionen Jahren Teil von Gondwana und driftete langsam südwärts, nachdem die riesige Landmasse in einzelne Kontinente auseinandergebrochen war. Dabei kühlte sie ab, und 25 Millionen Jahre später war sie von Eis bedeckt.

Jedes Jahr im März bildet sich an den Rändern des antarktischen Kontinents eine Eisschicht, die pro Tag um bis zu 13 Kilometer nordwärts anwächst. Im September erreicht sie ihre größte Ausdehnung. Nun liegt sie 650 bis 3050 Kilometer von der Küste entfernt und bedeckt eine Meeresfläche, die doppelt so groß ist wie die Antarktis selbst.

Eisbildung

Das Wasser der Arktis und Antarktis gefriert bei -1,8 °C. Wenn im Polarmeer Eis entsteht, bleibt das Salz größtenteils im umgebenden Wasser zurück. Zunächst treibt nadelförmiges Neueis an der Wasseroberfläche. Wenn es weiter abkühlt, entsteht eine dickere Textur. Mit sinkender Temperatur bilden sich festere, flache Eisstücke („Pfannkucheneis"), bis schließlich die „Eissuppe" selbst gefriert und sich die Eisdecke schließt.

Der Gefriervorgang läuft unter der isolierenden Oberflächenschicht weiter, bis das Eis am Winterende eine Dicke von rund ein bis zwei Metern erreicht hat. Bei rauer See zerbricht die Eisdecke in Schollen, die dann wieder zu Packeis zusammenfrieren können.

In der Antarktis grenzen Eisdecken und Gletscher ans Meer, und große Stücke brechen ab, die zu Eisbergen werden. Die größten von ihnen, die Tafeleisberge, sind mehrere Kilometer lang und über 200 Meter mächtig. Auf ihrem Weg nach Norden sind sie Wind, Sonne und Wellen ausgesetzt, sodass sie meist in kleinere Teile zerbrechen. Man hat bereits erwogen, Eisberge als Süßwasserquelle zu nutzen, doch das Südpolarmeer ist so riesig und relativ isoliert, dass dies wirtschaftlich und logistisch undenkbar ist.

Linke Seite: Robben nutzen Eisschollen, um darauf zu ruhen und ihre Jungen zu gebären. Die hoch spezialisierten Tiere sind durch ihre Fettschicht und ihr Fell an die kalten Gewässer angepasst.

Rechts oben: Als polare Eiskappen bezeichnet man die eisbedeckten Regionen der hohen Breiten. Sie entstehen, weil diese Regionen weniger Energie in Form von Sonnenstrahlung erreicht als die Äquatorialregion, sodass ihre Oberflächentemperatur geringer ist. Die Eiskappen verändern sich saisonal, da die Aufnahme von Sonnenenergie während des Sonnenumlaufs der Erde variiert.

Rechts unten: Die Antarktis ist ein isolierter Kontinent. Abgesehen von wenigen Insekten und kleinen Wirbellosen leben auf ihr keine landbewohnenden Tiere. Das Schelfgebiet jedoch bietet einer vielfältigen Tierwelt eine sichere Heimat. So gibt es etwa auf dem Eis rund um die Antarktische Halbinsel sowie auf den größeren Eisbergen, die von der antarktischen Eisdecke abbrechen, zahlreiche Pinguinarten. Gegen die unwirtlichen Lebensbedingungen schützen sich diese Tiere durch eine dicke Fettschicht und ein sehr dichtes, Wasser abweisendes Gefieder.

El Niño und La Niña

Dieses Phänomen tritt zwar in erster Linie vor der mittel- und südamerikanischen Küste auf, beeinflusst aber das Wettergefüge in weit größerem Umfang bis auf die andere Seite der Erde.

In den peruanischen Küstengewässern wird das warme Oberflächenwasser normalerweise von den Passatwinden auf das Meer hinausgeschoben, sodass kaltes, nährstoffreiches Wasser an die Oberfläche treten kann. Dieser Auftrieb (Upwelling) ist von großer Bedeutung für die Fischerei in jener Region. Die Nährstoffe locken gewaltige Planktonmassen an, von denen sich wiederum riesige Sardellenschwärme ernähren.

In El-Niño-Jahren bleiben aus noch nicht ganz geklärten Gründen die Passatwinde aus, das warme Wasser verharrt in Küstennähe. Es kommt zu einem weitreichenden Nährstoffmangel, der wiederum zum Planktonsterben führt. Die Sardellen brauchen aber das kalte Wasser wegen der Nährstofffülle und können ohne Nahrung in den Küstengewässern nicht überleben. Die Fischerei nimmt ab oder erleidet in besonders ausgeprägten El-Niño-Jahren schwere Einbußen.

La Niña ist die Rückkehr des Auftriebs, meist im Folgejahr, wenn die Passate das warme Wasser wieder auf das Meer hinaustreiben.

Heute weiß man, dass El Niño globale Auswirkungen auf das Wetter hat; überall ist sein Einfluss zu spüren. In El-Niño-Jahren bleiben die Passatwinde, die sonst feuchte Luft zu Pazifikinseln wie Hawaii und Papua-Neuguinea bringen, aus, sodass es dort oft zu Dürren kommt. Das vor der südamerikanischen Küste verbliebene warme Wasser erwärmt die Luftmassen auf ihrem Weg nach Norden und begünstigt so die Bildung von Tornados im Südwesten der USA.

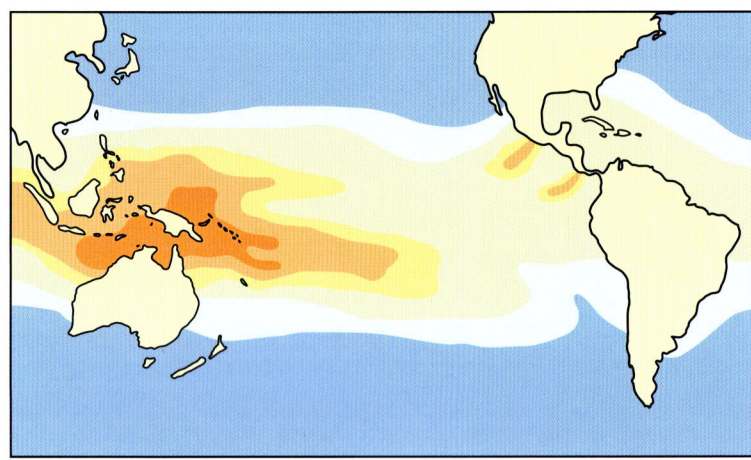

La Niña Januar bis März 1989

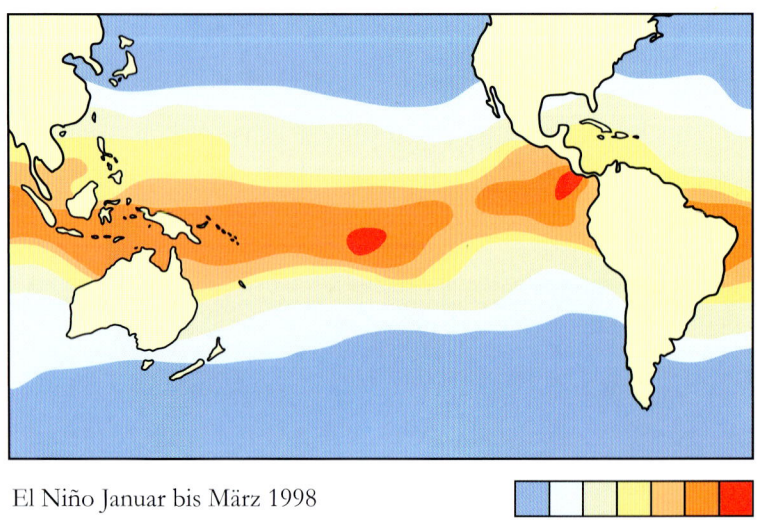

El Niño Januar bis März 1998

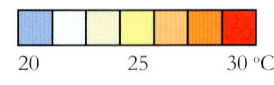

Links: El Niño und La Niña verändern die Temperatur des Oberflächenwassers im Pazifik. In einem El-Niño-Jahr bleiben die Passatwinde über dem Pazifik aus oder kehren sich um. Die Auftriebsströmungen im Osten versiegen, und die warmen Wassermassen im Westpazifik breiten sich über das gesamte Becken aus. Das Phytoplankton im zentralen Pazifik verschwindet fast völlig, woraufhin die Tierpopulationen im Ostpazifik rapide zurückgehen. Das Gegenteil geschieht bei La Niña. Die östlichen Passatwinde schieben vermehrt warmes Wasser westwärts vor sich her, der Auftrieb in den mittleren und östlichen Regionen nimmt zu, und die Phytoplanktondichte explodiert regelrecht.

Rechte Seite: Das kalte Auftriebswasser vor der südamerikanischen Küste sorgt normalerweise für gute Fischfangbedingungen, da sein Nährstoffreichtum unzählige Sardellen und andere Fischarten anlockt. Während eines El Niño geht die Zahl der Fische durch den Planktonmangel im warmen Wasser zurück, was die Fischerei oft stark beeinträchtigt.

DYNAMIK DER OZEANE

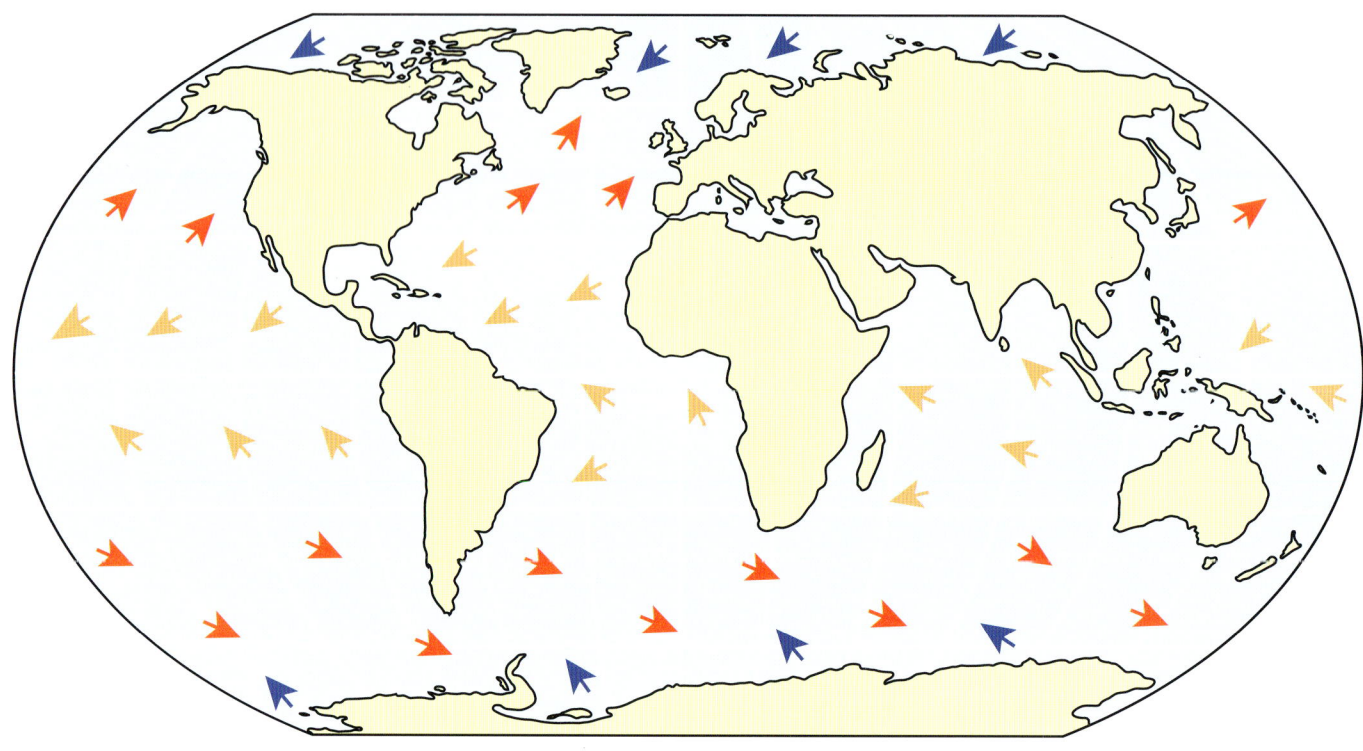

Verteilung der Winde

← Polare Ostwinde
← Westwindzirkulation
← Nordostpassate & Südostpassate

Oben: Am Äquator ist die Sonneneinstrahlung am intensivsten. Hier steigt die erwärmte Luft auf, und es entstehen Tiefdruckgebiete. Die warme Luft strömt etwa 30 Breitengrade nord- und südwärts, wo sie abkühlt und wieder absinkt. Der größte Teil dieser kühleren, absinkenden Luft wandert wieder zum Äquator zurück; der Rest strömt in Richtung Pole. Die Luftströmungen zum Äquator hin sind die Passatwinde – warme, anhaltende Winde, die fast ständig wehen. In der Nähe des Äquators treffen die nördlichen und südlichen Passate wieder aufeinander. Sie erwärmen sich, was zu einer generellen Aufwärtsströmung führt und bewirkt, dass es in dieser Region keine beständigen Bodenwinde gibt. Diese Region häufiger Windstille nennt man Kalmenzone.

Links: Küstenschäden durch El Niño im kalifornischen Pacifica. El-Niño-Ereignisse verändern das globale Wettergefüge und verursachen in manchen Regionen massive Überschwemmungen, in anderen dagegen katastrophale Dürren.

Oben: Während des El Niño von 1997 und 1998 erstreckten sich die warmen Wassermassen über eine Fläche von der Größe der USA. Große Wärmemengen wurden in die darüberliegende Luft abgegeben, was eine Wetterveränderung mit entsprechender globaler Kettenreaktion zur Folge hatte. El Niño verursachte auch eine Reihe schwerer Tornados, die über Florida wüteten.

Mond und Gezeiten

Die täglich auftretenden Gezeiten an den Küsten gibt es schon seit Jahrmilliarden. Erst in den letzten Jahrhunderten aber begann der Mensch, die komplizierten Phänomene von Ebbe und Flut zu verstehen.

Das Auftreten von Gezeiten wird durch die Anziehungskräfte von Mond und Sonne zusammen mit der Rotation von Erde und Mond bestimmt; Einfluss haben aber auch die Wassertiefe sowie die besondere Gestalt und Größe der Küste.

Da der Mond der Erde näher ist als die Sonne, wirkt auch seine Anziehungskraft stärker. Die Erde übt zudem durch die Drehung um ihre Achse eine Zentrifugalkraft aus, die die Anziehung durch den Mond – je nach ihrer relativen Position – mehr oder weniger ausgleicht. Die Meere auf der dem Mond zugewandten Erdseite erfahren eine stärkere Anziehungskraft und werden etwas weiter bewegt. Auf der anderen Seite ist die Zentrifugalkraft größer und zieht das Wasser im selben Maße auf jene Seite. Diese beiden Bewegungen entsprechen der Flut, die fast alle Meere zweimal täglich erleben; in den Gewässern zwischen diesen beiden Regionen herrscht Ebbe, da die Zentrifugal- und Anziehungskräfte das Wasser von dort weggezogen haben.

Tidenhub

Der Gezeitenzyklus entspricht dem Mondtag, der genau 24 Stunden und 50 Minuten lang ist – so lange braucht der Mond, um einmal die Erde zu umkreisen. Üblicherweise treten die Gezeiten zweimal täglich auf; Flut und Ebbe wechseln sich alle sechs Stunden und zwölf Minuten ab. Diesem Muster folgen die Gezeiten fast überall im Atlantik und Indischen Ozean.

An manchen Orten, etwa im Golf von Mexiko und an vielen antarktischen Küsten, treten die Gezeiten nur einmal täglich auf, dann im Rhythmus von zwölf Stunden und 25 Minuten. Rund um den Pazifik herrschen zweimal täglich Ebbe und Flut, doch ist eine der Fluten viel höher als die andere.

Der Tidenhub – der Unterschied des Wasserspiegels bei Flut und Ebbe – ist überall auf der Erde unterschiedlich, beträgt aber meist einen bis drei Meter. Der größte Tidenhub (über 15 Meter) tritt in der Bay of Fundy in Nova Scotia auf. Hier bewegen sich zweimal täglich 100 Milliarden Tonnen Wasser hin und her. Die dortigen starken Gezeitenströme durchmischen die Nährstoffe im Wasser gründlich und schaffen so ideale Lebensbedingungen für das Phytoplankton. Dieses lockt Zooplankton an, das wiederum größere Tiere wie Buckelwale anzieht, die sich von Krill ernähren.

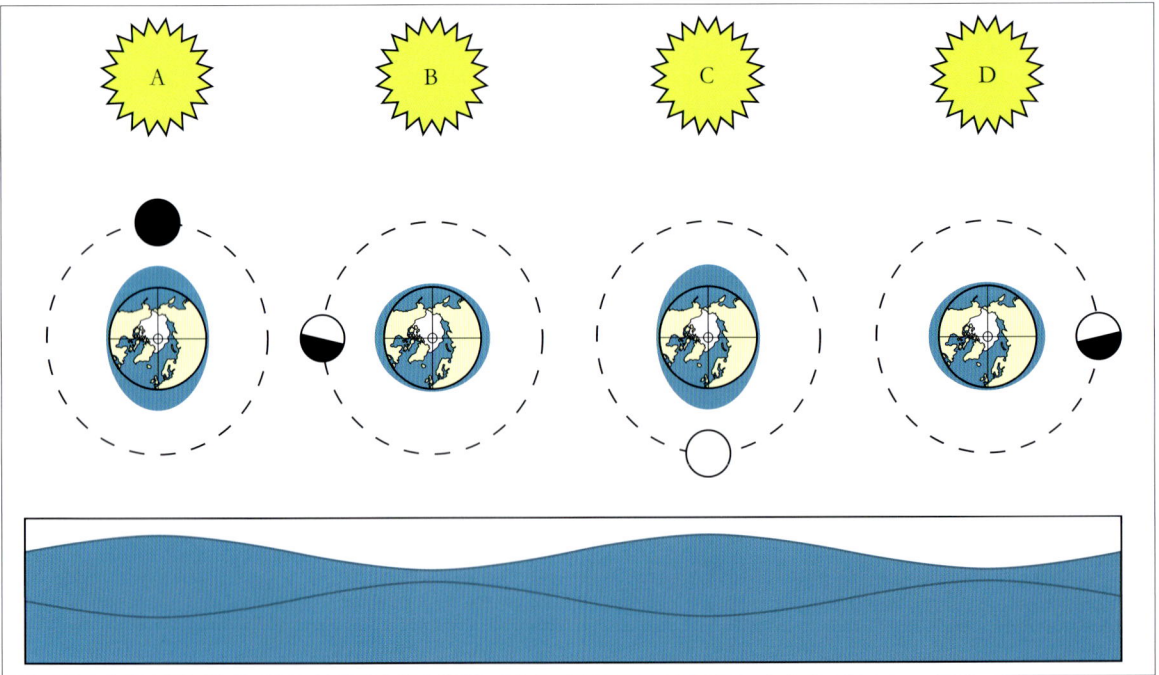

Der Mondmonat

Linke Seite: Zweimal in jedem Mond- oder Lunarmonat (der 28 Tage umfasst) verändern sich die Gezeiten. So herrscht etwa bei Springfluten der höchste Hochwasserstand. Springfluten treten nur bei Neumond oder Vollmond auf, wenn Sonne und Mond in einer Linie stehen und ihre Anziehungskräfte mit der Zentrifugalkraft der Erde zusammenwirken. Aus diesem Grund fällt die Flut auch viel höher aus (Abbildungen A und C linke Seite).

    Die Position des Mondes relativ zur Erde im ersten und letzten Viertel seines Zyklus dagegen führt dazu, dass seine Anziehungskraft im 90°-Winkel zu derjenigen der Sonne wirkt. So heben sich beide in gewissem Maße auf, und der Tidenhub fällt geringer aus. Man spricht dann von Nipptiden.

Oben: Da der Mond zwar viel kleiner, dafür aber 400-mal näher an der Erde ist als die Sonne, wirkt sich seine Anziehungskraft doppelt so stark auf die Erde aus.

Wellen und Tsunamis

Wellen entstehen durch Wind und beziehen auch ihre Energie aus ihm. Sie können zerstörerische Kräfte entwickeln, die überall auf der Welt nicht nur Menschenleben kosten, sondern auch Schiffe sinken lassen und küstennahe Siedlungen fortspülen können.

Betrachtet man Wellen auf dem offenen Meer, scheint sich das Wasser als Kamm über die Oberfläche zu bewegen; doch das ist nicht der Fall. Vielmehr wird die vom Wind auf die Welle übertragene Energie durch die zirkulierende Bewegung des Wassers transportiert. Diese Energie wird frei, wenn die Welle bricht. Je größer die Welle, desto mehr Energie wird freigesetzt.

Auf dem offenen Meer kräuselt der Wind das Wasser; er bläst weiter gegen die Spitzen der „Rippeln", sodass sich allmählich ein Kamm bildet. Strudel an der Vorderseite der entstehenden Welle verhelfen dieser zu ihrer typischen Gestalt. Innerhalb der Welle bewegt sich das Wasser im Kreis: aufwärts und nach vorne zum Kamm hin und dann wieder abwärts und nach hinten. So bewegt sich die im Wasser gespeicherte Energie fort.

Die Strecke, über die der Wind auf das Wasser einwirkt, nennt man Wirklänge. Sie bestimmt die Höhe einer Welle. Die längste Wirklänge und damit auch die höchsten Wellen – bis zu 20 Meter hoch – findet man im Pazifik. Die höchste jemals gemessene Welle war fast 40 Meter hoch.

Wellen brechen am Ufer, weil der Meeresboden zur Küste hin ansteigt; durch die resultierende stärkere Reibung werden die Wellen langsamer und verringern ihre Abstände. Durch dieses Aufstauen nimmt ihre Höhe zu und ihre Länge ab. Das Wasser am Gipfel einer Welle ist durch die Reibung des Meeresbodens weniger betroffen als das im unteren Teil der Welle und bewegt sich daher schneller, sodass der Wellenkamm überkippt. Dabei bricht die Welle und setzt ihre Energie am Ufer frei.

Oben: Erst wenn ein Tsunami auf das Ufer trifft, entfaltet er seine volle Zerstörungskraft, deren Auswirkungen sich nicht auf die Küste allein beschränken. Die Wucht und Geschwindigkeit der Welle und die riesigen Wassermassen bewirken, dass er Meerwasser und Treibgut bis weit ins Inland schleudert.

Linke Seite: Wellen werden nach ihren Dimensionen eingeteilt. Den höchsten Punkt des Wellenbergs nennt man Kamm, den tiefsten Punkt Wellental. Die Dimensionen einer Welle bemisst man in Höhe (der vertikale Abstand zwischen Kamm und Wellental), Länge (der Abstand zwischen den Kämmen oder Tälern zweier aufeinanderfolgender Wellen) und Periode (die Zeit, die sie zum Passieren eines bestimmten Punkts benötigt).

Tsunamis

Der Name Tsunami stammt aus dem Japanischen und bedeutet so viel wie „lange Hafenwelle". Man nennt diese Wellen auch Flutwellen, obwohl sie nichts mit den Gezeiten zu tun haben, denn sie entstehen durch Schockwellen infolge von Erdbeben oder vulkanischer Aktivität unter Wasser. Die anfangs kaum mehr als einen Meter hohen Tsunamiwellen breiten sich kreisförmig aus und werden dabei immer schneller, bis sie auf den Kontinentalhang treffen und sich verlangsamen. Durch die gewaltigen nachdrückenden Wassermassen nehmen sie dort jedoch sehr stark an Höhe zu und treffen dann mit verheerenden Folgen auf das Festland.

Tsunamis treten meist im Pazifik auf, weil die tektonischen Platten an dessen Rändern instabil sind. Nach dem Ausbruch des indonesischen Vulkans Krakatau 1883 liefen Tsunamis um die halbe Erde und töteten 36 000 Menschen.

Die jüngste Tsunamikatastrophe ereignete sich am 26. Dezember 2004 infolge eines Erdbebens (Stärke 9,5 auf der Richterskala) im Indischen Ozean. Vor allem Indonesien, Thailand und Teile Malaysias, aber auch Sri Lanka, Indien, Bangladesch und die Malediven wurden von einer Reihe von Tsunamis getroffen. Diese wüteten mit furchtbarer Zerstörungskraft; über 230 000 Menschen kamen ums Leben, und Millionen wurden obdachlos. Seitdem fordert man ein weltweites Tsunami-Frühwarnsystem, ähnlich dem, das in Hawaii bereits existiert.

LEBEN IM OZEAN

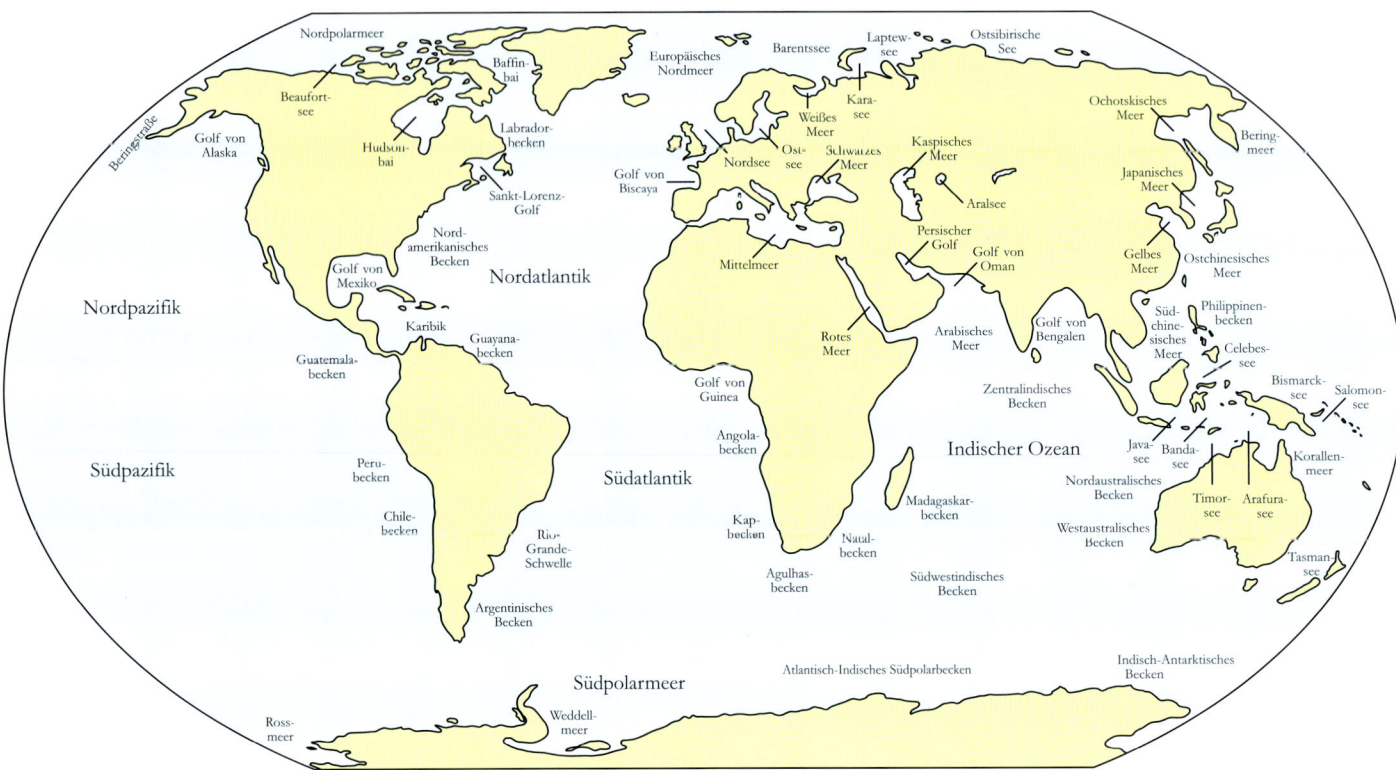

Der größte Lebensraum

Die Weltmeere bilden den größten Lebensraum auf der Erde; er ist etwa 250-mal größer als jener des Festlands. Doch von den bis heute beschriebenen 1,5 bis 1,7 Millionen Arten lebt weniger als ein Viertel im Meer. Experten gehen davon aus, dass weitere Millionen von Arten auf der Erde existieren, von denen wahrscheinlich viele im Meer, diesem noch weitgehend unbekannten Reich, vorkommen. Tatsächlich werden im Meer ständig neue Arten entdeckt, besonders in der bislang nicht erforschten Tiefsee. Die Weltmeere haben die meiste Zeit der Erdgeschichte als Laboratorien für die Evolution des Lebens gedient, und heute ist man sich allgemein darin einig, dass sie die größte Vielfalt an Leben auf der Erde enthalten – von den ältesten Mikrobenformen bis zum größten Tier, das die Erde je gesehen hat, sowie von Säugern und Reptilien, die im Laufe der Evolution ins Meer zurückgekehrt sind, bis hin zu etlichen Organismen, die keine nahen Verwandten an Land haben.

Ursprung und Evolution des Lebens

Der genaue Ursprung des Lebens auf der Erde lässt sich vielleicht nie ermitteln. Theorien über den Ort seiner Entstehung vermuten diesen im All oder im Innern von Vulkangestein, in Teichen auf dem Festland, heißen Quellen an der Küste oder hydrothermalen Quellen der Tiefsee. Jedenfalls nimmt man an, dass vor rund vier Milliarden Jahren – in der ersten Jahrmilliarde der Erdgeschichte – dank der passenden Mischung chemischer Elemente wie Wasserstoff, Sauerstoff, Kohlenstoff und Stickstoff die Bedingungen für das Entstehen erster organischer Verbindungen ideal waren. Dieser von Hitze, Blitzen oder Strahlung angetriebene Prozess, der auch das Vorkommen von Wasser voraussetzte, führte zur Bildung von Aminosäuren, den Bausteinen des Lebens.

Die Urozeane entwickelten sich also höchstwahrscheinlich zu einer chemischen „Suppe" voller einfacher organischer Moleküle, die sich über Jahrmillionen kombinierten und rekombinierten, sodass immer komplexere Substanzen wie Proteine, Ribonucleinsäure (RNA) und Desoxyribonucleinsäure (DNA) entstanden. Diese Entwicklungen schufen ihrerseits die Möglichkeit der Selbstreplikation und Mutation und führten mithilfe natürlicher Selektion dazu, dass frühe organische Moleküle erste einfache Lebensformen bildeten: einzellige Prokaryoten, wie Archäen und Bakterien, die noch keine speziellen Strukturen wie einen echten Zellkern oder eine schützende Hülle um ihre DNA besaßen. Sie verarbeiteten wahrscheinlich Substanzen wie Methan, Wasserstoff, Sulfate und Kohlendioxid als Treibstoff für ihre Lebensprozesse.

Mit der Zeit entwickelten sich komplexere Lebensformen wie die Cyanobakterien (Blaualgen), die Chlorophyll enthalten und Photosynthese betreiben können; sie nutzten die Sonnenenergie, um Nährstoffe zu bilden. Derlei Lebewesen beherrschten wahrscheinlich mehr als eine Milliarde Jahre lang die Erde und fungierten in dieser Zeit sozusagen als einfachste Pflanzen. Nach und nach erhöhten sie den Sauerstoffgehalt in der Atmosphäre und den Meeren. Diese Entwicklung war wohl für die meisten anderen Lebensformen schädlich, ließ aber allmählich die Ozonschicht entstehen, welche die Erde und ihre Bewohner vor der schädlichen ultravioletten Strahlung der Sonne schützt, und begünstigte letztlich die Atmung, derer sich die meisten heute bekannten Pflanzen- und Tierarten bedienen.

Anfangs jedoch ließ vermutlich der evolutionäre Selektionsdruck durch diese atmosphärischen Veränderungen Symbiosen entstehen und führte dazu, dass verschiedene Mikroben zu komplexeren Organismen (darunter Vorläufer der späteren vielzelligen Lebensformen) verschmolzen. Solche Eukaryoten traten vor 2,1 Milliarden Jahren erstmals auf und entwickelten eine Vielfalt von Lebensformen, die wahrscheinlich alle einen Zellkern und andere komplexe Zellstrukturen besaßen. Vor 1,8 Milliarden Jahren erfolgte dann mit dem Aufkommen der sexuellen Fortpflanzung ein weiterer wichtiger Entwicklungsschritt. Damit beschleunigte sich die Evolution dramatisch, weil das Erbgut der Eltern mithilfe spezieller Geschlechtszellen (Gameten) kombiniert wurde und die Nachkommen eine größere genetische Vielfalt aufwiesen.

Vielzelliges Leben

Der nächste wichtige Schritt hin zu echtem vielzelligem Leben erfolgte dann wahrscheinlich vor 1,4 Milliarden Jahren mit dem Auftreten der ersten koloniebildenden Tiere wie Schwämme. Diese bestehen aus einer Vielzahl voneinander abhängiger einzelliger Organismen, die jeweils bestimmte Aufgaben erfüllen, sodass die Kolonie im Grunde wie ein einziger Organismus funktioniert.

Darauf folgten vor rund 680 Millionen Jahren die ersten Metazoa, die wahrscheinlich den primitivsten heutigen Mehrzellern ähnelten – den Cnidaria oder Nesseltieren. Diese weisen einen radiärsymmetrischen Bauplan auf und besitzen zwei Zellschichten, die meist von Nematocysten (Nesselzellen) umgeben sind.

Später kam dann wahrscheinlich eine dritte Zellschicht hinzu, innerhalb derer sich Muskeln und Organe ausbildeten. So entstanden frühe wurmähnliche Tiere

Linke Seite: Die Weltmeere bilden den größten Lebensraum der Erde. Er ist rund 250-mal größer als der Lebensraum an Land.

Unten: Seekühe wie der Karibik-Nagelmanati (*Trichechus manatus*) sind die einzigen rein vegetarisch lebenden marinen Säuger.

Ganz gleich, ob man eine Pflanzen- oder Tierart heute an Land, im Süßwasser oder im Meer findet, alles Leben auf unserer Erde lässt sich auf einen Ursprung im Ozean zurückführen. Wissenschaftler nehmen an, dass sich die Existenz der Organismen über drei der vier Milliarden Jahre ihrer Entwicklung auch auf diesen Lebensraum beschränkt hat. Zudem ist eine unglaubliche Vielzahl von Arten immer im Meer geblieben, hat sich in den unbekannten Tiefen vervielfältigt und durch Mutationen verändert. Noch ist nicht absehbar, wie viele Arten dort immer noch ihrer Entdeckung harren.

Links: Ein winziger durchsichtiger Krebs sucht zwischen Korallenpolypen nach Nahrung.

Unten: Korallen, Seeanemonen und ihre nahen Verwandten ähneln wahrscheinlich den ersten Vielzellern.

Rechte Seite: Verteilung der marinen Lebewesen. Die meisten Organismen, die sich von Phyto- und Zooplankton ernähren, verbergen sich in der Dunkelheit. Tagsüber schwimmen sie tiefer in der Restlichtzone, da Fressfeinde sie im Dämmerlicht schwerer aufspüren können.

und Plattwürmer. Mit der Entwicklung der Körperhöhle entstanden wiederum Rundwürmer und segmentierte Anneliden. Von diesem Zeitpunkt vor etwa 570 Millionen Jahren an entwickelte sich in den Ozeanen eine enorme Vielfalt mehrzelliger Tiere.

Während dieser „kambrischen Artenexplosion" traten Vertreter fast aller heute bekannten Tierstämme erstmals auf. Die Mehrzahl dieser Tiere gehörte zu den Wirbellosen, die nun Exoskelette, Panzer und Gliedmaßen mit Gelenken entwickelten. Daneben gab es aber auch Chordatiere.

Wirbeltiere

Der Stamm der Chordata umfasst drei Gruppen von Chordatieren: die Urochordata mit den primitiven, den Wirbellosen ähnlichen Tunicata oder Manteltieren, die fischähnlichen Acrania (Cephalochordata) und als dritte Gruppe die Vertebrata oder Wirbeltiere – jene Tiere, die eine Wirbelsäule besitzen. Das älteste als Fossil überlieferte Wirbeltier ist *Myllokunmingia*, ein wahrscheinlich primitiver, kieferloser Fisch, der einem Schleimaal ähnelte. Von diesen bescheidenen Anfängen ausgehend, brachte die Evolution im Laufe der Jahrmillionen Knorpel- und Knochenfische hervor sowie Amphibien, Reptilien, Vögel und Säugetiere. Gleichzeitig entwickelte sich eine noch größere Vielfalt an Wirbellosen, die heute wahrscheinlich rund 97 Prozent der weltweit existierenden Tierarten stellen.

Marine Artenvielfalt

Heute unterscheidet die wissenschaftliche Klassifikation auf höchster Ebene sechs Reiche: die einzelligen Mikroben der Archaea und Bacteria, die zahlreichsten, vielfältigsten und verbreitetsten aller Organismen; die Protista, die eine Vielzahl von scheinbar irgendwo zwischen Pflanzen und Tieren angesiedelten Lebensformen umfassen und wichtiger Teil des Meeresplanktons sind; die Plantae, also die Pflanzen, zu denen man gemeinhin auch die Tange zählt, obwohl einige Algenformen eher als Protisten oder Bakterien gelten; die Fungi, also Pilze, die tatsächlich den Tieren näher stehen als den Pflanzen und die wichtige Zersetzer sind; und letztlich die Animalia, die alle Wirbellosen und Wirbeltiere umfassen.

Vertreter all dieser Reiche sind heute in den Weltmeeren zu finden, und alle haben ihren Platz im komplizierten Zyklus des Lebens. Sie sind ebenso Teil des globalen Energie-, Substanz- und Nährstoffkreislaufs wie der komplexen, wenn auch örtlich begrenzteren Nahrungsbeziehungen mariner Lebensräume, Ökosysteme und Gemeinschaften.

In einer simplen Nahrungskette sind die Organismen als Abfolge von Kettengliedern dargestellt, von den Primärproduzenten über die Pflanzen- bis hin zu den Fleischfressern. Doch das entspricht nur einem Ausschnitt des Ganzen, denn die wirklichen Nahrungsbeziehungen sind meist vielschichtiger. Mit wenigen Ausnahmen werden die Produzenten oder Autotrophen, die ihre Nährstoffe selbst produzieren können, tatsächlich von Pflanzenfressern konsumiert, die ihrerseits von Fleischfressern verzehrt werden. Sie alle existieren in einer ungeheuren Formenvielfalt, die aus Körper- und Verhaltensanpassungen an ihre jeweiligen Nischen resultiert. Ein „Nahrungsnetz" stellt die Beziehungen der Arten zueinander exakter dar; diese besetzen vielleicht im Verlauf ihrer Entwicklung unterschiedliche Nischen oder Ebenen, oder sie ernähren sich von vielerlei Arten, die ihrerseits unterschiedliche Positionen im Netz einnehmen. Eine wichtige Rolle in diesem System spielen auch die Detritivoren oder Destruenten, die tote organische Materie abbauen und dabei anorganische Substanzen freisetzen, die dann über die Produzenten wieder in den Kreislauf gelangen.

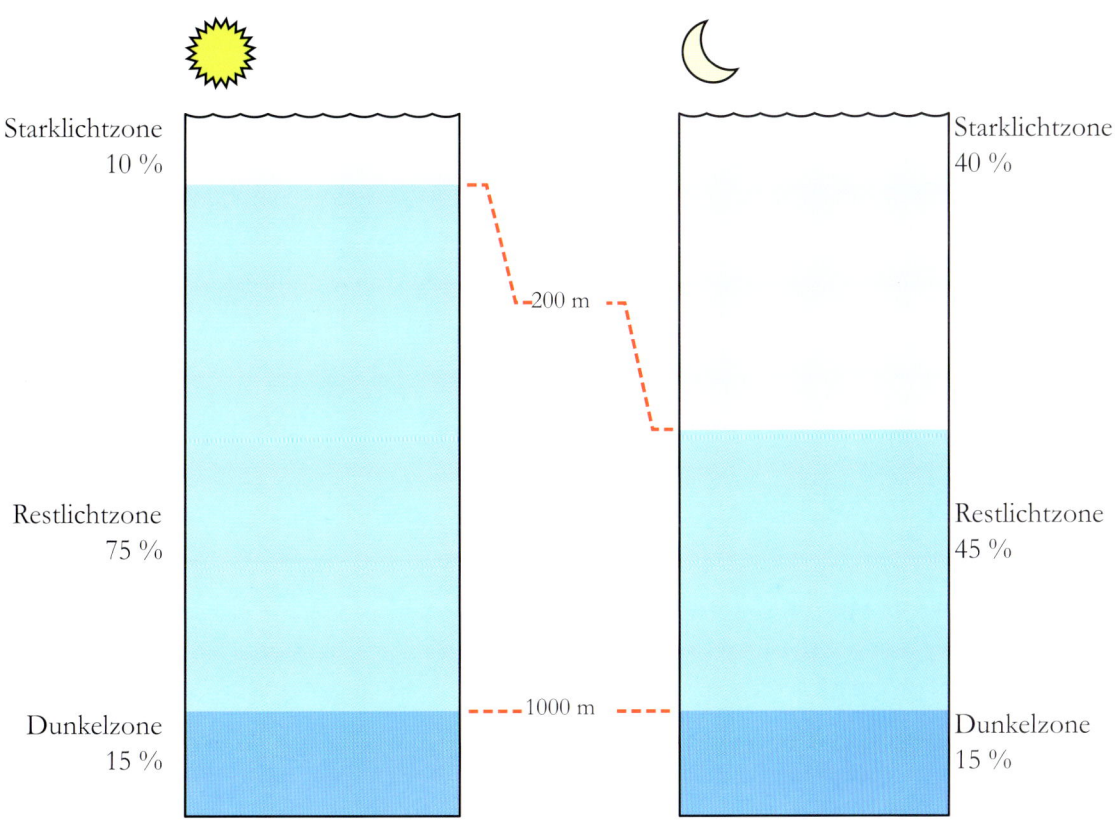

Verteilung mariner Lebewesen

Plankton als Grundlage des marinen Lebens

Abgesehen von bestimmten autotrophen Archäen und Bakterien, die ihre Nährstoffe ohne Sonnenlicht bilden können, handelt es sich bei den Primärproduzenten im Meer um Photosynthese betreibende Pflanzen. Sie erzeugen ihre Nahrung mithilfe von Sonnenenergie. An Land werden solche Pflanzen relativ groß, im Wasser jedoch sind die meisten dieser Produzenten – Grundlage praktisch aller bekannten Nahrungsnetze und somit auch fast aller anderen marinen Lebensformen – eben jene Milliarden mikroskopisch kleiner, einzelliger Pflanzen, die man als Phytoplankton bezeichnet. Sie werden in großem Umfang von Massen winziger, frei schwimmender Pflanzenfresser verzehrt. Darunter fallen in erster Linie Ruderfußkrebse, die einen Teil des Zooplanktons stellen, während der übrige Teil Eier von Wirbellosen und Wirbeltieren, das sogenannte Meroplankton, umfasst. Das herbivore Zooplankton wiederum wird von carnivoren Planktontieren verspeist, die überdies auch ihresgleichen und gelegentlich sogar größere Tiere (wie kleine Fische) erbeuten.

Das gesamte Zooplankton dient seinerseits Tieren als Nahrungsgrundlage, die ebenfalls klein sein können, aber auch so riesig wie die planktonfressenden Haie und Wale.

Phytoplankton

Das Phytoplankton teilt sich in zwei große Gruppen: die Diatomeen, die man meist im Wasser gemäßigter Zonen treibend antrifft, und die Dinoflagellaten, die oftmals zu aktiver Bewegung fähig sind und vor allem in tropischen Gewässern vorkommen. Beide Gruppen umfassen zahlreiche Arten, die sich bei ausreichendem Sonnenlicht und Nährstoffvorkommen unglaublich schnell vermehren können. Man spricht dann von Planktonblüte. Die oberen Wasserschichten, in denen sie leben und Photosynthese betreiben, sind zu diesen Zeiten oft von regelrechten Phytoplanktonwolken durchsetzt. Phytoplankter sind zwar größtenteils transparent, doch enthalten sie auch die für die Photosynthese nötigen Pigmente. So kann die Blüte mancher Dinoflagellaten das Wasser rot oder braun färben („rote Tide"). Phytoplanktonblüten sind zwar für den Fortbestand des marinen Lebens essenziell, doch können rote Tiden manchmal anderes Leben vernichten, da die beteiligten Planktonarten möglicherweise den verfügbaren Sauerstoff und alle Nährstoffe verbrauchen. Zudem enthalten sie starke Gifte, die das umgebende Wasser verseuchen oder schnell Eingang in die Nahrungskette finden, sodass Wirbellose und Fische absterben und sogar Gefahr für den Menschen besteht.

Zooplankton

Das Zooplankton setzt sich aus einer enormen Vielfalt von Tieren zusammen, von den Eiern und Larven von Weichtieren und Fischen bis hin zu ein- und mehrzelligen Organismen, die ihr ganzes – oft kurzes – Leben hindurch planktonisch leben. Die pflanzenfressenden Ruderfußkrebse bilden die größte und wichtigste Gruppe und zählen wohl zu den am häufigsten vorkommenden Tieren der Erde. Diese kleinen Krebschen folgen der Phytoplanktonblüte und vermehren sich rapide, während sie Nahrung aufnehmen. So verzehrt jeder einzelne Krebs täglich Tausende von Diatomeen, und jedes Weibchen produziert allwöchentlich Hunderte von Eiern. Die Larven schlüpfen und wachsen erstaunlich schnell, sodass die riesigen Schwärme bestehen bleiben, solange Nahrung verfügbar ist. Trotz ihrer geringen Größe haben sie einen komplexen Körperbau. Oft besitzen sie diverse Sinnesorgane, um Phytoplankton aufzuspüren, und typische haarähnliche Borsten an den Beinen, um Nahrung aufzunehmen und festzuhalten. Andere Ruderfüßer dagegen sind Fleischfresser und verzehren sogar ihresgleichen, werden aber wiederum oft Beute anderer fleischfressender Zooplankter. Zu ihren Feinden zählen etwa Medusen, Staatsquallen, Flügelschnecken und Feuerwalzen. Sie alle fangen ihre Beute mit tödlichen Nesseltentakeln oder wiedereinziehbaren Schleimnetzen oder aber filtern ihre Nahrung einfach aus dem Wasser.

Die gewaltige Masse des Zooplanktons ernährt vielerlei Fische, Vögel und Säuger, die oft weite jahreszeitliche Wanderungen unternehmen, um an ihre Nahrung zu kommen. Sie richten sogar ihre Fortpflanzungszyklen nach der Planktonblüte mit dem reichen Futterangebot aus. Im komplexen marinen Nahrungsnetz profitieren nicht nur Planktonfresser von solchen Blüten, sondern auch Fleischfresser, die diese erbeuten.

Oben: Marines Zooplankton in 16-facher Vergrößerung. Zu sehen sind Krebslarven in verschiedenen Entwicklungsstadien.

Linke Seite: Marines Phytoplankton in 20-facher Vergrößerung.

Nahrungserwerb

Die Tiere des Ozeans ernähren sich auf ganz unterschiedliche Weise. Da das Meer ein aquatischer Lebensraum ist, gibt es einige spezielle Methoden der Nahrungsaufnahme nur hier und nicht in terrestrischen Lebensräumen. Dazu zählt etwa das Filtrieren, das allerdings im Süßwasser ebenfalls verbreitet ist. Marine Lebewesen verfügen zudem über vielfältige Strategien und Sinnesleistungen, um ihre Futterquelle aufzuspüren, und ebenso viele Methoden, um sich gegen Fressfeinde zu verteidigen – etwa Tarnung, Panzerung und Gifte.

Filtrierer (Suspensionsfresser)

Da Nahrung in Form von Plankton und schwebenden organischen Detrituspartikeln in den Weltmeeren im Überfluss vorhanden ist, überrascht es nicht, dass die verschiedensten Tiere Methoden des Filtrierens entwickelt haben. Sie saugen derlei Material während des Schwimmens ein oder nehmen eine sessile (festsitzende) Lebensweise an, bei der sie auf vorbeitreibende Nahrung warten. Manche Tiere wie die Bartenwale sieben gewaltige Zooplanktonmassen durch ihre Barten aus dem Wasser, während andere – etwa Röhrenwürmer und Haarsterne – ihre federartigen Tentakel in die Strömung recken. Manche Ruderfußkrebse wiederum fangen ihre Nahrung mithilfe von Borsten, die ihren Körper bedecken. Seescheiden und Schwämme dagegen lenken Wasser mithilfe von Cilienschlägen ins Körperinnere. Viele Muscheln besitzen zwei Siphonen: einen zum Einsaugen von Wasser und Nahrung und einen zum Ausstoßen des Wassers.

Detritivoren und Depositfresser

Viele Nahrungspartikel, auch tote organische Materie und Ausscheidungen, werden nicht aus der Wassersäule extrahiert, sondern sinken auf den Grund, wo sie rasch von Bakterien abgebaut werden. Diese wiederum dienen zusammen mit verbleibender organischer Materie und feinem anorganischem Sediment wie Sand und Schlick zahlreichen Würmern, Seegurken, Krebsen und sogar Fischen als Nahrung.

Oft nehmen die Tiere einfach das Sediment auf, verdauen das darin enthaltene organische Material und scheiden den anorganischen und damit unverdaulichen Rest wieder aus. Oder sie stöbern mit speziellen Mundwerkzeugen nach Nahrung. Zu den Detritivoren zählen auch die verschiedensten Wirbellosen, Schleimaale und andere Aasfresser, die Kadaver zerkleinern und so den Abbauprozess einleiten.

Unten: Der Ozean gliedert sich von den sonnendurchfluteten oberen Wasserschichten (Starklichtzone) bis in die ewige Finsternis der Tiefseegräben (Hadal) in mehrere Schichten.

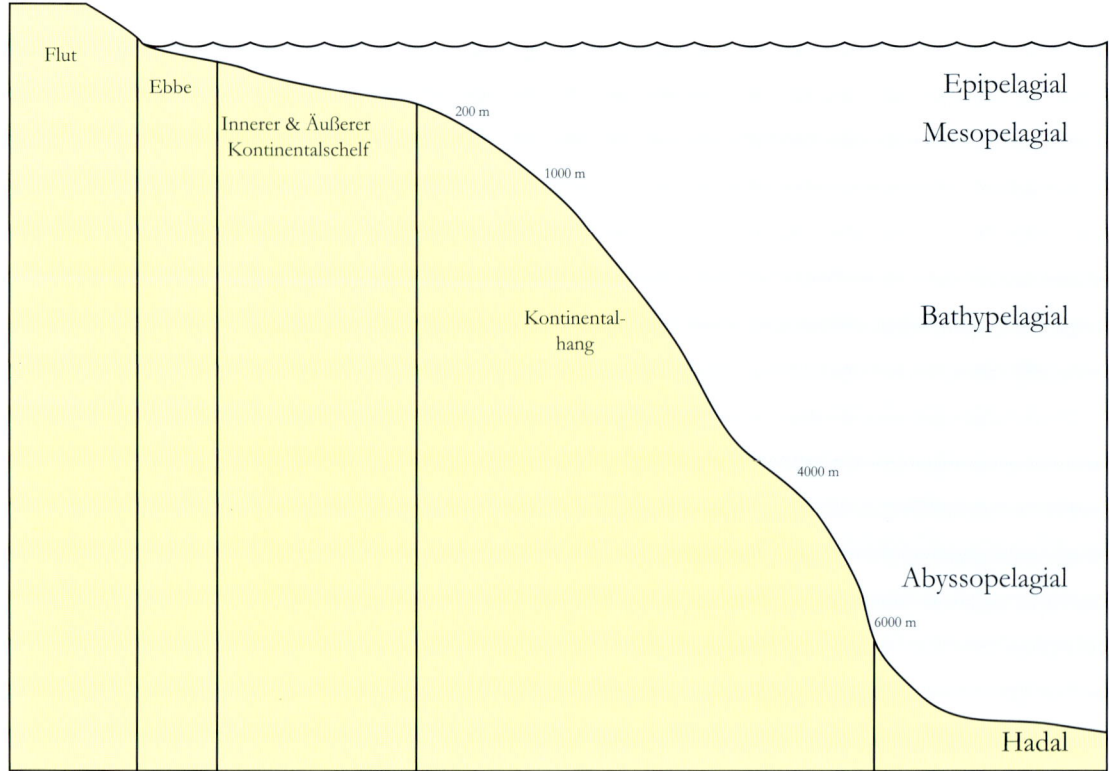

Weidegänger

In flachen, sonnendurchfluteten Gewässern können Algen und Seegrasgewächse Photosynthese betreiben und wachsen. Dabei bilden sie oft dichte Matten, Tangwälder oder Weiden, die den unterschiedlichsten Tieren als Nahrung dienen. Zu den Weidegängern gehören etwa die Meeresschnecken, die mit ihrer raspelartigen Zunge die Vegetation abtragen, sowie Seeigel, deren zahnartige Strukturen an der Körperunterseite eine ganz ähnliche Funktion haben. Viele größere Tiere, darunter Fische, Schildkröten und Säugetiere wie Seekühe, fressen ebenfalls große Mengen mariner Vegetation. Andere Tiere, wie Stachelhäuter und Fische, knabbern an weichen, sessil lebenden Wirbellosen wie Korallen und ähnlichen Polypen.

Beutegreifer

Das Aufspüren und Jagen von Beute verbraucht oft viel Energie. Es erstaunt daher wenig, dass größere Jäger, wie Pinguine und andere unter Wasser jagende Vögel, viele Fische, Robben, Seelöwen und Zahnwale, sehr effiziente Jagdmethoden entwickelt haben. Oft sind sie schnell und wendig und besitzen überdies feine Sinne, scharfe Schnäbel oder kräftige Zähne und Kiefer, um bessere Aussichten auf eine sichere Mahlzeit zu haben.

In geschützteren Lebensräumen entscheiden sich viele Jäger für die „Gelegenheit-macht-Beute"-Taktik. Sie lauern getarnt in Felsspalten, zwischen Pflanzen oder halb im Sediment vergraben auf zufällig vorbeikommende Opfer.

Manche Fische und alle Seeschlangen töten ihre Beute mit Gift, ebenso einige Wirbellose wie etwa Quallen und Kegelschnecken. Allerdings verzehren die meisten der sich langsam bewegenden fleischfressenden Wirbellosen festsitzende Beute wie Weichtiere. Dann öffnen sie zunächst deren schützende Schalen und stülpen dann ihren Magen über die inneren Organe, um diese mit Enzymen aufzulösen und den Brei einzusaugen.

Manche Seegurken können sogar ihre Eingeweide abstoßen, um Beutegreifer zu verwirren oder zu behindern. Und viele Seesterne sind in der Lage, abgeworfene oder durch Feinde verlorene Arme leicht wieder zu regenerieren. Zu den ungewöhnlichsten Abwehrmaßnahmen unter Meeresbewohnern zählen auch das Ausstoßen von Tinte oder aber von biolumineszierenden oder giftigen Flüssigkeiten.

Oben: Ein Bogenstirn-Hammerhai *(Sphyrna lewini)*. Als schnelle und wendige Jäger sind Haie äußerst effizient darin, Beute zu machen.

Bewegung

Im Lebensraum Meer findet man zahlreiche festsitzende (sessile) Wirbellose, die sich permanent im Untergrund verankern, nachdem sie ihr Larvenstadium im Wasser treibend verlebt haben. Andere vergraben sich im Boden oder kriechen über den Grund. Dabei bewegen sie sich mittels Muskelkontraktionen des Körpers, wie bei etlichen Würmern zu beobachten, oder mit einem modifizierten muskulösen Fuß fort, wie bei Muscheln und Schnecken zu sehen. Manche Stachelhäuter wie die Seesterne können zudem über den Meeresgrund laufen, wobei sie Hunderte von Saugfüßchen an der Unterseite ihrer Arme benutzen. Arthropoden wie Krebse und Hummer schreiten auf ihren Gelenkbeinen dahin, und selbst manche Fische besitzen modifizierte Brustflossen, mit denen sie über den Grund „laufen" können.

Durch seine Dichte gibt das Wasser Auftrieb, es trägt das Gewicht und lässt viele Tiere relativ leicht schwimmen. Manche machen dies mehr oder weniger passiv und steuern nur durch den Schlag winziger Härchen in gewissem Grad, wohin sie treiben. Typisch für die Fortbewegung im Meer ist jedoch vor allem unter größeren Tieren das aktive Schwimmen, das man bei Fischen, meeresbewohnenden Reptilien, tauchenden Vögeln und Säugetieren findet. Meist besitzen diese Tiere stromlinien-

förmige Körper und eine glatte Körperoberfläche, um den Widerstand zu verringern. Antrieb verschaffen sie sich mit wellenförmigen Körperbewegungen oder durch Flossenschläge. Um mehr Auftrieb zu bekommen, besitzen viele Fische zudem eine gasgefüllte Schwimmblase oder Reservoirs aus öligen Fetten. Andere Arten müssen ständig schwimmen, um nicht abzusinken.

Von den Wirbellosen sind nur wenige an das aktive Schwimmen gut angepasst; manche Krebstiere wie die Schwimmkrabben jedoch besitzen abgeflachte, paddelähnliche Glieder, und Weichtiere wie die Flügelschnecken können schwimmen, indem sie mit ihren modifizierten Füßen wie mit Flügeln schlagen. Die effektivsten Schwimmer aber sind die Tintenfische. Sie können sich durch Einsaugen und rasches Ausstoßen von Wasser mit beachtlicher Geschwindigkeit rückwärts bewegen.

Oben: Viele Fische besitzen eine Schwimmblase, die ihnen gleichmäßigen Auftrieb gibt und sie im Wasser schweben lässt.

Links: Stachelhäuter wie diese Seesterne bewegen sich auf winzigen Saugfüßchen über den Grund.

Rechte Seite, oben: Ein weiblicher Krake bewacht seine Eier, ohne zu fressen. Kurz nach dem Schlüpfen der Jungen stirbt er.

Rechte Seite, unten: Fische pflanzen sich unterschiedlich fort; manche laichen einfach ins Wasser, andere sind lebendgebärend.

Fortpflanzung

Mehr als eine Milliarde Jahre lang pflanzten sich alle Lebewesen des Ozeans asexuell fort; sie teilten einfach ihre einzige Zelle durch Zellteilung oder Knospung in zwei, und es entstanden neue Individuen. So halten es bestimmte Wirbellose, wie Korallen, Gorgonien und Seeanemonen, bis heute. Der Vorteil dieser Methode ist, dass sie schnell und leicht vonstatten geht, etwa weil Partnersuche und -werbung entfallen. Allerdings ist damit die genetische Variation eingeschränkt, die jedoch nach den Gesetzen der natürlichen Selektion das Überleben von Individuen und Arten unter veränderlichen Umweltbedingungen besser sichert. Zudem limitiert der Prozess die Ausbreitung neuer Individuen.

Die Entwicklung der sexuellen Fortpflanzung, bei der das genetische Material zweier Elternteile kombiniert wird, steigerte die genetische Vielfalt ungeheuer, und im Falle oviparer, also Eier legender Arten, die ihre Eier außerhalb des Körpers befruchten, stieg auch das Verbreitungspotenzial. In solchen Fällen sind jedoch die Eier und Larven durch Fressfeinde stark gefährdet. Um dem entgegenzuwirken, geben die sogenannten

Freilaicher unter den Fischen und Wirbellosen jeweils Hunderte, Tausende oder sogar Millionen von Eiern ins Wasser ab. Oft erreicht nur rund ein Prozent der auf diese Weise erzeugten Jungtiere das Erwachsenenalter, doch die riesigen Mengen gewährleisten, dass ausreichend Individuen für den Arterhalt überleben. Diejenigen unter ihnen, die nicht überleben, dienen Myriaden anderer mariner Organismen als Nahrung.

Einige Arten bewachen ihre Gelege, wie viele Fische und Kraken, und andere bringen lebende, oft weit entwickelte Junge zur Welt. Zu Letzteren gehören zahlreiche Haie und andere Fische sowie alle Säuger. Viele Tiere verlassen ihre Jungen kurz nach der Geburt, während sich die Säuger längere Zeit um ihren Nachwuchs kümmern, meist bis dieser selbst für sich sorgen kann.

Manche Meeresbewohner machen sich mit einer Kombination aus sexuellen und asexuellen Methoden das Beste von beiden Fortpflanzungspraktiken zunutze: Sie sind in der Lage, die Art zu erhalten, wenn keine Partner zur Verfügung stehen, können aber auch von genetischer Vielfalt profitieren. Viele marine Organismen sind zudem hermaphroditisch, bilden also männliche und weibliche Gameten, und einige können sich sogar selbst befruchten. Dies findet man vor allem bei koloniebildenden Tieren wie Korallen, doch auch einige Fische sind dazu imstande, besonders manche Arten der Tiefsee, wo sich die Partnersuche als äußerst schwierig gestaltet. Etliche Fische wechseln dagegen das Geschlecht, wenn sie heranwachsen oder um ein Ungleichgewicht in der Population auszugleichen.

Leben im Wasser und an Land

Entlang von Kliffen und Sanddünen findet man zahlreiche zähe Landpflanzen wie Flechten, Moose und Gräser. Sie haben sich den harten Anforderungen der Küstenlandschaft angepasst und widerstehen Süßwassermangel ebenso wie der Korrosion durch Meersalz, das der Wind herüberweht. Doch abgesehen von den zähen Strandschnecken sowie einigen Flohkrebsen und Asseln trifft man kaum marine Tiere jenseits der sogenannten Supralitoralgrenze an, also oberhalb der Sprühwasserzone oder der Flutlinie.

Jenseits dieser Grenze nämlich beginnt das eigentliche Land. Doch auch hier scheint sich die Fauna auf Insekten und – in stationären Dünen sowie auf felsigen Kliffen – vielleicht noch Eidechsen und grasende Kaninchen zu beschränken. Größere Landsäuger finden sich höchstens gelegentlich als Aasfresser ein und stöbern nach Sturmfluten oben am Strand im Spülgut, doch nur wenige Tiere leben hier dauerhaft.

Zu bestimmten Zeiten im Jahr jedoch erwachen gerade diese Orte jenseits des Wassers zum Leben, wenn Reptilien und Säuger des Meeres, deren Vorfahren einst das Land bewohnten, an Land zurückkehren, um außer Reichweite des Meeres ihre Eier abzulegen oder ihre Jungen zu gebären. Auch Seevögel, die manchmal fast ihr ganzes Leben über dem offenen Ozean verbringen, versammeln sich oft in großen Kolonien auf Klippen, um hier zu brüten.

Oben: Ein australisches Leistenkrokodil (Crocodylus porosus) ist soeben dabei, einen Vogel zu verspeisen.

Rechte Seite: Landkrabben auf Clipperton Island (Pazifik). Die an terrestrische Lebensräume angepassten Tiere müssen zum Laichen ins Meer zurückkehren – manchmal zu Millionen. Dabei bieten sie nicht nur ein faszinierendes Schauspiel, sondern einer ganzen Schar hungriger Räuber auch eine willkommene Mahlzeit.

Meeresschildkröten

Die heutigen Meeresschildkröten haben sich wahrscheinlich vor rund 120 Millionen Jahren entwickelt. Mit ihren relativ leichten, stromlinienförmigen Panzern und den zu großen Schwimmflossen umgeformten Beinen sind sie vollkommen an das Leben im Meer angepasst. Einige können sogar über eine spezielle Auskleidung ihres Schlundes zusätzlichen Sauerstoff gewinnen, wie mit einer Art Kiemen; normalerweise aber schöpfen die Tiere an der Wasseroberfläche Luft. Zwar suchen manche Schildkröten gelegentlich abgelegene Strände auf, doch die meisten Tiere verbringen fast ihr ganzes Leben im Meer. Da Schildkröten aber Eier mit einer ledrigen Schale legen, die ausgebrütet werden müssen, kommen die Weibchen aller Arten an Land, um dort ihre Eier im Sand zu vergraben.

Paarungszeit

Zu Beginn der Fortpflanzungssaison wandern die geschlechtsreifen Schildkröten in die Küstengewässer ihrer angestammten Brutgebiete, dort, wo sie selbst einmal aus dem Ei geschlüpft sind. Bei der Suppenschildkröte *(Chelonia mydas)*, die meist in den flachen Gewässern der amerikanischen Atlantikküste nach Nahrung sucht, kann das eine Reise von mehr als 1500 Kilometern bis zu der winzigen Insel Ascensión mitten im Atlantik bedeuten. Auf dieser abgelegenen Insel vergraben rund 5000 Suppenschildkröten ihre Eier im Sand.

Andere pelagische Arten wie die indopazifische Bastardschildkröte *(Lepidochelys olivacea)* unternehmen ähnliche Wanderungen. Diese Art gilt als häufigste Meeresschildkröte und pflanzt sich an der Pazifikküste von Mexiko und Costa Rica fort, aber auch in Indien. Dort legen Hunderttausende Weibchen gleichzeitig ihre Eier ab – ein spektakuläres Ereignis, das die Einheimischen *Arribada* (nach dem gleichnamigen spanischen Begriff für das Einlaufen eines Schiffes in einen Hafen) nennen.

Nach der im Wasser stattfindenden Paarung kehren die Männchen zu ihren Nahrungsgründen zurück, während sich die Weibchen auf die Eiablage vorbereiten. Diese erfolgt rund zwei Wochen nach der Befruchtung; die Tiere verlassen dann in Scharen das Meer und kriechen an den Brutstränden an Land.

Nester im Sand

Die Weibchen verlassen das Meer nur nachts im Schutz der Dunkelheit und schleppen sich weit die Strände hinauf, bis sie oberhalb der Wasserlinie sind. Schon dies ist für die an Land äußerst schwerfälligen Schildkröten sehr anstrengend. Doch damit nicht genug: Nun müssen sie bei ausreichendem Abstand zum Meer auch noch eine tiefe Grube im Sand graben. Dies geschicht mit den Hinterflossen. Das fertige Nest kann mit bis zu 80 Zentimetern erstaunlich tief sein. Die Weibchen legen dann – je nach Art – 50 bis 180 Eier hinein, schaufeln den Sand wieder darüber und kehren ins Meer zurück.

Die ganze Prozedur kann mehrere Stunden dauern und sich in der Fortpflanzungssaison bis zu siebenmal wiederholen, wenn mehrere Gelege nacheinander in Abständen von rund zwei Wochen mit gespeichertem Sperma befruchtet werden. Oft fressen die Weibchen in dieser Zeit kaum etwas und zehren von ihren Fettreserven. Nach Beendigung der Eiablage jedoch suchen sie wieder ihre Nahrungsgründe auf und nehmen erneut Futter zu sich. Einige Schildkröten verzehren Algen und sind – ungewöhnlich für Reptilien – fast reine Pflanzenfresser, andere fressen auch benthische oder frei treibende Wirbellose. Die Echte Karettschildkröte *(Eretmochelys imbricata)* ernährt sich fast nur von Schwämmen.

Schildkröten betreiben keine Brutpflege. Die Jungen entwickeln sich in den Eiern und schlüpfen allein. Der Schlupf erfolgt nach etwa zwei Monaten, bei warmen Temperaturen auch früher. Die Temperatur wirkt sich auf das Geschlecht der Jungtiere aus; ist es wärmer, entwickeln sich mehr Weibchen.

Spießrutenlauf

Sobald sie geschlüpft sind, buddeln sich die kleinen Schildkröten frei und laufen zwischen bereits wartenden Fressfeinden – Vögel, Säugetiere und Krabben – um ihr Leben, bis sie das Meer erreichen. Die Jungen schlüpfen meist nachts, um ihren Feinden zu entgehen. Auf dem Weg zum Wasser orientieren sie sich aber am Licht. Dabei steuern sie instinktiv auf die reflektierende Wasseroberfläche zu. Einmal im Meer, schwimmen die Jungen sofort in tiefere Gewässer.

Niemand weiß genau, wo die Jungtiere ihre ersten Monate oder sogar Jahre verbringen. Man nimmt aber an, dass sie in treibenden Flößen von Blasentang leben, die ihnen Schutz und Nahrung bieten und sich mit den Meeresströmungen weit verbreiten. Heranwachsende Schildkröten suchen dann meist Küstengewässer auf.

Die Lederschildkröte (*Dermochelys coriacea*) verbringt fast ihr ganzes Leben pelagisch. Sie ist die einzige Vertreterin der Familie Dermochelyidae und besitzt einen ledrigen Panzer und keinen knochigen.

Schildkröten können sehr alt werden, doch nur wenige der frisch geschlüpften Tiere überleben bis ins Erwachsenenalter, um dann später genau an jenem Ort, an dem sie erstmals ins Meer gelangten, selbst ihre Eier zu legen. Wie die Tiere die Stätte ihres Schlupfes wiederfinden, ist bis heute rätselhaft; wahrscheinlich aber orientieren sich sich am Magnetfeld der Erde. Manche Männchen pflanzen sich alljährlich fort, während die Weibchen sich in der Regel nur alle zwei bis fünf Jahre paaren.

Oben: Eine indopazifische Bastardschildkröte (*Lepidochelys olivacea*) bei der Eiablage in Mexiko.

Linke Seite: Die Echte Karettschildkröte (*Eretmochelys imbricata*) wurde früher wegen ihres schönen Panzers stark bejagt.

Landlebende Krebse

Als die ersten Arthropoden vor rund 450 Millionen Jahren das Meer verließen und das Land besiedelten, um schließlich die Spinnentiere und Insekten hervorzubringen, sicherte wohl vor allem ihr aus Proteinen und Chitin bestehendes Exoskelett ihren Erfolg. Dieser harte Panzer bot genug Halt, um sich an Land gut bewegen zu können, und schützte vor Austrocknung und Raubfeinden. Wahrscheinlich ähnelten die ersten Landarthropoden eher Vorgängern der heutigen Hundertfüßer und Skorpione als den Crustaceen (Krebstieren), einer Arthropodengruppe, die bis heute vor allem aquatisch lebt. Neben Modifikationen ihres Kiemenapparats war es das typische Exoskelett, das den Landkrebsen die direkte Besiedlung des Landes ohne den Umweg über Brack- und Süßgewässer ermöglichte. Sie sind die einzigen Zehnfußkrebse, denen dies gelang.

Suche nach Wasser

Die meisten landbewohnenden Krebse graben tiefe Gänge, um ans Grundwasser zu gelangen, und selbst jene, die nicht längere Zeit untergetaucht leben können, brauchen Wasser, um ihre Kiemen zu befeuchten und so an Land zu atmen. Jede Spezies durchläuft zudem ein aquatisches Larvenstadium. Daher müssen die erwachsenen Tiere ins Wasser, um ihre Eier oder frisch geschlüpften Larven abzugeben.

Der Palmendieb

Die landbewohnenden Krebse gehören zweierlei Familien an, zum einen den Gecarcinidae (Landkrabben) und zum anderen den Coenobitidae (Landeinsiedlerkrebsen). Letztere Familie umfasst acht Arten, darunter den einzigen Vertreter der Gattung *Birgus*, den Palmendieb *(Birgus latro)*. Dieser Bewohner feuchttropischer Inseln im Indischen Ozean und Pazifik ist der größte Landarthropode weltweit. Er erreicht eine Länge von 40 Zentimetern, eine Spannweite von rund 90 Zentimetern sowie ein Gewicht von fünf Kilogramm und mehr. Vermutlich ist er außerdem sehr langlebig und wird bis zu 30 Jahre oder sogar noch älter.

Die Jungtiere dieser Art nutzen leere Schneckenhäuser genauso wie andere Einsiedlerkrebse, manchmal sogar leere Kokosnussschalen, doch werden sie selbst für diese schnell zu groß. Bei erwachsenen Tieren ist der Carapax (die Schale) so hart, dass kein zusätzlicher Schutz mehr nötig ist. Dennoch bleibt der Palmendieb tagsüber und längere Zeit vor allem während der Häutung meist in seinem Bau, um nicht auszutrocknen. Nachts begibt er sich dann auf Nahrungssuche. Er ist ein Allesfresser und verzehrt neben Früchten, Blättern und anderen Pflanzenteilen auch Aas und manchmal sogar kleine Tiere. Bekannt ist er aber vor allem, weil er Kokosnüsse verspeist und dafür gelegentlich sogar auf Bäume klettert. Die harten Nüsse knackt er mit seinen kräftigen Scheren.

Ausgewachsene Palmendiebe dringen weit ins Inland vor. Sie können mithilfe umgewandelter Kiemen außerhalb des Wassers atmen, müssen diese jedoch ständig mit Süß- oder Salzwasser befeuchten. Die rudimentären Kiemen, die einstmals der Unterwasseratmung dienten, erfüllen dagegen keine Aufgabe mehr, sodass die Tiere im Wasser schnell ertrinken.

Die Paarung erfolgt an Land; anschließend bringen die Weibchen einige Eier hervor, die sie bis zum Schlupf der Jungtiere einige Monate geschützt an ihrem Bauch mit sich herumtragen. Dann begeben sie sich an die Küste, um ihre Larven ins Wasser zu entlassen. Diese treiben etwa einen Monat lang im Meer, bevor sie sich am Grund niederlassen, wo sie einen weiteren Monat verbleiben und ihren weichen Körper mit Weichtierschalen schützen. Im Alter von etwa drei Monaten gehen die Tiere dann an Land und kehren fortan nur ans Ufer zurück, um sich mit Wasser zu versorgen oder ihre Larven abzugeben.

Die Weihnachtsinselkrabbe *(Gecarcoidea natalis)* ist eine echte Landkrabbe. Sie lebt auf der Weihnachtsinsel im Indischen Ozean und wird nur etwa 15 Zentimeter lang, ähnelt aber in manchen Verhaltensweisen dem Palmendieb. Sie bevorzugt feuchten Regenwald und lebt dort in Höhlen, um nicht auszutrocknen; während Dürreperioden bleibt sie in ihrem Versteck. Ansonsten ist die Krabbe tagaktiv und sucht am Waldboden nach Nahrung. Als Allesfresser verzehrt sie Grünpflanzen, Blätter, Früchte und Blüten, Aas und kleine Wirbellose.

Die Weihnachtsinselkrabbe *(Gecarcoidea natalis)* lebt solitär und findet sich nur zur Paarungssaison in großen Gruppen zusammen. Zu Beginn der Regenzeit wandern oft Millionen dieser Krabben gleichzeitig aus dem Regenwald an die Küste. Dieses Spektakel wird durch den einsetzenden Regen ausgelöst und fällt mit dem Rückzug der Flut nach dem letzten Viertel des Mondes zusammen, wenn der Meeresspiegel am konstantesten ist und den Weibchen weniger Gefahr durch Ertrinken droht. Die Paarung erfolgt nahe des Meeres in von den Männchen ausgehobenen Höhlen. Darin verbleiben die Weibchen und legen binnen weniger Tage bis zu 100 000 Eier in eine Bruttasche. Die Eier werden schließlich ins Meer abgegeben, wo relativ schnell Millionen von Larven schlüpfen. Diejenigen, die die zahllosen Attacken von Fressfeinden überleben, sammeln sich nach etwa einem Monat am Ufer und verlassen fünf Tage später das Wasser, um landeinwärts zu wandern. Ähnliche Massenvermehrung und -wanderungen zeigen andere *Gecarcoidea*-Arten auch auf Kuba, den Bahamas und in der Karibik.

Oben: Landkrabben sind mit den Einsiedlerkrebsen verwandt und suchen als Jungtiere ebenfalls Schutz in leeren Weichtierschalen.

Linke Seite: Der Palmendieb *(Birgus latro)* kann mit seinen kräftigen Scheren Kokosnüsse knacken.

Robben: Ohrenrobben, Hundsrobben und Walrosse

Die gesamte Gruppe der Robben ist in der Überfamilie Pinnipedia, auch „Flossenfüßer" genannt, zusammengefasst. Zu dieser gehören drei Familien, und zwar die Hundsrobben (Phocidae), die Ohrenrobben (Otariidae) und die Walrosse (Odobaenidae). Sie alle sind fleischfressende Meeressäuger und haben sich wahrscheinlich im späten Oligozän oder frühen Miozän (also vor rund 25 Millionen Jahren) aus landbewohnenden Vorfahren entwickelt.

Alle Robben sind mit ihren zu Flossen umfunktionierten Beinen und stromlinienförmigen Körpern gut an das Leben im Meer angepasst, doch gibt es zwischen den Familien einige Unterschiede. So können die Hundsrobben ihre Hintergliedmaßen an Land nicht zur Fortbewegung benutzen. Sie besitzen überdies keine äußeren Ohren und säugen und versorgen ihre Jungen nicht so lange wie andere Robben. Man vermutet daher, dass die Hundsrobben besonders weit in ihrer Entwicklung hin zu einer rein aquatischen Lebensweise sind. Trotz aller Anpassungen aber müssen alle Robben an Land oder auf Eis kommen, um ihre Jungen zu gebären.

Neugeborene Seehunde tragen bereits ein wasserdichtes Fell und können schon kurz nach der Geburt ins Wasser gehen; darum kommen sie oft auf Sandbänken zur Welt. Andere Robben haben zunächst ein wolliges Haarkleid und können erst nach einem Fellwechsel ins Meer vordringen. Daher werden ihre Jungen oberhalb der Wasserlinie zur Welt gebracht.

Früher glaubte man, die Hundsrobben hätten sich aus einem otterähnlichen Säugetier entwickelt, während die anderen Robben Nachfahren eines vor 20 Millionen Jahren lebenden bärenähnlichen Tiers seien. Jüngste Genanalysen legen jedoch nahe, dass alle Robben einen gemeinsamen bärenähnlichen Vorfahren hatten und die jetzigen Familien vor etwa 25 Millionen Jahren entstanden.

Unten: Der Kalifornische Seelöwe (*Zalophus californianus*) ist eine Ohrenrobbe und deshalb von seiner Anatomie her auch an Land sehr beweglich.

Paarung in Kolonien

Weil Robben an ihre Paarungsplätze ganz bestimmte Ansprüche stellen und gute Aussichten auf einen Partner haben wollen, aber auch möglichst große Sicherheit für ihre Jungtiere suchen, finden sich die meisten Arten zur Fortpflanzung in riesigen Kolonien zusammen; die Weibchen werden zeitgleich paarungsbereit. Um nicht zweimal – zur Paarung und zum Werfen – an Land kommen zu müssen, gebären die Weibchen Junge, die mittels verzögerter Implantation (Keimruhe) aus der vorjährigen Paarung hervorgegangen sind. Unmittelbar danach werden sie wieder empfänglich. Die Tiere sind polygyn, das heißt, die Männchen paaren sich mit mehreren Weibchen. Daher versuchen sie oft mit aggressivem Verhalten, sich ein Revier oder einen Harem zu sichern. Bei manchen Arten wie dem Seeelefanten kommt es oft zu blutigen, manchmal sogar tödlichen Kämpfen.

Der Südliche Seeelefant

Die Männchen des Südlichen Seeelefanten (*Mirounga leonina*) sind die größten Robben der Welt. Sie werden bis zu 4400 Kilogramm schwer und sieben Meter lang. Die Weibchen wiegen etwa 1100 Kilogramm und sind rund vier Meter lang. Die Art zeigt damit unter allen Säugern den ausgeprägtesten Geschlechtsdimorphismus hinsichtlich der Größe. Der Name „Seeelefant" bezieht sich nicht nur auf die gewaltige Größe der Tiere, sondern auch auf den großen Rüssel der Männchen, der vor allem während der Paarungszeit ihr Gebrüll verstärkt.

Die Tiere pflanzen sich an antarktischen und subantarktischen Küsten fort, besonders auf South Georgia, wo zur Paarung schätzungsweise 350 000 Tiere (etwa die Hälfte der Gesamtpopulation) an Land kommen. Die Bullen treffen einige Wochen vor den Weibchen ein und beginnen sofort mit den Revierkämpfen. Dabei sichern sich meist die größten Bullen die größten Reviere und damit das Paarungsrecht mit den meisten Weibchen. Nach deren Eintreffen verteidigt mancher erfolgreiche Bulle oder *beachmaster* („Strandherr") einen Harem von 50 und mehr Weibchen. Weniger erfolgreiche Bullen versuchen oft, einige Weibchen am Rande solch großer Gruppen zu erobern.

Die Weibchen werfen etwa eine Woche nach ihrer Ankunft ein einzelnes Junges, das ein schwarzes Fell trägt und rund einen Meter lang und fast 50 Kilogramm schwer ist. Der Nachwuchs wird drei bis vier Wochen lang mit äußerst nährstoffreicher Milch gesäugt und vervierfacht in dieser Zeit das Gewicht. Sobald die Jungen entwöhnt sind, paaren sich die Weibchen erneut und kehren dann ins Meer zurück; die Jungen überlassen sie

ab diesem Zeitpunkt sich selbst. Diese begeben sich nach einigen Wochen – nun mit grauem, glattem, wasserdichtem Fell ausgestattet – ins Meer und zerstreuen sich.

Die Weibchen werden in der Regel mit etwa drei, die Männchen mit sechs Jahren geschlechtsreif, doch kann es etliche Jahre dauern, bis ein Männchen stark genug ist, um einen Harem zu erobern und zu verteidigen.

Der Nördliche Seebär

Der Nördliche Seebär (*Callorhinus ursinus*), eine Ohrenrobbe, pflanzt sich im nördlichen Pazifikraum fort und bildet vor allem auf den Pribilof- und den Kommandeursinseln im Beringmeer riesige Kolonien von weit über einer Million Tieren. Auch sie sind polygyn, das heißt, die Männchen bilden Reviere, um sich mit möglichst vielen Weibchen zu paaren. Ohrenrobben säugen ihre Jungen rund drei bis vier Monate und damit viel länger als Hundsrobben. Die Jungtiere kommen einige Tage nach Ankunft der Weibchen zur Welt; anschließend paaren sich diese erneut. Ihren Nachwuchs säugen die Mütter etwa zehn Tage lang. Nur zu diesem Zweck kommen sie an Land, während sie die übrige Zeit dazu nutzen, selbst im Meer nach Nahrung zu suchen.

Riesige etablierte Kolonien

Die größten Kolonien zur Fortpflanzung bilden nicht etwa die Hundsrobben, sondern die zu den Ohrenrobben zählenden Pelzrobben, besonders der Nördliche Seebär (*Callorhinus ursinus*) und der Antarktische Seebär (*Arctocephalus gazella*). Wie der Südliche Seeelefant pflanzt sich auch der Antarktische Seebär in riesigen Herden auf South Georgia fort. Dabei finden sich an Land bis zu vier Millionen Tiere zur Paarung zusammen.

Oben: Der Krabbenfresser (*Lobodon carcinophaga*) gehört zu den Hundsrobben und besiedelt die antarktischen Gewässer. Er ist einer der zahlenmäßig am stärksten vertretenen Robben.

Seevogelkolonien

Viele Seevögel leben ausgeprägt pelagisch, das heißt, sie verbringen auf der Nahrungssuche oft Monate über und auf dem offenen Meer. Dabei legen sie gewaltige Strecken zurück. Etliche Arten wandern zudem zwischen dem Nordatlantik und dem Südpolarmeer. Abgesehen vom Kaiserpinguin *(Aptenodytes forsteri)*, der auf dem antarktischen Eis brütet, müssen alle Seevögel an Land ihre Nester bauen, Eier legen und Jungen aufziehen. Meist erfolgt dies in Kolonien.

Die Größe und Zusammensetzung von Brutkolonien variieren je nach Art und Ort, doch da Seevögel ihre Nahrung im Meer suchen und an ihren Nistplätzen meist nicht um Futter konkurrieren, nisten viele möglichst in großer Zahl an einem Ort. Diese Strategie bietet nicht nur größtmöglichen Schutz der Eier und Nestlinge vor Räubern wie Mantelmöwe *(Larus marinus)* und Skua *(Stercorarius skua)*, sondern schützt auch die erwachsenen Tiere vor Angriffen von Greifvögeln wie Wanderfalken *(Falco peregrinus)* und Riesenseeadlern *(Haliaeetus pelagicus)*. Diese Beutegreifer kreisen am Himmel geduldig über solchen Kolonien, um gezielt nach Nachzüglern zu spähen.

Die Kolonien erleichtern es den Individuen zudem, einen Partner und Nahrung zu finden. Da die Vögel ansonsten meist solitär leben, trägt die Sozialisierung wahrscheinlich auch dazu bei, die für ein erfolgreiches Brutgeschäft nötigen körperlichen Umwandlungen und Verhaltensveränderungen anzustoßen.

Die größten Brutkolonien der Welt

Einige der größten Brutkolonien der Welt befinden sich auf Inselklippen im Nordatlantik und Nordpazifik, wo es einen direkten Zugang zum Meer und nur wenige Landraubtiere gibt. Auf der Südhalbkugel sind Steilküsten weniger häufig vorhanden; dort suchen sich am Boden brütende Vögel entsprechend abgelegene Inseln.

Gemischte Kolonien

Seevögel brüten oft mit ganz unterschiedlichen Vogelarten in gemischten Kolonien, die an bestimmten Orten riesige Dimensionen annehmen können. In Teilen Russlands, Islands, Europas und Nordamerikas bevölkern buchstäblich Millionen von Vögeln die Steilküsten, während auf der Südhalbkugel vergleichbare Massen an Küsten und auf Inseln wie den Falklands, der südafrikanischen Bird Island (Voëleiland), South Georgia, Tristan da Cunha und Gough Island im Südatlantik brüten. Kleinere, aber ebenso bedeutende Kolonien findet man auf etlichen tropischen Inseln im Pazifik, zum Beispiel Cook Islands und Pitcairn.

Der Nordpazifik

Im Nordpazifik brüten jeden Frühling und Sommer schätzungsweise 80 Millionen Seevögel an den Küsten Alaskas und des östlichen Russlands, davon allein zwei bis vier Millionen auf der russischen Insel Talan. Im Nordatlantik beherbergen Labrador und Neufundland in Kanada und die Insel St. Kilda der schottischen Hebriden einige der weltweit größten und vielfältigsten Vogelkolonien, in denen unter anderem zahlreiche Seeschwalben, Sturmvögel, Skuas und Alken brüten.

Alken wie Trottellumme *(Uria aalge)*, Dickschnabellumme *(Uria lomvia)* und Tordalk *(Alca torda)* sind während der Brutsaison an den felsigen Küsten des Nordatlantiks nicht selten die häufigsten Arten und mit ihrem typischen pinguinähnlichen Aussehen, der aufrechten Haltung und dem schwarz-weißen Gefieder besonders auffallend. Wie Pinguine schwimmen sie geschickt unter Wasser und jagen dabei kleine Fische und Wirbellose.

Im Gegensatz zu den Pinguinen sind die Alken jedoch flugfähig und nisten oft hoch oben an fast senkrechten Kliffen. Die Weibchen legen meist nur ein Ei auf einen nackten Felsvorsprung, manchmal umgeben von Steinen oder einigen Pflanzen. Bei der Trottellumme ist das Ei durch seine fast konische Form vor dem Herabrollen aus luftiger Höhe geschützt. Zwar bilden die Vögel meist vor der Fortpflanzung Paare, doch gelegentlich bleibt nur das Männchen auf dem Nest zurück, während sich das Weibchen erneut paart. Das Männchen kümmert sich dann allein um die Aufzucht der Jungen. Diese verlassen das Nest meist im Alter von drei Wochen, noch bevor sie flügge werden, indem sie dem Lockruf ihres Vaters folgen und sich einfach von der Klippe ins Wasser hinabfallen lassen.

Papageitaucher

Die nahe verwandten Papageitaucher gehören ebenfalls zur Familie der Alken (Alcidae). Auch sie brüten in Kolonien, graben dazu jedoch meist Röhren in grasbewachsene Steilküsten. Der Gelbschopflund *(Fratercula cirrhata)* und der Hornlund *(Fratercula corniculata)* sind im Nordpazifik zu finden, während im Nordatlantik nur eine Art heimisch ist, der Papageitaucher *(Fratercula arctica)*. Sie alle besitzen große, charakteristische Schnäbel, die während der Paarungssaison besonders farbenfroh sind.

Basstölpel

Mit seinem gelben Kopf ist auch der Basstölpel *(Sula bassana)* ein Charaktervogel, der in besonders großer Zahl auf St. Kilda sowie der kanadischen Bonaventure Island brütet. Die Paare bleiben oft jahrelang zusammen und verstärken ihre Bindung alljährlich erneut in der Paarungszeit durch ausgefeilte Balzdarbietungen wie Putzen, Verbeugungen und Schnabelklappern.

Buntfuß-Sturmschwalben

Im Südpolarmeer nistet die Buntfuß-Sturmschwalbe *(Oceanites oceanicus)*. Sie ist vielleicht der verbreitetste Vogel der Welt und kommt zu Millionen von der antarktischen Küste bis hinauf zu den Falklandinseln vor. Dieses weltumspannende Gebiet ist auch die Heimat der größten Brutkolonien eines der stattlichsten Seevögel mit der wohl ausgeprägtesten pelagischen Lebensweise, des Schwarzbrauenalbatrosses *(Thalassarche melanophris)*.

Tölpel

Im tropischen Pazifikraum nisten auf entlegenen Inseln einige nah miteinander verwandte Tölpelarten, wie Blaufußtölpel *(Sula nebouxii)*, Rotfußtölpel *(Sula sula)* und Weißbauchtölpel *(Sula leucogaster)*. Normalerweise gibt es in ihren angestammten Brutgebieten keine Landraubtiere, doch in manchen Fällen haben eingeschleppte Arten wie Ratten und Mäuse, Hauskatzen, Hunde und Schweine die Populationen stark dezimiert und ihren Bruterfolg gemindert.

Oben: Maskentölpel *(Sula dactylatra)*.

Linke Seite: Basstölpel *(Sula bassana)* am Bass Rock, Schottland.

FLUSSMÜNDUNGEN, SALZMARSCHEN UND WATTEN

An der Grenze von Süß- und Salzwasser

Wie alle Küstenlebensräume sind Flussmündungen – auch Ästuare genannt – mit ihren Salzmarschen und Watten Bereiche, an denen sich Land und Meer begegnen. Wichtiger noch ist vielleicht, dass hier Flüsse ins Meer münden und daher Süß- und Salzwasser aufeinandertreffen. Es entsteht Brackwasser und damit ein einzigartiger Lebensraum, eine Mischung aus Land, Süß- und Meerwasser.

Ästuare bilden sich nicht nur durch die Überflutung von Flussmündungen, Tälern und deren angrenzendes Land durch das Meer, sondern auch durch den Rückzug von Gletschern, geologische Bewegungen und Anhäufung von im Fluss mitgeführtem Sediment, sodass sie meist vor starken Wellen und Strömungen geschützt sind. Dennoch gelten sie als äußerst dynamische Lebensräume, und sie sind nicht nur von den Gezeiten, sondern auch vom konstanten Zufluss von Wasser aus dem Inland geprägt. Die dort lebenden Organismen müssen daher mit wechselnden Wasserständen, einem stark variierenden Salzgehalt und ganz unterschiedlichen Temperaturen zurechtkommen.

Dennoch zählen Ästuare zu den produktivsten Ökosystemen der Erde. Flüsse und Meer sorgen für einen Nährstoffreichtum, der eine Vielfalt von Pflanzen und Tieren ernährt, von Photosynthese treibenden Algen und Phytoplankton über Wirbellose und Fische bis hin zu Vögeln und Säugern, die alle über die Nahrungskette miteinander vernetzt sind. Doch Flussmündungen gelten nicht nur als bedeutende Nahrungsgründe: Zahlreiche Fische laichen hier, und etliche Vogelarten brüten und überwintern in diesen Bereichen. Watten und Sumpfgebiete speichern nicht nur viele Nährstoffe, sondern filtern auch potenzielle Schadstoffe aus dem Wasser, während abgelagertes Sediment die Küstenlebensräume vor Erosion und Überflutung schützt.

Wechselnder Salzgehalt

Der schwankende Salzgehalt des Wassers entscheidet als einer der wichtigsten Faktoren darüber, welche Organismen in Flussmündungen überleben und gedeihen. Die meisten Pflanzen und Tiere sind stenohalin, das heißt, sie tolerieren nur geringe Wechsel des Salzgehalts und leben daher ausschließlich im Salz- oder im Süßwasser. Euryhaline Pflanzen und Tiere dagegen tolerieren eine große Bandbreite von Salzgehalten, und so findet man in Flussmündungen vor allem solche Arten.

Mit dem Wechsel der Gezeiten verändert sich der jeweilige Gehalt an Salz- und Süßwasser permanent. Auch die vom Fluss geführte Wassermenge variiert und kann durch Regenfälle oder Schneeschmelze stark zunehmen. Zudem ist der Salzgehalt nicht an allen Stellen in der Flussmündung gleich; so ist er in größerer Entfernung vom Ufer und von der eigentlichen Mündung höher und kann auch durch die Bodengestalt beeinflusst werden. Wenn ein Fluss mit nur geringem Gefälle ins Meer mündet oder sich an seiner Mündung abrupt verengt, können die Gezeiten sehr tief ins Inland vordringen und die Salinität des Wassers entsprechend beeinflussen.

Da Süßwasser eine geringere Dichte hat als Salzwasser, strömt es in der Mündung manchmal über Letzteres hinweg, sodass je nach Wassertiefe unterschiedliche Salzgehalte bestehen. Salzigeres Wasser kann so unterhalb des Süßwassers stromaufwärts gelangen. Das ermöglichte es vielen bodenbewohnenden Meeresorganismen, sich weiter landeinwärts anzusiedeln und sich vermehrt ans Süßwasser anzupassen. Die meisten Pflanzen der Ästuare und Salzmarschen sind Landpflanzen, die eine Toleranz gegen höhere Salzgehalte entwickelt haben.

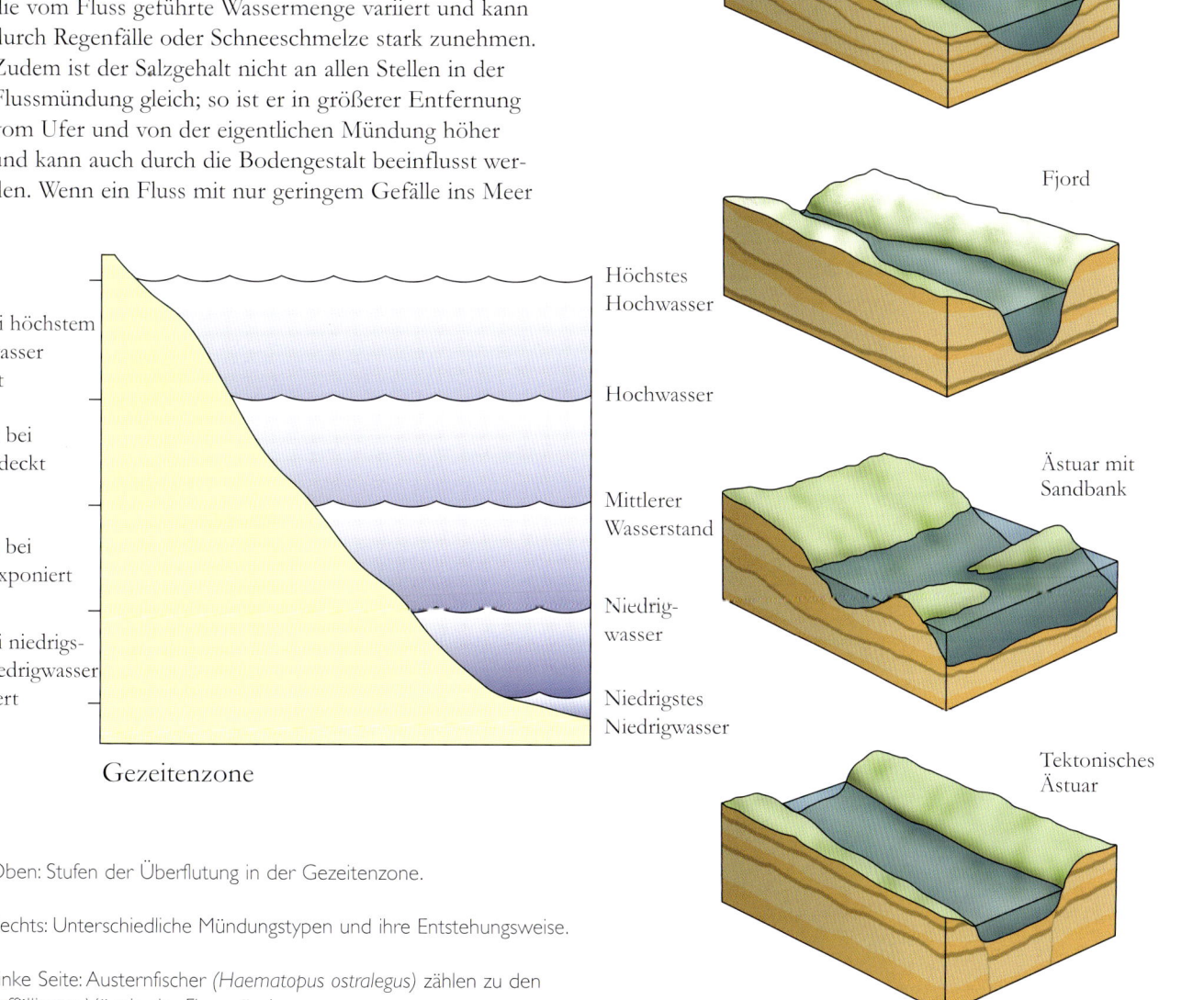

Oben: Stufen der Überflutung in der Gezeitenzone.

Rechts: Unterschiedliche Mündungstypen und ihre Entstehungsweise.

Linke Seite: Austernfischer (*Haematopus ostralegus*) zählen zu den auffälligsten Vögeln der Flussmündungen.

Salzmarschen

In tropischen und subtropischen Regionen dominieren in Flussdeltas meist Mangrovensümpfe und -wälder, während die Flussmündungen in den gemäßigten Breiten häufig von ausgedehnten Salzmarschen umgeben sind. Diese entstehen durch Ablagerung des vom Fluss mitgeführten Sediments, das von niedrigen, salztoleranten Pflanzen – den sogenannten Halophyten – besiedelt wird und von Kanälen durchzogen ist, durch die das Meerwasser mit den Gezeiten ein- und ausströmt.

Wie andere Lebensräume der Gezeitenzone mit ihren sehr variierenden Bedingungen kommen in den Salzmarschen weniger Arten vor als in den stabileren rein terrestrischen oder marinen Habitaten. Salzmarschen sind aber relativ geschützt und nährstoffreich und somit sehr produktiv, sodass die entsprechenden Arten oft in großer Zahl auftreten.

Als Lebensraum im Übergang vom Land ins Meer zeigen Marschen zudem meist eine deutliche Zonierung oder Gruppierung der Arten von den höher gelegenen landseitigen Abschnitten über die Marschebenen bis hinunter zum Schlickwatt, das besonders oft und stark den Gezeiten ausgesetzt ist.

Die Salinität schwankt denn auch innerhalb der Marsch je nach Reichweite der Flut. Pflanzen und Tiere mit der höchsten Salztoleranz findet man daher näher am Meer in der unteren Marsch, während weniger tolerante Arten in den oberen Abschnitten anzutreffen sind, wo sie nur bei höchsten Hochwasserständen überspült werden. So begegnet man hier auch meist reinen Landbewohnern, wie Insekten, Amphibien und Nagetieren. Zu den Pflanzen der tiefer gelegenen Marschabschnitte zählen Strandaster *(Aster tripolium)*, Meerlavendel (Strandflieder, *Limonium vulgare*) und Milchkraut *(Glaux maritima)*. Sie besitzen oft schmale Blätter, um bei Überflutung den Wasserwiderstand zu mindern, und Salzdrüsen, um überschüssiges Salz auszuscheiden.

Weiter unten dominieren meist Gräser wie das Salzgras *(Distichlis spicata)* und die Schlickgrasart *Spartina partens* sowie der Queller *(Salicornia europaea)*. Letzterem fehlen Salzdrüsen; er ist sukkulent und kann so das aufgenommene Salz durch einen erhöhten Wassergehalt ausgleichen. In den unteren Marschabschnitten finden sich in zunehmender Zahl marine Flohkrebse, Asseln und größere Krebstiere, aber auch verschiedene Würmer und Schnecken, etwa die Strandschnecke *Littorina irrorata*. In den Prielen dagegen siedeln sich zunehmend Fische an, darunter Meergrundeln, junge Plattfische und Aale.

Schlickgräser wie *Spartina anglica* und *Spartina alterniflora* dominieren die tiefer gelegenen Marschabschnitte bis hinunter zum Sandwatt und sind sehr wichtig, weil sie das Sediment festigen und organischen Abfall zur Nahrungskette beisteuern. Da der Untergrund jedoch zwar reich an Nährstoffen und organischer Materie, aber arm an Sauerstoff ist, kommt das Leben hier schnell zum Erliegen.

Rechts: Meerlavendel *(Limonium vulgare)* in West Sussex, England.

Das Schlickwatt

Der untere Bereich der Salzmarsch ist täglich den Gezeiten ausgesetzt und weist die höchste Salinität auf. Die Vegetation wird hier immer spärlicher und fehlt schließlich ganz, sodass bei Ebbe scheinbar unfruchtbare Schlickflächen frei liegen. Diese werden höchstens unterbrochen durch einzelne Bulten von Seegras *(Zostera marina)* oder Algen, die sich festen Halt verschaffen konnten. Wie am Rand der Marsch ist auch hier das Sediment nährstoffreich, aber fast immer wasserdurchtränkt, sodass kein Wasser- und Sauerstoffaustausch erfolgen kann. Hier dominieren Bakterien, die den Sauerstoffgehalt noch weiter reduzieren. Das Sediment ist daher schon wenige Zentimeter unter der Oberfläche anaerob und schwefelwasserstoffreich. Die Bakterien bauen jedoch auch organische Materie ab und produzieren nährstoffreichen Detritus, der Grundlage für vielfältiges Leben ist.

Auf den ersten Blick mag das Schlickwatt öd und leer erscheinen, doch die mit ihren Schnäbeln im Boden stochernden Watvögel und genaueres Hinsehen zeigen, dass im Schlick vielerlei Lebewesen versteckt sind. Diese vergraben lebenden Tiere – auch Endo- oder Infauna genannt – schützen sich im Sediment vor Luft, veränderlichen Wasserverhältnissen und Fressfeinden. Sie müssen dafür aber das Fehlen von Sauerstoff und die wechselnde Salinität des Watts ertragen oder sich diesen Gegebenheiten anpassen.

Die Endofauna besteht vor allem aus kleinen, detritusfressenden Wirbellosen, etwa Würmern, Muscheln und winzigen Krebstieren. Sie sind eine wichtige Nahrungsquelle für Aasfresser und Räuber, darunter größere Wirbellose, Fische und Vögel. Die von den Tieren der Endofauna gegrabenen Löcher und Gänge fördern zudem den Wasseraustausch im Sediment.

Unten: Watten erscheinen manchmal öd und leer, doch Spuren wie diese unzähligen kleinen Häufchen von Wurmausscheidungen deuten auf Unmengen von Würmern hin, die im Schlick verborgen leben.

Die Endofauna

Den größten Teil der Endofauna stellen meist Polychäten (Vielborster), vom Gemeinen Strand- oder Wattwurm *(Arenicola marina)*, der einen u-förmigen Gang anlegt und organische Materie im Sediment frisst, bis hin zu sehr mobilen Arten wie dem Seeringelwurm *(Nereis diversicolor)* und dem Grünen Meerringelwurm *(Nereis virens)*. Diese Arten verzehren Detritus oder erbeuten andere Würmer. Besonders der Grüne Meerringelwurm ist ein beeindruckender Räuber; er wird bis zu 90 Zentimeter lang und besitzt sehr kräftige Kiefer.

Zu den fleischfressenden Würmern zählen beispielsweise auch *Anaitides maculata* und *Anaitides mucosa*. Beiden fehlen Kiefer, doch können sie ihren modifizierten Rüssel ausstülpen, um ihre Beute zu verschlingen. Einer der am häufigsten in Flussmündungen vorkommenden Würmer ist die Seemaus *(Aphrodita aculeata)*, die ihren Namen den zahlreichen Borsten verdankt, die ihr ein pelziges Aussehen verleihen. Die Borsten auf dem Rü-

cken sind graubraun, während die Seitenborsten in bunten Farben irisieren. Die Seemaus lebt ebenfalls räuberisch und erbeutet bevorzugt *Nereis*-Arten, die oft mehr als dreimal so lang sind wie sie selbst. Die Schuppenwürmer (Polynoidae) sind mit 1,5 bis 7,5 Zentimeter Länge noch kleiner, doch auch sie erbeuten Würmer und andere Wirbellose. Dennoch leben manche Arten wie *Harmothoe lunulata* als Kommensalen (Nutznießer) in den Gängen größerer Wirbelloser wie der Muschel *Mysella bidentata*, des grabenden Schlangensterns *Amphiura brachiata* und grabender Seewalzen wie *Labidoplax digitata*. Die letztgenannte Art ist wurmähnlich und wird bis zu 30 Zentimeter lang. Ihr fehlen die Saugfüßchen, die die mobileren Seewalzenarten aufweisen; sie gräbt sich ins Sediment ein und sammelt mit den herausgestreckten Tentakeln Detritus ein.

Die Schwarze Seewalze *(Holothuria forskali)* dagegen lebt epifaunal oder benthisch, also auf der Sedimentoberfläche. Hier bewegt sie sich mit ihren gut entwickelten Saugfüßchen fort. Sie kann ihre Eingeweide in langen, baumwollähnlichen Fäden abstoßen, wenn sie sich durch Fressfeinde bedroht fühlt.

Oben: Der Schlammtreter *(Catoptrophorus semipalmatus)* ist ein großer Strandläufer, der Würmer und Krebstiere verzehrt.

Links: Meerfenchel *(Crithmum maritimum)*, eine Küstenpflanze.

Das Sandwatt

Auch im tiefer gelegenen Sandwatt leben zahllose Weichtiere, besonders Muscheln. Als häufigste Weichtierart gilt die Gemeine Wattschnecke (*Hydrobia ulvae*), die in Mengen von 20000 bis hin zu 300000 Tieren pro Quadratmeter auftritt. Sie ernährt sich von winzigen organischen Partikeln, die sie vom Sediment abweidet; nur bei Flut schwimmt sie unter der Wasseroberfläche hängend. Dazu benutzt sie eine Art Floß aus Schleim, mit dem sie auch Nahrung einfängt.

Zu den häufigsten Wattmuscheln zählen die Gemeine Pfeffermuschel (*Scrobicularia plana*), die Lange Ottermuschel (*Lutraria lutraria*) und einige Klaffmuscheln wie Sandklaffmuschel (*Mya arenaria*) und Gestutzte Klaffmuschel (*Mya truncata*). Diese besitzen sehr lange Siphonen, sodass sie sich tief im Schlick vergraben können. Klaffmuscheln verdanken ihren Namen dem Umstand, dass sich ihre Schalen bei eingezogenen Siphonen wegen deren Größe nicht mehr vollständig schließen lassen.

Durch ihre Siphonen ernähren sich auch Venusmuscheln wie *Tapes rhomboides*, *Tapes decussates*, *Venerupis cerrusata* und *Mercenaria mercenaria*, die oft von Menschen gegessen werden und daher von wirtschaftlicher Bedeutung sind.

Austern

Einst galten die Miesmuschel (*Mytilus edulis*) und die Europäische Auster (*Ostrea edulis*) als die wirtschaftlich wichtigsten Muscheln. Man traf sie im Brackwasser an und kultivierte sie auch dort. In den letzten Jahrzehnten haben Überfischung, Konkurrenz durch neu eingeführte Arten sowie die Dezimierung durch räuberische Weichtiere und Seesterne ihre Populationen jedoch stark zurückgehen lassen.

Die größte in europäischen Gewässern anzutreffende Muschel ist die Steckmuschel *Atrina fragilis,* die bis zu 30 Zentimeter lang werden kann; auch ihre Bestände sind stark geschrumpft.

Krebstiere

Neben Würmern und Weichtieren sind auch Krebstiere im Watt häufig vertreten. Zu ihnen zählen recht große Arten wie Taschenkrebs *(Cancer pagurus)*, Blaukrabbe *(Callinectes sapidus)* und Sägegarnele *(Palaemon serratus)*, verschiedene Garnelen wie die Rote Garnele *(Pandalus montagui)* und winzige Flohkrebse (Amphipoden) wie *Gammarus duebeni*, *Gammarus tigrinus*, *Gammarus salinus* und *Corophium voluator*. Die kleinen Tiere können in ungeheurer Dichte vorkommen und bilden dann bei Ebbe die Hauptnahrung für verschiedene Watvögel wie Strandläufer und Kiebitze, die im Watt mit dem Schnabel nach Beute stochern. Bei Flut bieten die Wirbellosen auch noch einer Vielzahl von Fischen Nahrung.

Linke Seite: Ein erranter (das heißt nicht an Wohnröhren oder Gänge gebundener) Polychäte überquert bei Flut den Grund, während Muscheln ihre Siphonen aus dem Substrat recken, um Nahrungspartikel einzufangen.

Rechts: Die Miesmuschel *(Mytilus edulis)* kann im Watt dichte Muschelbänke bilden.

Unten: Taschenkrebs *(Cancer pagurus)*.

Fische des Brackwassers

In Flussmündungen findet man etliche Fischarten, von denen jene, die dauerhaft unter den brackigen Bedingungen leben, nur eine unter mehreren Gruppen bilden. Anzutreffen sind hier See- wie Süßwasserfische, die saisonal oder gelegentlich ins Brackwasser vordringen, um dort nach Nahrung zu suchen oder zu laichen. Manche Arten durchwandern die Ästuare auf dem Weg zu ihren Laichgründen im Meer oder in Flüssen. Eine besonders große Gruppe stellen jedoch die Jungfische, die oft stromaufwärts, vor der Küste oder in der Flussmündung selbst geschlüpft sind und dort ihre Kinderstube haben. Sie nutzen das reiche Nahrungsangebot in Form von Plankton, Wirbellosen und anderem organischen Material. Gleichzeitig genießen sie den Schutz, den ihnen das relativ geschützte Flachwasser vor größeren Raubfischen bietet, bevor sie als erwachsene Tiere ins offene Meer abwandern.

In Flussmündungen sind vorwiegend Arten wie Dorschfische, Meeräschen und Rochen, zahlreiche Plattfische – darunter Kliesche *(Limanda limanda)*, Seezunge *(Solea solea)*, Scholle *(Pleuronectes platessa)* und Flundern – sowie Kabeljau (Dorsch, *Gadus morhua*), Zwergdorsch *(Trisopterus minutus)*, Wittling *(Merlangius merlangus)*, Franzosendorsch *(Trisopterus luscus)*, Hering, Maifisch und Barschfische vertreten. Bei vielen dieser Arten gelten die erwachsenen Tiere als wirtschaftlich bedeutsam.

Der Wolfsbarsch

Erwachsene Wolfsbarsche *(Dicentrarchus labrax)* leben meist solitär vor der Küste, dringen aber auch besonders während des Sommers – in Flussmündungen und sogar bis ins Süßwasser vor. Die Jungfische der Wolfsbarsche zählen zu den häufigsten Bewohnern der Ästuare und bilden dort große Schwärme, die viele andere kleine Fische, Jungfische und Wirbellose verzehren.

Auch Meeräschen wie die Dicklippige Meeräsche *(Mugil labrosus)* suchen im Frühling und Sommer Flüsse auf und verbringen manchmal den Großteil des Jahres in Flussmündungen. Nur im Winter ziehen sie sich in tiefere Gewässer vor der Küste zurück.

Süßwasserfische

Nur wenige Süßwasserfische wandern flussabwärts, um in Mündungen zu laichen. Einige Arten der Hechtlinge (Galaxiidae), die auf der Südhalbkugel vorkommen, sind dafür bekannt, dass ihre Entwicklung zum Teil im Meer stattfindet. Der Gefleckte Hechtling *(Galaxius maculatus)* etwa schwimmt in Flussmündungen, um dort zwischen Wasserpflanzen zu laichen. Die frisch geschlüpften Larven begeben sich dann meist für fünf bis sechs Monate ins offene Meer, bevor sie das Süßwasser aufsuchen, wo sie als ausgewachsene Tiere leben. Interessanterweise findet man diese Art in australasiatischen und südamerikanischen Gewässern, und vermutlich hat sie sogar das größte Verbreitungsgebiet von allen Süßwasserfischen. Andere Hechtlinge schlüpfen in Flüssen, werden aber als Larven in Ästuare geschwemmt und entwickeln sich dort weiter, bevor sie wieder flussaufwärts wandern.

Linke Seite: Junge und erwachsene Barschfische sind in Ästuaren häufig anzutreffen.

Unten: Greifvögel wie der Fischadler *(Pandion haliaetus)* lassen sich vom Fischreichtum der Flussmündungen anlocken.

Zwei Welten

Einige Arten wie der Dreistachlige Stichling *(Gasterosteus aculeatus)* gedeihen offenbar gleichermaßen in Süßwasser, Brackwasser oder im Meer. Sie bleiben in diesen Lebensräumen oder wechseln zwischen ihnen, wie es etwa die Flunder *(Platichthys flesus)* praktiziert. Wie andere Plattfische legt sie sich erst während des Heranwachsens auf eine Seite, die so zur „Unterseite" wird. Das dortige Auge wandert dann durch verstärktes Wachstum einer Schädelseite auf die Oberseite.

Die meisten Plattfische sind entweder rechts- oder linksseitig. Die Flunder und ihre nordamerikanische Verwandte, die Sternflunder *(Platichthys stellatus)*, weisen eine ungewöhnliche Besonderheit auf, da die Position ihrer Augen und somit ihre Seitigkeit am wenigsten konstant ist. Zudem gehören die beiden Arten neben der Amerikanischen Seezunge (Süßwasserflunder, *Trinectes maculatus)* zu den einzigen Plattfischen, die man im Süßwasser antrifft. Die erwachsenen Tiere laichen meist im Meer oder in Flussmündungen, und ihre Eier, Larven und Jungfische sind pelagisch. Letztere sammeln sich meist in Ästuaren, während man einzelne Tiere sogar häufig in den Prielen der Salzmarschen findet. Einige wandern weit flussaufwärts und bleiben dort, bis sie mit etwa drei Jahren das erste Mal laichen.

Vom Hochwasser mitgerissen

Fische wie Europäischer Hecht *(Esox lucius)*, Karausche *(Carassius carassius)*, Hasel *(Leuciscus leuciscus)* und Äsche *(Thymallus thymallus)* sind praktisch reine Süßwasserfische, landen aber gelegentlich bei plötzlichem Hochwasser in Flussmündungen oder kommen bei der Nahrungssuche dorthin.

Wanderfische

Es gibt zwei Arten von Wanderfischen: anadrome und katadrome. Bei Ersteren wandern die erwachsenen Tiere zum Laichen aus dem Meer in Flüsse ein, Letztere dagegen leben hauptsächlich in Flüssen und kommen ins Meer, um dort zu laichen.

Der Atlantische Lachs *(Salmo salar)* gehört zweifellos zu den bekanntesten anadromen Arten. Er ist beiderseits des Atlantiks verbreitet und bei Anglern und Fischern gleichermaßen gefragt. Er schlüpft im Süßwasser und wächst dort rund drei bis vier Jahre heran, bevor er – oft im Frühsommer – ins Meer wandert. Hat er die Flussmündung hinter sich gelassen, lebt der Atlantische Lachs noch etwa ein Jahr im offenen Meer und erbeutet dort kleine Fische, Krebstiere und andere Wirbellose, bevor er zur Laichablage bereit ist. Um sich fortzupflanzen, kehrt er dann in seinen heimatlichen Fluss zurück; zu dieser Zeit hat er eine Körperlänge von über einem Meter erreicht.

Marine Arten wie Engelshai *(Squatina squatina)* und Congeraal *(Conger conger)* suchen in Flussmündungen gelegentlich nach Nahrung, während große Schwärme der Gewöhnlichen Makrele *(Scomber scombrus)* in den Brackwasserbereichen besonders häufig im Frühling und Frühsommer auftreten. Sie erbeuten Jungfische, die zum Schutz vor Feinden in die Mündungsgebiete gezogen sind.

Linke Seite: Ein Congeraal späht aus seinem Unterschlupf.

Unten: Der Engelshai wird auch Europäischer Meerengel genannt.

Der Europäische Flussaal

Der bekannteste katadrome Fisch ist der Europäische Flussaal *(Anguilla anguilla)*. Er unternimmt von seinen Laichgründen in der Sargassosee aus bemerkenswerte Wanderungen und verbringt den größten Teil seines Lebens im Süßwasser, bevor er als erwachsenes Tier zum Laichen ins Meer zurückkehrt und anschließend stirbt. Dies bedeutet für ihn manchmal eine mehrere Jahre dauernde Wanderung von bis zu 8000 Kilometern. Die mikroskopisch kleinen Larven wachsen zunächst zu transparenten „Glasaalen" und dann mit etwa vier Jahren zu pigmentierten Jungfischen heran. Diese „Fressaale" oder „Elvers" wandern dann in Flüsse ein und bleiben mehrere Jahre im Süßwasser, bis sie sich wieder auf die beschwerliche Wanderung zu ihren Laichgründen begeben. Manche Aale jedoch verharren lebenslang im Süßwasser, oft weil sie von Flüssen aus über Land in geschlossene Gewässer eingewandert und dann dort gefangen sind. Zudem hat man auch schon vermutet, dass die Männchen in den Flussmündungen bleiben und nie ins Süßwasser vordringen.

Linke Seite, oben: Junge, nahezu transparente „Glasaale".

Linke Seite, unten: Der anadrome Atlantische Lachs *(Salmo salar)* schlüpft im Süßwasser, lebt aber als erwachsenes Tier im Meer.

Unten: Der katadrome Europäische Flussaal *(Anguilla anguilla)* laicht im Meer und wandert als heranwachsender Jungfisch in Flüsse ein.

Die Regenbogenforelle

Zu den bekannten anadromen Wanderfischen zählen nicht nur die Regenbogenforelle *(Oncorhynchus mykiss)* und der Stint *(Osmerus eperlanus)*, sondern auch Maifisch *(Alosa alosa)* und Finte *(Alosa fallax)*, die zu den Heringen (Familie Clupeidae) gehören. Deshalb und wegen ihres Laichverhaltens bezeichnet man Letztere auch als „Süßwasserheringe". Man findet sie meist in flachen Küstengewässern und an Flussmündungen, doch laichen sie im Süßwasser und dringen dabei weit in die Flüsse vor. Die Jungfische bleiben einige Zeit im Süßwasser und wandern dann ins Meer, wo sie als erwachsene Tiere leben. In isolierten Wasserwegen im Landesinneren existieren auch nicht wandernde Populationen. Andere Individuen leben – von der Paarungszeit abgesehen – dauerhaft in Unterläufen oder Mündungen von Flüssen.

SANDKÜSTEN

Perfekte Anpassungen

Von einigen Pflanzen abgesehen, die sich oberhalb der Hochwasserlinie und somit außerhalb der normalen Reichweite des Meeres angesiedelt haben, scheint die Sandküste oft geradezu desolat – ganz so, als könnte sich dort kein Leben halten. Doch obwohl dieser Lebensraum große Ansprüche stellt, finden sich dort etliche Pflanzen- und Tierarten, die in besonderer Weise an seine Widrigkeiten angepasst sind.

An Sandküsten werden oft tote Organismen und organischer Detritus abgelagert, was zur Vielfalt des dortigen Ökosystems beiträgt. In diesem Sinne erfüllen diese Küsten wichtige Aufgaben.

Treibsand

Sandküsten sind in der Regel energiearme Küsten und weniger heftigem Wellengang ausgesetzt als Felsküsten. Dennoch gelten sie als höchst instabile Lebensräume mit weit reichender Brandung, stark variierender Temperatur und Feuchtigkeit, wenig Schutzmöglichkeiten und mangelnder Süßwasserversorgung. Vor allem aber ist der Untergrund ständig in Bewegung, und die dadurch bedingte Erosion (auch Abrasion genannt) macht es Tieren und Pflanzen schwer, Halt zu finden. Tiere laufen Gefahr, ins Meer hinausgetragen zu werden, während Tange und andere Pflanzen, die sonst vielen Lebewesen Nahrung und Schutz bieten würden, sich nicht verankern können und daher meist fehlen.

All diese Faktoren verändern sich nicht nur durch Ebbe und Flut im Verlauf des Tages, sondern auch je nach Lage und somit Exposition am Strandhang. Zwar haben Strände meist nur ein seichtes Gefälle, doch resultiert auch dies in einer vertikalen Zonierung; in den verschiedenen Strandarealen leben ganz unterschiedliche Organismen. Jeder Abschnitt stellt spezielle Anforderungen an die Bewohner, die ihrerseits spezielle Anpassungen an eben diese Bedingungen aufweisen.

Die Zonen teilen sich in den eigentlichen Strand mit dem Strandwall, an dem das Hochwasser organisches Material anlagert, den Gezeitenstrand (Vorstrand), der dem täglichen Gezeitenwechsel ausgesetzt und somit abwechselnd unter Wasser oder frei liegt, und die Schorre (Strandplatte), die auch das Flachwasser einschließt

Der Gezeitenstrand lässt sich zudem noch in obere, mittlere und untere Abschnitte einteilen. Überdies umfasst er auch die Brandungszone, in der die Wellen auflaufen und brechen.

Mikroflora, Meio- und Makrofauna

Die Lebewesen der Sandküste lassen sich grob unterteilen in die Mikroflora, also mikroskopisch kleine Pflanzen wie Diatomeen und Algen, in die Makrofauna – größere Tiere – sowie in die Meio- oder Mikrofauna, also kleine bis winzige Tiere wie Larven. Letztere bezeichnet man auch als Endo- oder interstitielle Fauna; sie findet sich in Spalten und Zwischenräumen zwischen den Sandkörnern. Diese Zwischenräume und damit auch das Vorhandensein der kleinen Tiere variieren natürlich stark je nach Körnchengröße. Feinschlick kann diese Zwischenräume füllen und die Meiofauna beeinträchtigen, während sehr grober Sand schnell trocknet und vielleicht nicht genug Feuchtigkeit hält, um artenreiches Leben zu ermöglichen.

Auch der jeweilige Wasserstand beeinflusst die Meiofauna, die oft je nach Licht-, Wasser- und Temperaturverhältnissen merkliche vertikale Wanderungen im Sand unternimmt. Selbst manche Diatomeenarten begeben sich an die Oberfläche, um das Sonnenlicht auszunutzen, und ziehen sich dann wieder in die Tiefe zurück, um von der Flut nicht ins Meer hinausgetragen zu werden. Diese Bewegungen bewerkstelligen sie durch den Ausstoß von Schleim, der auch vor dem Austrocknen schützt. Wie die „körpereigene Uhr" der Diatomeen jedoch tatsächlich arbeitet, ist noch unbekannt.

Kleinstlebewesen

An Sandstränden gibt es keine nennenswerte Primärproduktion, sieht man von Diatomeen und anderen Algen einmal ab, die den Kleinstlebewesen der Meiofauna als Nahrung dienen können. Ansonsten bezieht das Ökosystem seine Energie aus Phytoplankton und organischem Detritus aus angrenzenden Land-, Meeres- und Übergangslebensräumen.

Zur Meiofauna gehören herbivore ebenso wie carnivore Tiere, darunter einzellige Wimperntierchen (Ciliata) und Würmer der Klassen Nematoda (Fadenwürmer), Polychaeta (Vielborster) und Oligochaeta (Wenigborster) sowie winzige Krebstiere wie Ruderfußkrebse. Letztere erfüllen im Ökosystem Strand eine wichtige Funktion, denn sie bauen organische Materie ab und dienen der Makrofauna, etwa größeren Wirbellosen, als Nahrung. Auch die Krebse haben mit dem veränderlichen, wenig Schutz bietenden Substrat zu kämpfen und lösen das Problem ebenfalls, indem sie sich eingraben.

Dynamischer Lebensraum

Diatomeen oder pflanzliches Plankton, das aus dem Flachwasser an den Strand gespült wird, dient etlichen kleinen Wirbellosen als Nahrung, die ihrerseits von größeren Wirbellosen, vielerlei Fischen und Ufervögeln wie den Watvögeln verspeist werden. Der Strand ist keineswegs öd und leer, sondern ein dynamisches Habitat mit zahlreichen Bewohnern.

Bei derart wechselhaften und anspruchsvollen Lebensräumen ist die Zahl der ansässigen Arten, die sich auf bestimmte Nischen in ihrem Ökosystem spezialisiert haben, oft begrenzt, doch treten diese häufig in umso größerer Individuenzahl auf.

Linke Seite, oben: Jakobs- und Herzmuschelschalen an einem kalifornischen Strand.

Rechts: Verschiedene Diatomeen.

Vorhergehende Seiten: Die Katelios-Bucht der griechischen Insel Kefallenia, an deren Stränden die Unechte Karettschildkröte ihre Eier ablegt.

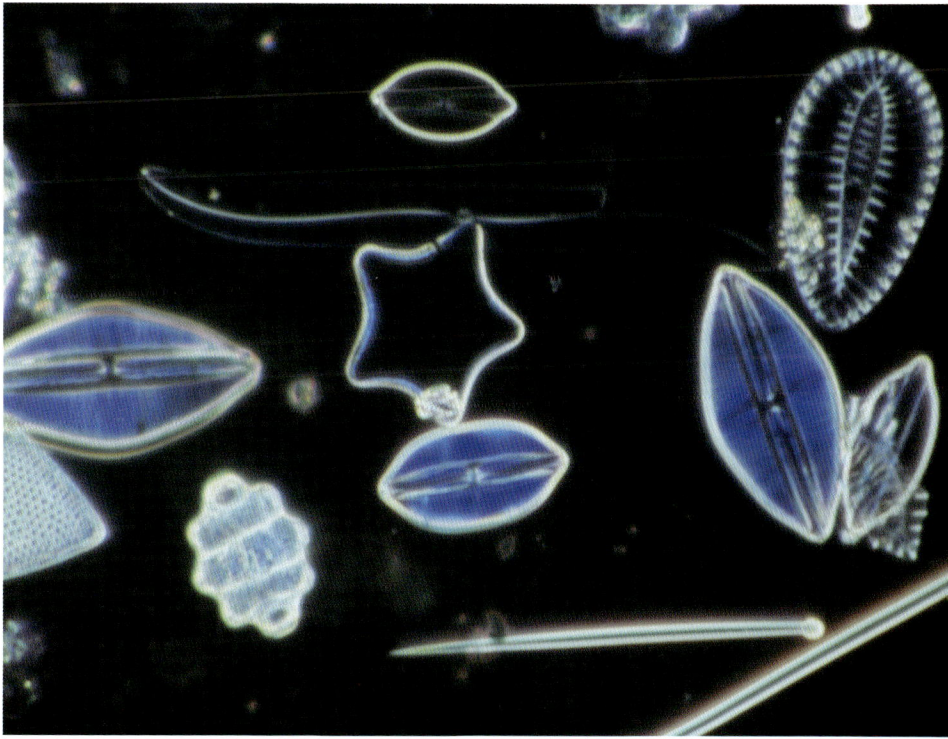

Leben im Sand

In den unterschiedlichen Strandzonen finden sich verschiedene Tiere im Sand, um sich vor den Turbulenzen von Ebbe und Flut, extremen Temperaturen, Austrocknung und möglichen Feinden zu schützen. Die vergrabene Lebensweise bringt jedoch hinsichtlich der Nahrungs- und Sauerstoffgewinnung einige Schwierigkeiten mit sich, sodass die Tiere entsprechend unterschiedliche Strategien entwickelt haben.

Generell ist der obere Gezeitenstrand am dünnsten besiedelt. Hier gibt es die größten Temperaturschwankungen; im Sommer erschwert Trockenheit, im Winter Gefrieren die Lebensbedingungen. Die geringe gezeitenbedingte Überflutung stellt das ganze Jahr hindurch ein Problem dar und begrenzt die verfügbaren Ressourcen. Der Nahrungseintrag beschränkt sich daher vor allem auf den marinen Detritus am Strandwall, der meist von Insekten und Insektenlarven, Ruderfußkrebsen und Flohkrebsen wie *Talitrus saltator* bevölkert ist.

Der mittlere Gezeitenstrand unterliegt einer mäßigen Gezeiteneinwirkung, und es findet sich eine größere Artenvielfalt. So gibt es neben den Aasfressern eine ganze Reihe von vergraben lebenden Wirbellosen, die beispielsweise als Deposit- und Sedimentfresser auftreten.

Sedimentfresser

Unter den sedimentfressenden Tieren sind der Sand- oder Köderwurm *(Arenicola marina)* und seine Verwandten am häufigsten anzutreffen; ihre Anwesenheit verraten sie durch spiralig gewundene Kothaufen, die man bei Ebbe häu-

Flohkrebse

Juvenile Flohkrebse oder „Strandhüpfer" sind winzige, seitlich abgeflachte, garnelenähnliche Krebstiere. Man findet sie häufig unter zerfallendem Strandgut, während sich die erwachsenen Tiere bis zu einem Meter tief eingraben, besonders während der Fortpflanzungssaison. Sie sind sehr mobil und meist nachtaktiv. Abends kommen sie hervor und suchen am Strand nach pflanzlicher oder tierischer Nahrung. Flohkrebse müssen regelmäßig das Wasser aufsuchen, um ihre Kiemen zu benetzen, überleben aber komplett untergetaucht nicht lange.

Oben: Flohkrebs *(Gammarus spp.)*.

Rechte Seite, oben: Der Pfauenwurm *(Sabella pavonina)* ist ein typischer Suspensionsfresser.

Rechte Seite, unten: Die Westatlantische Reiterkrabbe *(Ocypode quadrata)* ist hauptsächlich abends und nachts aktiv. Als Fleischfresser verzehrt sie Muscheln, Krebstiere und Insekten.

fig sieht. Diese Polychäten verhalten sich ähnlich wie Regenwürmer; sie fressen Sediment und verdauen die darin enthaltene organische Materie. Der Sandwurm lebt in einem u-förmigen Gang im feuchten Sand. An einem Körperende nimmt er Sand auf, am anderen Ende scheidet er den Sedimentüberschuss wieder aus.

Suspensionsfresser

Manche Polychäten wie der Schopfwurm *Amphitrite johnstoni* leben in mit Sand verkleideten Röhren, aus denen sie ihre Tentakel recken, um auf den sandigen Grund gesunkenen Detritus einzusammeln. Einige Arten filtern mit ihren Tentakeln die Nahrung bei Flut direkt aus dem Wasser und werden daher als „Suspensionsfresser" bezeichnet. Wieder andere, wie der Seeringelwurm *(Nereis diversicolor),* ernähren sich von organischem Material, das sich in ihrer mit Schleim ausgekleideten Wohnröhre sammelt, sind aber auch frei jagende Räuber und erbeuten bei Flut andere Würmer.

In den mittleren Strandzonen trifft man auch verschiedene Muscheln an, wie zum Beispiel die oft in Massen auftretende Platte Tellmuschel *(Tellina/Angulus tenuis)*. Bei ablaufender Flut gräbt sie sich rasch in den Sand ein, während der Flut aber gewinnt sie über Siphonen Nahrung und Sauerstoff. Sie besitzt zwei Siphonen; durch einen nimmt sie nähr- und sauerstoffhaltiges Wasser auf und leitet es durch ihre Kiemen, durch den anderen gibt sie Wasser und Ausscheidungen ab.

SANDKÜSTEN

Links: Der Herzseeigel (*Echinocardium cordatum*) lebt normalerweise im Sand vergraben.

Unten: Seesterne am Strand von Queen Charlottes in British Columbia (Kanada).

Rechte Seite: *Actinopyga obesa*, eine Seewalze.

Unterer Gezeitenstrand

Der untere Gezeitenstrand erstreckt sich bis zum Flachwasser und liegt während des Niedrigwassers nur kurz frei. Er ist im Hinblick auf Feuchtigkeits- und Temperaturschwankungen der stabilste Lebensraum der Sandküste und weist die größte Artenvielfalt auf. Allerdings ist er ständig Strömungen und Wellen ausgesetzt; die hier lebenden Tiere müssen sich also schnell oder tief eingraben können oder gut gegen turbulentes Wasser geschützt sein, um zu überleben. Manche Arten – zum Beispiel der Borstenwurm *Nephthys hombergi*, der sich zeitweise Gänge gräbt – sind zudem aktive Schwimmer.

Vergleichbar mit dem mittleren Vorstrand herrschen auch hier grabende Würmer und Muscheln vor, darunter mehrere Arten von Klaff- und Schwertmuscheln. Seeanemonen wie die Sonnenrose *(Cereus pedunculatus)* und die Chrysanthemen-Anemone *(Halcampa chrysantellum)*, denen die Fußscheibe zum Anheften fehlt, sind ebenfalls im Sand vergraben anzutreffen, wo sie mit ihren aus dem Boden ragenden Tentakeln Nahrung einfangen. Auch viele Stachelhäuter wie Herzseeigel, Sanddollars, Schlangensterne und Seegurken bevölkern den unteren Vorstrand und das Flachwasser.

Während einige Arten wie der Schlangenstern *Amphiura brachiata* eher solitär leben, kommen Sanddollars (Schildseeigel) mancherorts in großer Zahl vor und bedecken den Boden dicht an dicht, jeweils im für die Nahrungsgewinnung günstigsten Winkel halb eingegraben. Die Tiere sammeln mit ihren kurzen Stacheln Nahrungspartikel aus dem Wasser oder suchen diese mithilfe ihrer Saugfüßchen.

Größere Krebstiere

Crustaceen wie die Nordseegarnele *(Crangon vulgaris)* und *Archaeomysis grebnitzkii* leben ebenfalls in der unteren Gezeitenzone und graben sich in den Sand ein, wenn sie Schutz brauchen. Bei Flut kommen sie hervor, um nach Zooplankton und anderen kleinen Tieren zu suchen, die sie verspeisen.

Die Maskenkrabbe *(Corystes cassivelaunus)* ist meist nachts auf Nahrungssuche. Tagsüber schützt sie sich vor Raubfeinden, indem sie sich in den Sand eingräbt und nur die Enden ihrer langen, behaarten Antennen herausragen lässt. Diese hält sie zusammen, sodass sie ein Atemrohr bilden, ähnlich den Siphonen der Muscheln. Die Sandkrabben der Familie Hippidae besitzen vergleichbare Antennen, mit denen sie Nahrungspartikel einfangen können. Sie benutzen ihre Antennen zudem als „Unterwassersegel" und lassen sich so mit den Strömungen und Wellen treiben, um in der Brandungszone zu bleiben. Manche Weichtiere können ihren Fuß wie Segel ausbreiten, um ebenfalls mit den Gezeiten zu „wandern".

Die Maskenkrabbe
Zu den größeren Crustaceen zählen etliche Krebsarten, die sich im Sediment verbergen, wenn sie nicht auf Nahrungssuche sind. Manche Arten wie die Maskenkrabbe *(Corystes cassivelaunus)* und die Sandkrabbe *Blepharipoda occidentalis* sind auf das Graben spezialisiert.

Unten: Eine Sandkrabbe der Art *Emerita talpoida* krabbelt aus dem Meeresboden hervor.

Rechte Seite: Die Maskenkrabbe benutzt ihre langen Antennen wie einen Schnorchel.

Fische des Flachwassers

Im flachen Wasser über sandigem Grund leben verschiedene Fische, von denen die Plattfische (Ordnung Pleuronectiformes) wie Scholle *(Pleuronectes platessa)* und Steinbutt *(Psetta maxima)* am besten an die benthische, also grundbewohnende Lebensweise angepasst sind. Plattfische schwimmen zu Beginn ihres Lebens ganz normal; erst im Laufe ihrer Entwicklung begeben sie sich auf den Grund und legen sich dort allmählich auf eine Seite. Durch asymmetrisches Wachstum des Schädels wandern dann ein Auge und eine Nasenöffnung auf die oben liegende Seite. Die Augen treten hervor, um die Sicht aus der neuen Position zu verbessern, und das Maul verdreht sich, um besser Nahrung vom Grund aufnehmen zu können.

Die Tiere erbeuten meist Borstenwürmer, Muscheln und Krebstiere. Größere Arten wie der Steinbutt fangen auch kleinere Fische.

Plattfische graben sich oft flach in den Sand ein und sind dort gut getarnt. Manche können ihre Farbe dem Untergrund entsprechend verändern. Zu ihren größten Feinden zählen Raubfische, besonders Haie und die nah mit diesen verwandten Rochen, die alle hoch entwickelte Sinnesorgane besitzen. So verfügen sie unter anderem über die nach ihrem Entdecker, dem Biologen Stefano Lorenzini, benannten Lorenzinischen Ampullen. Mithilfe dieser hochempfindlichen Rezeptoren registrieren Haie und Rochen kleinste elektrische Impulse, die von anderen Fischen abgegeben werden. Selbst wenn sich die potenzielle Beute wie die Plattfische im Sand vergräbt, spüren Haie und Rochen sie mühelos auf.

Linke Seite: In seiner Gestalt und Färbung ist der Steinbutt (Psetta maximus) ideal an das Leben am Grund angepasst.

Oben: Kleingefleckter Katzenhai (Scyliorhinus caniculus).

Unten: In dieser Eikapsel eines Haies kann man den sich entwickelnden Embryo erkennen.

Der Kleingefleckte Katzenhai

Der Kleingefleckte Katzenhai (Scyliorhinus caniculus) zählt zu den kleinsten Haien der Welt. Er kommt in europäischen Gewässern sehr zahlreich vor und lebt über sandigem Grund. Die häufigste Rochenart ist hier der Nagelrochen (Raja clavata). Wie Plattfische sind auch Rochen abgeflacht, leben benthisch und sind oft sandfarben, doch sie erhalten ihre Körperform nicht durch eine Transformation. Der Kleingefleckte Katzenhai ist, ebenso wie der Nagelrochen, ovipar. Das bedeutet, er legt Eier ab, und zwar in Form von kissenförmigen Eikapseln. Diese werden oft an Stränden angespült. Katzenhaie ernähren sich von Wirbellosen und kleinen Fischen. Für den Menschen stellen sie keine Gefahr dar.

Anders dagegen der Gewöhnliche Stechrochen (Dasyatis pastinaca). Er kann ahnungslosen Schwimmern und Anglern durchaus gefährlich werden, wenn sie auf ihn treten, da sein Schwanz am Ansatz einen Giftstachel trägt. Auch das Kleine Petermännchen (Trachinus vipera) hat an Rückenflossen und Kiemen giftige Stacheln. Dieser Fisch gräbt sich oft so weit in den Sandgrund ein, dass nur die Rückenflossen herausschauen. Wenn man ihn nun unabsichtlich anfasst oder auf ihn tritt, so können schmerzhafte Wunden die Folge sein.

Oben: Der Amerikanische Stechrochen *(Dasyatis americana)* erbeutet am Sandboden Weich- und Krebstiere sowie Würmer und Fische.

Rechte Seite, oben: Das Gewöhnliche Petermännchen *(Trachinus draco)* lauert halb im Sand vergraben auf Beute. Mit seinen Giftstacheln am Rücken kann es unachtsamen Badenden durchaus gefährlich werden.

Fisch auf dem Trockenen

Während zahlreiche Fische ihre Eier im flachen Wasser vor Sandstränden ablaichen, zeigt der Kalifornische Ährenfisch *(Leuresthes tenuis)* ein einzigartiges Fortpflanzungsverhalten: Er kommt an Land und legt seine Eier im feuchten Sand des Strandes ab.

Der kleine Fisch mit den schillernden Farben lebt in den Küstengewässern Kaliforniens und vermehrt sich von Ende Februar bis Anfang September. Dazu verlässt er in den Nächten nach den höchsten Springfluten das Wasser und kommt an Land. Die Tiere lassen sich von den brechenden Wellen tragen und winden sich dann möglichst weit strandaufwärts. Dort bohren sich die oft von mehreren Männchen begleiteten Weibchen rückwärts in den Sand und legen ihre Eier in etwa fünf Zentimeter Tiefe ab. Die Männchen versuchen, sich über die Weibchen zu legen, um die Eier unmittelbar während des Laichvorgangs zu befruchten. Mit der nächsten Welle begeben sich die Fische dann wieder ins Wasser; die Eier bleiben – außer Reichweite von Wellen und Raubfeinden – im Sand zurück.

Nach etwa zehn Tagen, wenn die Flut wieder ähnlich hoch steigt, werden die Eier durch die Brandung „angeregt"; die Jungfische schlüpfen und werden mit den Wellen ins Meer hinausgetragen.

Ein lebendes Fossil

Trotz seines Namens ist der Pfeilschwanzkrebs *Limulus polyphemus* näher mit Spinnen und Skorpionen verwandt als mit anderen Krebsen. Die Tiere sind Nachfahren der urzeitlichen Seeskorpione, die im Paläozoikum vor Hunderten von Jahrmillionen die Ozeane bevölkerten. Ihre Gestalt ist wahrscheinlich seit 350 Millionen Jahren unverändert.

Pfeilschwanzkrebse leben meist in Flachgewässern mit sandigem Grund und ernähren sich von Würmern, Weichtieren und anderen Wirbellosen, die sie ausgraben. Im Frühling suchen sie oft in Massen zur Fortpflanzung die Strände auf.

Die kleineren Männchen treffen zuerst ein und warten auf die Weibchen, an die sie sich mit ihrem vorderen Laufbeinpaar klammern. Die Tiere kommen mit der Flut an Land, wo die Weibchen eine Grube graben und Tausende von Eiern hineinlegen; die Männchen werden dann darübergezogen und befruchten die Eier. Nicht verpaarte Männchen suchen derweil zwischen den Paaren Gelegenheit, freiliegende Eier zu befruchten.

Nach der Eiablage kehren die Pfeilschwanzkrebse ins Meer zurück. Nachdem die Jungen geschlüpft sind, verbringen sie die erste Lebenswoche als frei schwimmende Larven. Anschließend erfolgt die erste Häutung. Die Tiere häuten sich ihr ganzes Leben hindurch dem Wachstum ihrer harten Schale (Carapax) entsprechend.

Pfeilschwanzkrebse

An Orten wie der Delaware Bay an der nordamerikanischen Atlantikküste pflanzen sich Pfeilschwanzkrebse in großen Massen fort. Ihre Unmengen an Eiern stellen dort eine unerlässliche Nahrungsquelle für viele Zugvögel dar, die zu dieser Zeit gerade vom Winterquartier im Süden über Nordamerika hinweg bis in ihre arktischen Brutgebiete ziehen.

Linke Seite: Der Kalifornische Ährenfisch (*Leuresthes tenuis*) laicht bei Springfluten außerhalb des Wassers im Sand.

Unten links: Der Pfeilschwanzkrebs *Limulus polyphemus* ist ein urzeitlicher Arthropode und legt seine Eier an Sandküsten ab.

Unten rechts: Die Eier der Pfeilschwanzkrebse sind mancherorts eine bedeutende Nahrungsquelle für Zugvögel wie den Sanderling (*Calidris alba*).

FELSKÜSTEN

Umfangreiche Anpassungsmechanismen

Felsküsten, seien es nun exponierte Landspitzen oder geschützte Buchten, sind oft beeindruckende, zerklüftete und scheinbar unwirtliche Orte, an denen steil abstürzende Kliffe und Felsnasen der beständigen, formenden Wirkung von Wind und Wellen trotzen. Die Felsküste unterliegt zudem denselben Extremen wie alle Lebensräume der Gezeitenzone: Sie ist abwechselnd Luft und Wasser ausgesetzt und somit täglichen Schwankungen in Feuchtigkeit, Temperatur, Salzgehalt und Licht. Wie bei all diesen Lebensräumen jedoch leben auch hier Organismen, die an das Überleben unter solch extremen Bedingungen angepasst sind.

An manchen steil abfallenden Felsküsten gibt es kaum oder gar keine Gezeitenzone; das hat große Auswirkungen auf die Art und Zahl der Lebewesen, die man dort findet. Doch selbst wo Land und Meer abrupt aufeinanderstoßen, gibt es oft von den Wellen geformte, bei Ebbe freiliegende Felsplattformen, die von Löchern und Spalten durchzogen und von Gesteinsbrocken bedeckt sind. Sie bieten zahlreichen Arten einen sicheren Unterschlupf. Tatsächlich beherbergen Felsküsten einige der produktivsten und vielfältigsten Ökosysteme der Küste.

Produktivität und Energiefluss

Felsküsten sind sogenannte Hochenergieküsten und damit also der erosiven Kraft der Wellen und des mitgeführten erodierten Materials direkt ausgesetzt. Auch das härteste Gestein unterliegt auf diese Weise langsam, aber sicher den Kräften der Abtragung.

Und obwohl es nur wenige Tiere überleben, gegen die Klippen geschleudert zu werden, ermöglichen gerade diese Felsen hier Leben, weil sie Pflanzen und Tieren einen festen Untergrund bieten. An der Sandküste mit ihrem ständig in Bewegung befindlichen Substrat können sich Pflanzen kaum ansiedeln, während etliche Arten an den Felsküsten den nötigen Halt finden. Diese Pflanzen bilden als Hauptproduzenten die Basis des Ökosystems Felsküste und wandeln Wasser und Kohlendioxid bei der Photosynthese in die für alle Tiere überlebenswichtigen Kohlenwasserstoffe um.

Während an Sandküsten mikroskopisch kleine Diatomeen vorherrschen, dominieren an Felsküsten verschiedene Algenformen. Einige davon, die Großalgen oder Tange, wachsen schnell und oft zu erstaunlicher Größe heran. Zusammen mit kleinen Algen und Flechten stellen sie die Nahrung für Weidegänger, Filtrierer und Allesfresser dar, die ihrerseits von Fleischverzehrern wie Wirbellosen, Fischen, Vögeln und Säugern erbeutet werden.

FELSKÜSTEN

Zonierung der Felsküsten

Wie bei anderen Küstenlebensräumen unterliegt auch an der Felsküste die Verteilung der Organismen verschiedenen physikalischen Faktoren, die oft mit dem Steigen und Fallen der Gezeiten entlang der Küste zusammenhängen, also damit, wie weit Uferabschnitte bei Niedrigwasser frei liegen. Bei Felsküsten unterscheidet man in der Regel die Spritzwasserzone, die Gezeitenzone und die Flachwasserzone.

Pflanzen und Tiere haben sich durch natürliche Selektion dem Leben unter diesen Bedingungen – etwa längeren Phasen der Überflutung oder an der Luft – angepasst und besiedeln unterschiedliche Nischen im Lebensraum Felsküste. Ein wichtiger physikalischer Faktor ist auch die Intensität der Wellenwirkung, die die Verankerung am Fels sehr erschweren kann. Zudem entscheiden Beschaffenheit und Härte des Gesteins darüber, wie viel Schutz es bietet und ob sich beispielsweise Gänge hineinbohren lassen.

Die bei Felsküsten oft so klar definierte Verteilung der Arten, das Zonierungsmuster, ist auch durch biologische Faktoren beeinflusst, also Wechselwirkungen zwischen den Arten. Angesichts der Fülle von Pflanzen, die als Primärproduzenten fungieren und eine reiche Nahrungsgrundlage für zahlreiche Lebewesen schaffen, bestimmen zudem Räuber-Beute-Beziehungen und das Konkurrieren um Raum und andere Ressourcen darüber, wo bestimmte Pflanzen und Tiere gedeihen. So können schnellwüchsige Arten Regionen, an die sie besonders gut angepasst sind, rasch dominieren und langsamer wachsende Arten in andere Areale abdrängen.

Die Zonierung unterliegt physikalischen und biologischen Faktoren; so entstehen die für Felsküsten typischen Organismengürtel. Diese sind zwar meist klar definiert, aber dennoch variabel. Innerhalb der Zonen und zwischen ihnen treten durch physikalische und biologische Störungen, Populationsschwankungen und jahreszeitliche Veränderungen Schwankungen auf.

Vorhergehende Doppelseite: Big Sur Coast, Kalifornien.

Linke Seite: Pulpit Rock am Bill of Portland, Dorset, England.

Rechts: Algen, Seegräser, Riesentang und Seesterne der Art *Dermasterias imbricata* bei Ebbe.

Spritzwasserzone

Die Spritzwasserzone umfasst den Teil der Felsküste, der zwar oberhalb der Hochwasserlinie und daher ständig frei liegt, aber noch von der Gischt der brechenden Wellen erreicht wird. Die Menge an Spritzwasser kann in exponierter Lage oder bei Sturm recht beachtlich sein.

Nur wenige Pflanzen und Tiere können in dieser Zone überleben, da sie zum einen wenig Feuchtigkeit und eine hohe Salinität aufweist, zum anderen aber Wind und Temperaturschwankungen extrem ausgesetzt ist. Viele Seevögel besiedeln zwar vorübergehend Kliffränder und Felsvorsprünge, können aber die Bedingungen noch verschärfen, indem sie die ohnehin knappe Erde erodieren lassen und mit ihrem Kot ätzende Harnsäure ausscheiden.

Vorherrschende Arten

Einige Flechten gedeihen auf dem stickstoffhaltigen Vogelkot, und so sind sie oft die vorherrschenden Arten in dieser Zone. Bei Flechten handelt es sich um Lebensgemeinschaften aus Algen, die durch die Photosynthese Nährstoffe beisteuern, und Pilzen, die große Flüssigkeitsmengen speichern können. Ihre Beziehung ist also symbiotisch oder von gegenseitigem Nutzen. Orangefarbene Flechten wie *Xanthoria*- und *Caloplaca*-Arten dominieren eher in oberen Abschnitten; darunter befindet sich oft ein Gurtel aus schwarzen, krustenbildenden Flechten wie *Verrucaria maura*. Flechten wachsen langsam und werden manchmal über 50 Jahre alt. Während sie heranwachsen, bauen sie das Gestein ab und lassen so Mutterboden entstehen, auf dem sich Moose und widerstandsfähige Blütenpflanzen ansiedeln können.

Sieht man von wenigen Insektenarten, aasfressenden Landtieren und marinen Säugetieren wie Robben, die gelegentlich die Felsen aufsuchen, einmal ab, gibt es in der Spritzwasserzone kaum Tiere. Einige Schneckenarten wie die Spitze Strandschnecke *(Littorina neritoides)* jedoch können in Felsspalten weit oberhalb der Wasserlinie existieren. Diese Art widersteht extremen Temperatur- und Salzgehaltsschwankungen, atmet mit modifizierten, lungenähnlichen Kiemen und ernährt sich von Flechten.

Weiter unten markieren häufig Seepocken der Gattung *Chthalamus*, die lange Trockenheitsphasen überdauern können, den Übergang von der Untergrenze der Spritzwasserzone zur oberen Gezeitenzone (Hochstrand).

Oben: Ein Seehund *(Phoca vitulina)* ruht auf einem Felsen.

Linke Seite: Napfschnecken *(Patella vulgata)* an einer Felsküste, Devon, England.

Oberer Gezeitenstrand

Dieser Strandabschnitt, der zweimal täglich für kurze Zeit überflutet ist, wird landwärts durch die Hochwasserlinie begrenzt. Er liegt auch über längere Phasen frei, was – durch Temperaturschwankungen, Austrocknung und die begrenzte Zeit, die beispielsweise Filtrierern zur Nahrungsgewinnung bleibt – erschwerte Lebensbedingungen schafft.

Flechten und Tange
Die schwarze Flechte *Verrucaria maura*, die häufig in der Spritzwasserzone anzutreffen ist, verträgt auch kurzfristige Überflutungsphasen. Daher tritt sie auch in der Gezeitenzone auf. Doch der obere Gezeitenstrand beherbergt auch viele Pflanzenarten, darunter verschiedene Braunalgen, die zahlreichen Tieren Nahrung und Schutz bieten. Zu den Braunalgen zählen auch die Tange (Makroalgen), wie etwa der Rinnentang *(Pelvetia canaliculata)* mit den typischen Furchen auf einer Seite und der Gabeltang *(Fucus spiralis)*, dessen Triebe an den Enden oft aufgedreht sind. Beide Arten wachsen nahe der Hochwasserlinie häufig in klar begrenzten Gürteln. Die Tange verankern sich mit wurzelähnlichen Haftorganen am Gestein, die manchmal kleinen Tieren eine Heimat geben; allerdings kann das Wachstum von Seepocken wie *Chthamalus* und *Balanus* dazu führen, dass sich die Tange lösen. Die Bewegung der Tangwedel während der Flut verhindert jedoch oft, dass sich Seepockenlarven allzu dicht oder zahlreich ansiedeln.

Kleine Arthropoden wie Flohkrebse und Asseln, darunter etwa die Strandassel *(Ligia oceanica)*, suchen am oberen Gezeitenstrand Schutz und Nahrung zwischen Tangen und organischem Material. Dasselbe Ziel verfolgt auch der Felsenspringer *Petrobius maritimus*, eine der wenigen Insektenarten im marinen Lebensraum.

Strandschnecken
In diesem Küstenbereich sind unter den größeren Wirbellosen meist Strandschnecken wie die Raue Strandschnecke *(Littorina saxatilis)* die häufigsten Vertreter. Sie weiden Algen und Flechten ab und verraten sich oft durch die Spuren ihrer Raspelzunge – selbst wenn sich die Tiere auf der Suche nach Feuchtigkeit und Schutz in Felsspalten zurückgezogen haben. Wie es sich für ein Tier des oberen Gezeitenstrands geziemt, kann die Raue Strandschnecke jedoch längere Phasen außerhalb des Wassers überleben.

Mittlerer Gezeitenstrand

Da Austrocknung bei den tiefer gelegenen Strandabschnitten weniger zum Problem wird, findet sich im mittleren Gezeitenstrand, der bei Ebbe frei liegt, aber für relativ lange Phasen überflutet ist, eine größere Artenvielfalt. Doch auch die hier lebenden Pflanzen und Tiere müssen sich den wechselnden Bedingungen ihres Lebensraums anpassen.

Verbreitete Tangarten

Der mittlere Gezeitenstrand ist oft von bekannten Tangarten wie Knotentang *(Ascophyllum nodosum)* und Blasentang *(Fucus vesiculosus)* dominiert, die bis zu einem Meter lang werden und an den einzelnen bzw. paarigen Blasen an ihren Trieben zu erkennen sind. Damit steigen die Triebe bei Flut an die Oberfläche, um mehr Licht für die Photosynthese zu erhalten. Wachsen die Tange dicht genug, bilden sie kräftige Gürtel und begrenzen so die Ausdehnung der krustenbildenden Seepocken. Etliche Tierarten suchen zwischen den Tangpflanzen Schutz, finden dort bei Ebbe Feuchtigkeit oder weiden die Algen ab.

Die leicht an ihrer gedrungenen Form erkennbare Stumpfe Strandschnecke *(Littorina obtusata)* ist oft mit den Tangen – ihrer bevorzugten Nahrung – vergesellschaftet. Ihre Farbe variiert von olivgrün bis gelblich braun, manchmal zeigt sie Streifen. Beobachtungen ergaben, dass die Färbung offenbar mit der Welleneinwirkung an bestimmten Küsten und mit jahreszeitlichen Farbveränderungen der Tange zusammenhängt, wohl um die beste Tarnung als Schutz vor Fressfeinden zu gewährleisten.

Die Miesmuschel

Ein weiteres Weichtier des mittleren Gezeitenstrands ist die Echte oder Essbare Miesmuschel *(Mytilus edulis)*. Diese bekannte Muschel wächst oft dicht an dicht am Fels, an dem sie sich mit von ihrem muskulösen Fuß ausgeschiedenen Byssusfäden verankert. Die erwachsenen Tiere sind sesshaft, während sich die Jungtiere mithilfe der Byssusfäden von der Flut forttragen lassen, um neue Gebiete zu besiedeln. Die Miesmuschel ist ein Suspensionsfresser und nimmt bei Hochwasser mit ihrem Sipho Nährstoffe aus dem Wasser auf. Gleichzeitig dient sie ihrerseits der Nordischen Purpurschnecke *(Nucella lapillus)* sowie verschiedenen Seevögeln und Krebsen als Beute. Interessanterweise wohnt die kleine, bis zu fünf Zentimeter lange Krabbe *Pinnotheres pisum* oft in der Schale einer Muschel, ohne dieser zu schaden, und ernährt sich von Partikeln aus dem Wasser.

Linke Seite: Der Knotentang *(Ascophyllum nodosum)* bietet zahlreichen Tieren bei Ebbe und Flut Unterschlupf – hier etwa einem Seestichling *(Spinachia spinachia)*.

Unten: Eine Miesmuschel *(Mytilus edulis)* legt Byssusfäden aus.

Unterer Gezeitenstrand

Der obere Rand dieses Strandabschnitts liegt bei Ebbe nur kurze Zeit frei, der untere Rand wird ständig überflutet. So ist dies denn auch ein weit stabilerer und produktiverer Lebensraum als die höheren Strandzonen und beherbergt die größte Artenvielfalt.

Die hier vertretenen Algen zählen meist zu den Rotalgen *(Rhodophyta)*, die ihre Farbe dem Phycoerythrin verdanken. Dieses Pigment befähigt sie zur Photosynthese in größeren Wassertiefen, wo das Licht nur noch schwach ist. Zu den typischen Beispielen gehören das sich symmetrisch verzweigende Korallenmoos *(Corallina officinalis)* und das Krustensteinblatt *(Lithophyllum incrustans)*, die beide sehr kalkhaltig und zäh sind.

Am unteren Gezeitenstrand leben auch verschiedene pflanzenähnliche Tiere, darunter Moostierchen, winzige polypenähnliche Lebewesen, die mit den Quallen verwandten Hydrozoen sowie die geläufigeren Schwämme und Seeanemonen.

Krustenbildende Schwämme wie der Brotkrumenschwamm *(Halichondria panicea)*, auch Meerbrot genannt, bilden vor allem in Felsspalten flache Krusten auf dem Gestein, während sich andere Arten wie etwa der Gelbe Bohrschwamm *(Cliona celata)* in den Fels bohren. Die Schwammart *Grantia compressa* siedelt meist unter überhängenden Felsen oder zwischen Tangen.

Seeanemonen

Zu den häufigen Seeanemonen des unteren Gezeitenstrands zählen die Gemeine Pferdeaktinie (Purpurrose, *Actinia equina*) und die Wachsrose *(Anemonia sulcata)*. Beide heften sich mit einer Art Saugfuß an den Fels und benutzen Nesseltentakel, um ihre Beute (etwa kleine Krebstiere) zu lähmen und einzufangen. Die Pferdeaktinie kann ihre Tentakel komplett einziehen und sich so an höher gelegenen Strandzonen vor der Austrocknung schützen. Im Gegensatz zur Wachsrose, die auch in Kolonien auftritt, haben Pferdeaktinien Reviere und drängen Konkurrenten mit der Zeit ab.

Die Schmarotzerrose

Die Schmarotzerrose *(Calliactis parasitica)* lebt weder kolonial noch territorial und auch nicht wirklich parasitisch. Sie geht vielmehr mit Einsiedlerkrebsen eine Symbiose ein. Dabei profitiert sie von deren Nahrungsaufnahme und schützt ihrerseits ihren Wirt mithilfe der nesselnden Tentakeln vor Feinden wie Kraken.

Neben Einsiedlerkrebsen findet man am unteren Gezeitenstrand und im Flachwasser auch die Schwimmkrabbe *Macropipus/Necora puber*, die mit feinen, samtigen Härchen bedeckt ist. Sie gilt zwar als Allesfresser und verspeist manche Algen, doch ist sie auch ein sehr aggressiver Jäger.

Linke Seite: Schmarotzerrose *(Calliactis parasitica)* auf einem Einsiedlerkrebs.

Unten: Die Schwimmkrabbe *Macropipus/Necora puber* auf einer Muschelbank.

Hummer zählen zu den größten Krebstieren, die man im Flachwasser vor Felsküsten antrifft. Viele Arten sind von großer wirtschaftlicher Bedeutung, wie etwa der Europäische Hummer *(Homarus gammarus)*. Diese Art wird bis zu einem Meter lang und besitzt gewaltige Scheren, mit denen sie ihre Nahrung zerkleinert. Jedoch ist sie eher ein Aasfresser als ein aktiver Jäger.

Andere große Bewohner von Felsspalten im unteren Gezeitenstrand und weitaus aggressivere Jäger sind beispielsweise Kraken, die zu den größten und intelligentesten Wirbellosen der Welt zählen, sowie Congeraale und Muränen. Diese lauern in ihren Felsverstecken auf Beute und fangen Krustentiere, Tintenfische und Fische.

Festsitzende und bohrende Tiere

An der Felsküste fehlen zwar keineswegs sehr mobile Arten wie Krebse und Fische, doch viele der hier vorkommenden Tiere sind sesshaft oder bewegen sich kaum. Sie heften sich an den Untergrund – manche bohren sich auch hinein –, um sich an günstiger Position zu halten und nicht ins Meer gespült oder an den Felsen zerschmettert zu werden. Eine starke Befestigung kann in manchen Fällen auch vor Raubfeinden schützen, und Tieren wie den Napfschnecken, die sich mit ihrer Schale eng an den Fels schmiegen, gelingt es auf diese Weise, die Feuchtigkeit einzuschließen und sich vor der Austrocknung zu schützen.

Die Gemeine Napfschnecke

Rechts: Die Gemeine Napfschnecke *(Patella vulgata)* ist an vielen Felsküsten anzutreffen, wo sie von den oberen bis zu den unteren Strandabschnitten am Fels „klebt". Bei Ebbe erscheint sie festsitzend zu sein, doch kriecht sie bei Flut auf ihrem Muskelfuß (siehe Bild) umher, um Algen abzuraspeln. Mit einsetzender Ebbe kehrt sie stets an einen bestimmten Platz zurück, wo ihre Schale, je nach Härte des Untergrunds, allmählich einen Abdruck hinterlässt oder selbst an den Rändern abgewetzt wird und schließlich passgenau mit dem Untergrund abschließt.

Die Seepockenzone

Seepocken wie die Art *Semibalanus balanoides* kommen ebenfalls häufig an Felsküsten vor, wo sie eine regelrecht verkrustete „Seepockenzone" bilden können. Wie die Napfschnecken besitzen auch sie eine schützende kegelförmige Schale. Früher glaubte man, beide Tiergruppen seien miteinander verwandt, doch heute weiß man, dass Seepocken keine Weichtiere, sondern sesshafte Krebstiere (Rankenfußkrebse) und damit nahe Verwandte von Garnelen, Hummern und Krabben sind. Als Larven treiben sie frei im Wasser, setzen sich dann mit dem Kopf voran am Fels fest und scheiden im Heranwachsen allmählich die Kalkplatten aus, die ihre Schale bilden. An deren Oberseite befindet sich eine mit beweglichen Deckeln verschließbare Öffnung. Die Deckel halten bei Ebbe Feuchtigkeit im Inneren und bleiben geöffnet, wenn der Krebs untergetaucht ist, damit er seine Rankenfüße ausstrecken und Nahrungspartikel aus dem Wasser einfangen kann.

An Küsten, an denen der Fels aus weichem Kalk- oder Sandstein besteht, bohren sich manche Tiere ins Gestein, statt sich darauf festzusetzen, so etwa bestimmte Borstenwürmer wie *Polydora ciliata*. Dieser kleine Wurm wird rund 2,5 Zentimeter lang und bohrt sich vermutlich durch mechanische und chemische Aktivität ein. Zwar ernährt er sich von Detritus, doch kann er Austern, Miesmuscheln und anderen Muscheln gefährlich werden, da er sich häufig durch deren Schalen arbeitet und darin niederlässt.

Der Gelbe Bohrschwamm *(Cliona celata)*, größter Schwamm der britischen Küsten, ist an seinen abstehenden gelben Lappen zu erkennen. Auch er bohrt sich in Weichtierschalen und Gestein ein und kann für Austernfarmen und andere Muschelzuchten zum ernsten Problem werden.

Bohrmuscheln

Bohrende Weichtiere wie Dattelmuschel (Große Bohrmuschel, *Pholas dactylus*), Raue Bohrmuschel *(Zirfaea crispata)* und der Felsenbohrer *Hiatella arctica* benutzen ihre Schalen wie Bohrer und treiben sie tief in weiches Gestein. Dann strecken die Suspensionsfresser ihre Siphonen aus dem Loch und saugen Wasser und Nahrungspartikel ein. *Hiatella arctica* bohrt nicht immer ein Loch, sondern verankert sich manchmal ähnlich wie Miesmuscheln mit Byssusfäden an hartem Gestein.

Linke Seite, oben: Die Gemeine Napfschnecke *(Patella vulgata)* schafft sich eine Kerbe im Fels.

Unten: Die Seepocke *Balanus balanoides* in walisischen Gewässern.

Nordische Purpurschnecke

Die in mittleren und unteren Strandabschnitten häufig vorkommende Nordische Purpurschnecke *(Nucella lapillus)* ist eher klein und scheinbar harmlos, doch ernährt sie sich vor allem von Seepocken und Miesmuscheln. So ist sie auf Muschelbänken oft in großer Zahl anzutreffen.

Sie wandert über diese hinweg und hält sich dabei mit ihrem Schneckenfuß fest, der bei den an exponierteren Küsten lebenden Individuen relativ groß ist. Exemplare, die an geschützteren Küsten leben, besitzen dagegen interessanterweise nicht nur einen kleineren Fuß und damit eine kleinere Schalenöffnung, sondern ihre Schale ist meist auch länger. Wahrscheinlich entwickelten sich diese Anpassungen zum Schutz vor flinken Fressfeinden wie etwa den Krabben, die in geschützteren Lebensräumen zahlreicher vorkommen.

Die Nordische Purpurschnecke kann den Deckel über der Schalenöffnung von Seepocken aufstemmen, um diese zu fressen. Muscheln, etwa Miesmuscheln, bohrt sie mithilfe ihrer bohrerähnlichen Raspelzunge und chemischer Sekrete auf. Diese Sekrete weichen die Schale auf und verdauen das Innere des Opfers, das sich dann leicht verspeisen lässt. Die Verdauungsenzyme wirken wahrscheinlich auch narkotisierend auf die Beute, können also helfen, nicht sesshafte Tiere zu lähmen.

Miesmuscheln sind zwar in der Regel sesshafte Tiere und solchen Angriffen scheinbar wehrlos ausgeliefert, doch weiß man, dass sie ihre Byssusfäden – die normalerweise der Verankerung am Gestein dienen – auch dazu benutzen, um Nordische Purpurschnecken zu fangen und von sich fernzuhalten.

Nordische Purpurschnecken

Diese Schnecken zeigen gelegentlich Kannibalismus, der sogar noch vor dem Schlupf auftritt. Das Gelege besteht aus 20 bis 30 Eikapseln, die an Tang, Felsen oder Muscheln befestigt werden. Die sich im Inneren entwickelnden Schnecken fressen ihre Geschwister, sodass letztlich oft nur ein einziges Individuum überlebt.

Unten: Nordische Purpurschnecke mit Eikapseln; Grafschaft Cork, Irland.

Die Meerechse – einzigartig unter den Echsen

Die Meerechse *(Amblyrhynchus cristatus)* lebt an der Felsküste der Galapagosinseln und ist die einzige Echse des marinen Lebensraums. Sie verbringt zwar viel Zeit am Ufer und schwimmt niemals weit ins Meer hinaus, doch ernährt sie sich ausschließlich von Algen, die unterhalb der Gezeitenzone an Felsen wachsen.

Die Reptilien dringen nie weit ins Inland vor, sondern verbringen etliche Stunden reglos auf Felsen beim Sonnenbaden. Dabei heizen sie ihren Körper ausreichend auf, um sich in die kalten Fluten zu stürzen. Die Meerechse ist bestens an diese Lebensweise angepasst: Sie ist schwarz und kann daher die Wärme leicht absorbieren. Außerdem gelingt es ihr dank ihrer langen, kräftigen Krallen, sich beim Fressen an den Felsen festzuhalten. Der lange, schlanke Schwanz dient als Antrieb beim Schwimmen, und spezielle Nasendrüsen und Tränengänge tragen dazu bei, überschüssiges Salzwasser durch Niesen wieder auszuscheiden. Dennoch können meist nur die großen Männchen der Kälte länger widerstehen und bis zu zehn Minuten untergetaucht bleiben, um auch die reichen Algenvorkommen im tieferen Wasser auszunutzen.

Meerechsen

Galapagos-Meerechsen ernähren sich nicht nur aus dem Meer, sondern sie flüchten sich auch in die Fluten, wenn sie sich an Land gestört oder bedroht fühlen.

Die Echsen gelangten wahrscheinlich auf Treibholz aus Südamerika, wo es etliche Leguanarten gibt, auf die Galapagosinseln. Dort entwickelte sich aus ihnen dann auch der landbewohnende Drusenkopf *(Conolophus subcristatus)*.

Oben: Ein Meerechsenmännchen beim Sonnenbaden auf einem Felsen.

Felstümpel

Felstümpel entstehen dort, wo sich auch bei Ebbe in Senken oder Spalten Wasser hält und verschiedenen Meeresorganismen bei Niedrigwasser ein Rückzugsgebiet am Ufer bietet. So können Arten, die eigentlich eher im Flachwasser zu Hause sind, auch in höheren Uferzonen überleben.

Solche Gezeitentümpel im Fels findet man eigentlich in allen Uferzonen. Ihre Lage beeinflusst ihre Form, ihre Bewohner und die Probleme, denen sich diese Organismen gegenübersehen. Die Tümpel der oberen Strandzonen sind meist kleiner und flacher, während tiefer liegende Tümpel größer und tiefer sind und somit stabilere Lebensräume bieten.

Steigender Salzgehalt

Zwar trocknen die meisten Felstümpel nicht vollkommen aus, doch können besonders die kleineren Tümpel extremen Schwankungen der Temperatur und des Salzgehalts unterworfen sein. Im Winter frieren sie womöglich zu, und im Sommer erreichen sie Temperaturen, die viele Organismen nicht aushalten. Zudem verdunstet bei Wärme das Wasser, sodass der Salzgehalt im Tümpel steigt. Kleinere Tümpel sind auch durch Regen stärker betroffen und können dann so stark versüßen, dass Meerestiere nicht überleben.

Größere, tiefer liegende Tümpel sind der Lufttemperatur, Verdunstung und dem Versüßen durch Regenwasser weniger ausgesetzt und zudem bei Hochwasser oft über lange Phasen überflutet. So können sich dort stabile Mikro-Lebensgemeinschaften aus Tangen, verschiedenen Wirbellosen und sogar Fischen etablieren.

Käferschnecken

Zu den häufigsten algenfressenden Weidegängern zählen Weichtiere wie Schnecken und Käferschnecken (Chitonen). Letztere tragen eine Art „Kettenhemd" aus beweglichen Platten auf dem Rücken. Von oben gesehen erinnern Käferschnecken an Asseln, und wie diese können sie sich zur Abwehr kugelförmig einrollen. An ihrer Unterseite besitzen sie einen muskulösen Fuß, mit dem sie sich an Felsen oder Pflanzen festhalten, um mit ihrer Raspelzunge Algen abzuweiden. Die meisten Käferschnecken sind reine Vegetarier, doch gibt es auch alles- und fleischfressende Arten, die einfache, krustenbildende Organismen verzehren oder sich an größere Tiere heften.

Linke Seite: Seesterne und Seeigel bei Ebbe in einem Felstümpel.

Unten links: Bunte Kreiselschnecke (Calliostoma zizyphinum); Grafschaft Cork, Irland.

Unten rechts: Eine Käferschnecke der Gattung Acanthopleura.

Die Nahrungskette im Felstümpel

Abgesehen vom Ein- und Austrag von Nahrungspartikeln mit den Gezeiten sind in Felstümpeln Tange und andere Algen die wichtigsten Produzenten in der Nahrungskette. Sie ernähren Pflanzenfresser, die von Fleischfressern erbeutet werden. Zu den Algen zählen Grünalgen wie die Trompetenalge (*Monostroma grevillei*), die man wegen ihrer delikaten, trichterförmigen Triebe und hellen Farbe mit dem Meersalat (*Ulva lactuca*) verwechseln kann, obwohl Letzterer seltener in Felstümpeln vorkommt, sowie diverse *Enteromorpha*-Arten, die ebenfalls hellgrün sind, aber lange, röhrige Triebe besitzen.

Zu den Braunalgen in Felstümpeln gehören der Riementang (*Himanthalia elongata*), der nach seinen langen, fruchtbaren, aus der scheibenförmigen Basis entspringenden Wedeln benannt ist, und die rundliche Art *Colpomenia peregrina*, die oft auf anderen Tangen wächst. Die Kartoffelalge (*Leathesia difformis*) ist ähnlich, aber kleiner vom Wuchs her. In größeren Tiefen oder dort, wo weniger Licht hingelangt, finden sich Rotalgen wie Korallenmoos (*Corallina officinalis*), Scherentang (*Polyides rotundus*) und die perlschnurartige *Lomentaria articulata*.

Schnecken

Napfschnecken sind in Felstümpeln häufig anzutreffen, ebenso die nahe verwandten Kreiselschnecken wie der Friesenknopf (*Gibbula cineraria*). Kreiselschnecken können jedoch nicht die härteren Tange und krustenbildenden Rotalgen abweiden, da ihren Raspelzähnchen auf der Zunge die bei Käfer- und Napfschnecken vorhandenen Eisenverbindungen fehlen. Daher verspeisen sie vor allem Detritus. Räuberisch leben unter anderem Meeresnacktschnecken wie Meerzitrone (*Archidoris pseudoargus*) und Breitwarzige Fadenschnecke (*Aeolidia papillosa*). Erstere ist meist gelb gefärbt und verzehrt Schwämme, besonders den Brotkrumenschwamm (*Halichondria panicea*); Letztere ist an ihrer graubraunen oder violettgrauen Farbe und den zahlreichen Rückenanhängen („Fäden") zu erkennen und frisst vor allem Polypen.

Räuberische Wirbellose

Zu den räuberischen Wirbellosen der Felstümpel zählen auch Krebse, die verschiedene kleinere Lebewesen erbeuten oder Detritus fressen, sowie Seesterne, die sich in erster Linie von Weichtieren – auch solchen mit Schalen – ernähren. So kann etwa der Gemeine Seestern (Asterias rubens) mit seinen kräftigen Saugfüßchen an der Unterseite seiner Arme mühelos Muschelschalen aufstemmen. Anschließend stülpt er seinen Magen in die gewonnene Öffnung, um sein Opfer zu verdauen. Auch einige Arten der nahe verwandten Seeigel ernähren sich von schalenbildenden Wirbellosen, wenngleich Algen meist den größten Teil ihrer Nahrung stellen.

In Felstümpeln finden sich verschiedene Krebse, darunter Krabben wie die Strandkrabbe (Carcinus maenas), Taschenkrebse (Cancer pagurus) und Einsiedlerkrebse. Letztere verdanken ihren Namen der Angewohnheit, verlassene Schneckenhäuser zu besetzen. Am besten an diesen Lebensraum angepasst sind aber vermutlich die Porzellankrabben, etwa der Art *Porcellana platycheles*. Dank ihres abgeflachten Körpers finden sie leicht unter Steinen und in Felsspalten Schutz.

Oben: Die Langkopf-Partnergrundel (*Cryptocentrus leptocephalus*) bewohnt die Gewässer des Pazifiks.

Linke Seite: Ein Seestern frisst einen Seeigel, dessen Stacheln ihm offenbar nichts anhaben können.

Dauerbewohner in Felstümpeln

Neben Vögeln wie Möwen oder Watvögeln, die in Felstümpeln häufig Nahrung suchen, stehen meist Fische am Ende der Nahrungskette. Obwohl einige Arten nur vorübergehend dort leben, haben sich andere – wie Schild- und Schleimfische sowie viele Grundeln – besonders an das Leben in Felstümpeln angepasst und leben dort auch dauerhaft. Manche kehren sogar regelmäßig in denselben Gezeitentümpel zurück, nachdem sie bei Hochwasser nach Nahrung gesucht haben.

Der Schleimfisch *Lipophrys pholis* wird bis zu zehn Zentimeter lang und ist in Felstümpeln Nordwesteuropas häufig anzutreffen. Er erbeutet verschiedene Krebs- und Weichtiere, besonders Seepocken, die er mit seinen scharfen Zähnen knackt. Der schuppenlose Fisch schützt sich mit einer Schleimschicht vor dem Austrocknen und sonnt sich gelegentlich außerhalb des Wassers am Rand von Tümpeln, in die er bei Störungen zurückhüpft.

In tropischen Gewässern springt die Grundel *Bathygobius soporator* gelegentlich von Tümpel zu Tümpel. Grundeln und Schleimfische sind sich mit ihren großen Köpfen und vorstehenden Augen äußerlich ähnlich, doch besitzen die Grundeln im Gegensatz zu den Schleimfischen Schuppen, ihre Rückenflosse ist zweigeteilt und ihre Bauchflossen sind zu einem Haftorgan umgebildet, mit dem sie sich an Felsen anheften. Einen ähnlichen Haftapparat besitzen auch Schildfische wie etwa die Art *Lepadogaster lepadogaster*.

In Felstümpeln leben außerdem Fische wie der Butterfisch *(Pholis gunellus)*, so genannt wegen seiner unglaublich schlüpfrigen Haut. Der zerbrechlich aussehende, aber aggressive Seestichling *(Spinachia spinachia)* ernährt sich von kleinen Krebstieren und Fischen, greift aber auch Fische an, die größer sind als er selbst. Der Haarbutt *(Zeugopterus punctatus)*, ein kleiner Plattfisch, ist in größeren Tümpeln unter Steinen zu finden.

Links: Ein Weißkappenalbatros *(Diomedea cauta)* ist auf einer Klippe an der neuseeländischen Küste gelandet.

FLACHWASSER-ZONEN

Seegräser

Im Gegensatz zu den Tangen und anderen Algen gehören Seegräser zu den Angiospermen (Bedecktsamern), sind also Blütenpflanzen wie die uns vertrauten Landgräser, Büsche und Bäume. Zwar gibt es einige andere Vertreter der Angiospermen wie das Schlickgras *(Spartina anglica)* und den Queller *(Salicornia europaea)*, die hohe Salzgehalte und eine vorübergehende Überflutung mit Meerwasser tolerieren, doch die rund 50 bekannten Seegrasarten sind die einzigen Blütenpflanzen, die dauerhaft im Meerwasser überleben. Wahrscheinlich leiten sie sich von Landpflanzen ab, die sich dem marinen Lebensraum angepasst haben.

Wie Landpflanzen – aber anders als die zu den niederen Pflanzen zählenden Algen – besitzen Seegräser spezialisierte Wurzeln, Leitungsgewebe und Fortpflanzungsorgane. Sie gehören also zu den höheren Pflanzen.

Spezifische Anpassungen
Während sich die Algen mit ihren wurzelähnlichen Haftorganen nur im Boden verankern und Nährstoffe und Sauerstoff über die gesamte Pflanze aufnehmen, dienen die spezifisch angepassten Wurzeln der Seegräser sowohl der Verankerung der Pflanze im Sediment als auch der Aufnahme von Nährstoffen, die dann über ein Gefäßsystem aus holzigen und weichen Geweben (Xylem und Phloem) in die ganze Pflanze transportiert werden. Sauerstoff wird größtenteils aus Wasser gewonnen, das über die Blätter aufgenommen wird. Die für die Photosynthese benötigten Chloroplasten finden sich ebenfalls nur in den Blättern – bei den Algen sind sie über die ganze Pflanze verteilt.

Seegräser vermehren sich nicht durch Freisetzung von Sporen; sie sind entweder zweihäusig und pflanzen sich mit Pollen und Blüten fort, oder sie besitzen männliche und weibliche Fortpflanzungsorgane. Nach der Befruchtung werden samenhaltige Früchte ins Meer freigesetzt. Viele Seegräser bilden zudem neue Pflanzen über Rhizome, also unterirdische Ausläufer, die Wurzeln und Triebe bilden.

Seegräser wachsen sowohl auf der Nord- als auch auf der Südhalbkugel, wobei das Seegras *(Zostera marina)* für Gewässer der gemäßigten Zonen typisch ist. Im Gegensatz dazu sind das Schildkrötengras *(Thalassia testudinum)* und die Art *Syringodium filiforme* hauptsächlich in tropischen und subtropischen Gewässern anzutreffen. Hier haben sie ihre weiteste Verbreitung.

Seegraswiesen

Wie Algen brauchen auch Seegrasgewächse Licht, um Photosynthese zu betreiben. Daher sind sie wie jene in flachen Küstengewässern anzutreffen. Da sie aber weiches Sediment wie Schlick oder Sand benötigen, um wurzeln zu können, findet man sie meist in der Nähe geschützter Regionen mit Sedimentablagerungen, zum Beispiel in Salzmarschen, Flussmündungen, Mangrovenwäldern und Korallenriffen. Hier bilden sie meist dichte Matten, die den Grund mit ihren Wurzeln und Rhizomen stabilisieren. Das fördert weitere Sedimentablagerungen, sodass sich wiederum mehr Pflanzen ansiedeln und üppige „Unterwasserwiesen" entstehen können.

Seegraswiesen stellen nicht nur reichlich produktive Biomasse, die erheblich zum Nährstoffkreislauf beiträgt, sondern bieten auch Lebensräume für etliche Organismen, die zwischen und an den Blättern, Wurzeln und Rhizomen Nahrung und Schutz finden, sich fortpflanzen und heranwachsen.

Leben in den Seegraswiesen

Da Seegräser nur bis etwa einen Meter hoch werden, ist die Verteilung der Organismen in Seegraswiesen vielleicht weniger markant als in einem Tangwald. Dennoch lassen sich vier Zonen mit ihrer typischen Flora und Fauna unterscheiden: Epiphyten, die auf den Stängeln und Blättern der Seegräser leben; die Endofauna (Infauna) im Sediment sowie zwischen den Wurzeln und Rhizomen; die Epifauna auf dem Sediment und letztlich das Nekton, frei schwimmende Organismen in der Wassersäule. Manche Organismen allerdings lassen sich nicht exakt einer bestimmten Kategorie zuordnen, etwa solche, die teils im Sediment vergraben, teils auf diesem oder darüber schwimmend leben.

Mehrere Algenarten und etliche Wirbellose nutzen Seegräser als Untergrund, um sich daranzuheften. Wie bei den Tangwäldern ernähren sich jedoch nur wenige Arten direkt von den Pflanzen, weil diese wegen ihres hohen Zellulosegehalts für viele Tiere unverdaulich sind. Der Detritus und die Nährstoffe aus den Massen zerfallenden pflanzlichen Materials dagegen sind Grundlage für ein kompliziertes Nahrungsnetz, das Plankton, verschiedenste Filtrierer, Aasfresser, Pflanzen- und Fleischfresser umfasst – von winzigen Wirbellosen bis hin zu Fischen und größeren Tieren wie Reptilien, Vögeln und Säugetieren. Dieser Detritus wird zudem weit fort in die Tiefsee getragen und sorgt auch dort für ein erstaunlich reiches Leben.

Oben: Seegras (Zostera marina) vor den Orkney-Inseln, Schottland.

Links: Ein Garibaldifisch (Hypsypops rubicundus) zwischen den Seegräsern vor der kalifornischen Küste.

Vorangehende Doppelseite: Eine Seegraswiese.

Epiphyten

Auf den Blättern und Stängeln von Seegrasgewächsen siedeln zahlreiche Pflanzen und Tiere. Wenn auch benthische Makroalgen in Seegraswiesen kaum Fuß fassen können, tragen doch die dort gedeihenden epiphytischen Algen – besonders die Arten *Myrionema magnusii*, *Cladosiphon zosterae*, *Halothrix lumbricalis* und *Lebloniella densa* – wahrscheinlich oft ebenso viel zur Biomasse und somit zur Primärproduktion bei wie das Seegras selbst. Diese Algen sind nicht selten sogar wesentlich schmackhafter als die Seegräser und bieten daher etlichen Pflanzenfressern Nahrung. Die kalkhaltigen Rotalgen wie *Rhodophysema georgii*, *Melobesia membranacea* und *Fosliella farinosa* dagegen lassen neues Sediment entstehen, wenn sie zerfallen.

Weidegänger

Auf den Seegräsern und ihren epiphytischen Algen findet man eine Vielzahl von Wirbellosen, die dort leben und Nahrung suchen, insbesondere kleine Schnecken wie *Rissoa membranaceae*, die Gemeine Strandschnecke (*Littorina littorea*), die Kleine Gitterschnecke (*Bittium reticulatum*) und der Kleine Seehase (*Akera bullata*).

Andere Bewohner des Seegrases sind beispielsweise Borstenwürmer wie der Posthörnchenwurm (*Spirorbis spirorbis*) und die Art *Spirorbis spirillum* sowie Schwämme wie *Chondrilla nucula*, Moostierchen und Hydroidpolypen.

Viele Weichtier- und Krebstierlarven heften sich während ihrer Entwicklung an Seegräser. Sehr mobile erwachsene Exemplare mancher Krebstiere, darunter Asseln, Flohkrebse und Glaskrebse, sind ebenfalls an den Blättern und Stängeln anzutreffen, obwohl sie meist umherschwimmen oder sich unter den Pflanzen eingraben, um nach Nahrung zu suchen oder sich zu verstecken.

Der Hydroidpolyp *Laomedea angulata* ist offenbar vollkommen auf Seegras angewiesen. Er bildet auf den Stämmen und Blättern der Pflanze große Kolonien, ist aber ein Suspensionsfresser und filtriert Partikel aus dem Wasser. Auch Stielquallen (Becherquallen) wie *Haliclystus auricula* und *Lucernariopsis campanulata* sitzen oft auf Seegräsern und ernähren sich von kleinen Wirbellosen, die sie dort mit ihren Tentakeln fangen.

Oben: Seegräser bilden oft ausgedehnte Matten oder „Wiesen".

Rechte Seite: Seegräser wiegen sich in der Strömung.

Endofauna

Seegraswiesen wachsen auf weichem Sedimentboden, und so können zahlreiche Wirbellose im Geflecht aus Wurzeln und Rhizomen Unterschlupf finden. Hier ernähren sie sich beispielsweise von Futterpartikeln im Sediment. Andere strecken fächerähnliche Filter oder Siphonen ins Wasser aus, um daraus Nahrung zu filtern, oder fangen mit Ranken kleine Detritusteilchen ein. Wieder andere leben meist eingegraben im Sand oder Schlick und kommen nur hervor, um am Grund oder im Wasser nach Nahrhaftem zu suchen.

Suspensionsfresser

Verschiedene Wurmarten leben fast ausschließlich im Boden vergraben, etwa der sedimentverzehrende Gemeine Strandwurm (*Arenicola marina*), fleischfressende Nematoden (Rund- oder Fadenwürmer) wie *Oerstedia dorsalis* sowie Röhrenwürmer wie die Muschelsammlerin (*Lanice conchilega*) und der Fächerwurm *Myxicola infundibulum*. Erstere sammelt mit ihren langen Tentakeln Detritus ein, Letzterer ist ein Suspensionsfresser und fischt mit seiner fächerförmigen Tentakelkrone Nahrungspartikel aus dem Wasser.

Zu den Suspensionsfressern der Endofauna (Infauna) der Seegraswiesen zählen auch zahlreiche Muscheln, darunter Steckmuscheln, Archenmuscheln, Klaffmuscheln, Austern und Herzmuscheln. Sie nehmen meist flach im Sediment eingegraben über ihre Siphonen Nahrungspartikel auf. Zu den häufigen Vertretern zählen die Essbare Herzmuschel (*Cerastoderma edule*), die Lagunen-Herzmuschel (*Cerastoderma glaucum*) und *Americardia media*. Miesmuscheln wie die Essbare Miesmuschel (*Mytilus edulis*) und *Brachidontes exustus* sind ebenfalls im Sand anzutreffen, meist zwischen den Seegrasrhizomen.

Dichtes Wurzelnetz

Das dichte Netz aus Seegraswurzeln und -rhizomen hält wahrscheinlich viele mögliche Raubfeinde davon ab, im Sediment nach Beute zu graben. Daher bietet der Bodengrund etlichen Organismen einen relativ sicheren Lebensraum, besonders jenen, die sich tief eingraben können und meist verborgen leben.

Etwas mobilere Tiere wie die zahlreichen Flohkrebs- und Asselarten jedoch, die hier Schutz suchen, könnten ihren Fressfeinden zum Opfer fallen, wenn sie außerhalb des Sediments auf Nahrungssuche sind. Gefahr droht ihnen von flinken Räubern wie Fischen und Krebsen sowie von sesshaften Arten, etwa der länglichen grabenden Seeanemone *Peachia hastata*, die mit Nesseltentakeln ihre Beute fängt.

Seeigel
In Seegraswiesen sind herbivore, omnivore und carnivore Seeigelarten zu Hause. Sowohl *Lytechinus variegatus* als auch der Diademseeigel (*Diadema antillarum*) sind vornehmlich Vegetarier und verzehren Algen sowie Seegräser. Mancherorts haben sie Seegraswiesen sogar großflächig zerstört. Fehlt solche Nahrung, weiden sie auch auf Korallen, was für benachbarte Rifflebensräume ähnlich fatale Folgen haben kann. Der charakteristische Herzigel *Echinocardium cordatum* mit seinen zarten, haarähnlichen Stacheln lebt in den Seegraswiesen der gemäßigten Breiten und ernährt sich als Depositfresser von Detritus.

FLACHWASSERZONEN

Epifauna

Als Epifauna oder Epibenthos bezeichnet man jene Organismen, die auf dem Meeresboden leben; sie zählen zu den auffälligsten Bewohnern der Seegraswiesen. Zur Epifauna gehören verschiedenste bewegliche und sesshafte Wirbellose, darunter Pflanzenfresser, die Algen oder das Seegras selbst verspeisen, Allesfresser, die unterschiedliche pflanzliche und tierische Materie verzehren, und Fleischfresser, die andere Wirbellose erbeuten.

Stachelhäuter wie Seesterne, Schlangensterne, Seeigel und Seewalzen sind typischer Bestandteil der Epifauna und beziehen ihre Nahrung auf ganz unterschiedliche Weise. So erbeuten manche Seesterne vor allem kleine Wirbellose – Weichtiere, Krebstiere und Würmer –, andere dagegen verzehren Algen oder Detritus oder nehmen Sand und Schlick auf, um daraus winzige Organismen und sonstiges organisches Material zu gewinnen.

Die Riesen-Flügelschnecke

Am Boden von Seegraswiesen leben auch etliche Weichtiere, von denen einige, wie die Arten der Gattung *Strombus* und die Kronenschnecke *Busycon contrarium*, sehr groß werden können. Letztere erreicht Größen von bis zu 40 Zentimetern und erbeutet vor allem Muscheln wie Austern und Klaffmuscheln. Die Kronenschnecke *Melongena corona* ernährt sich ganz ähnlich, wird aber nur etwa halb so groß. Die Riesen-Flügelschnecke *(Strombus gigas)* dagegen erreicht eine Länge bis zu 30 Zentimetern, ist jedoch ein reiner Vegetarier und frisst Seegräser und Algen.

Oben: Riesen-Flügelschnecke *(Strombus gigas).*

Linke Seite: Die zu den Diademseeigeln zählende Art *Diadema palmeri* ernährt sich von Wasserpflanzen.

Aasfresser

In Seegraswiesen findet man viele Krabben-, Garnelen- und Hummerarten, darunter bekannte Spezies wie den Europäischen Hummer *(Homarus gammarus)* und die Karibik-Languste *(Panulirus argus)* sowie verschiedene Einsiedlerkrebse, die meist am Grund nach Aas suchen oder kleine Wirbellose erbeuten.

Ein ungewöhnlicher Bodenbewohner, dem man in tropischen Gewässern begegnet, ist die Wurzelmundqualle *(Cassiopeia xamachana)*. Anders als die meisten Quallen, die nahe der Wasseroberfläche schwimmen, verharrt diese meist mit der Unterseite nach oben am Grund und reckt ihre Tentakel ins Wasser. Sie ist jedoch auch zu Bewegung fähig und schwimmt davon, wenn sie gestört wird. Die Tiere nehmen Nährstoffe aus dem Wasser auf oder fangen mit ihren Tentakeln Beute; die meiste Energie jedoch beziehen sie aus mikroskopisch kleinen Algen (Zooxanthellen), die sich in ihrem Inneren befinden. Diese profitieren ihrerseits davon, dass die Qualle ihre Tentakel zum Licht streckt, sodass sie Photosynthese betreiben können.

Andere stattliche Besucher der Seegraswiesen sind Dugongs und Manatis, die einzigen herbivoren Meeressäuger, sowie verschiedene Meeresschildkröten. Einige von ihnen, etwa die Echte Karettschildkröte *(Eretmochelys imbricata)* und die Suppenschildkröte *(Chelonia mydas)*, fressen Seegras.

Nekton

Als Nekton bezeichnet man all jene Tiere, die sich meist frei schwimmend in der Wassersäule bewegen, darunter Wirbellose, Fische, Reptilien und Säuger. In Seegraswiesen dominieren meist Fische, während sich das Spektrum an Wirbellosen in erster Linie auf Garnelen, Quallen und Kalmare beschränkt.

Zu den Garnelen der Seegraswiesen zählen die Grasgarnele (*Palaemonetes pugio*) ebenso wie kommerziell bedeutende Arten, etwa Nordseegarnele (*Crangon crangon*) und Rote Garnele (*Pandalus montagui*). Allerdings sind es eher die Larven der beiden letztgenannten Arten, die sich in der Vegetation verstecken. Die erwachsenen Tiere finden sich vorwiegend an ungeschützteren Orten, etwa auf sandigem Grund neben den Seegrasmatten.

Der Pistolenkrebs (*Alpheus heterochaelis*) kommt in Seegraswiesen oft zahlreich vor. Früher fand man ihn nur in tropischen und subtropischen Gewässern, doch breitet sich sein Lebensraum derzeit immer weiter aus, und man trifft ihn auch vor europäischen Küsten an. Dieses bemerkenswerte Tier überrumpelt seine Beute (darunter kleine Krebstiere), indem es seine übergroße, einem Boxhandschuh ähnelnde Schere zuschnappen lässt. Dabei schießen ein Wasserstrahl und eine Luftblase aus der Schere; die zerplatzende Blase erzeugt einen ohrenbetäubenden Knall und einen Lichtblitz.

Der Gemeine Tintenfisch (*Sepia officinalis*) kann ebenfalls einen Wasserstrahl ausstoßen, um Beute zu verblüffen oder blitzschnell vor Fressfeinden zu flüchten. Zudem kann er potenzielle Feinde verwirren, indem er eine Tintenwolke ausstößt oder die Farbe wechselt. Die Art ernährt sich von Weichtieren, Krebstieren und kleinen Fischen, aber auch von anderen Tintenfischen wie der Atlantischen Zwergsepia (*Sepiola atlantica*).

Linke Seite, oben: Der Hornhai (*Heterodontus francisci*) sucht im Seegras nach Beute.

Linke Seite, unten: Meeresschildkröten sind meist herbivor und ernähren sich von Seegräsern und Algen.

Unten: Der Fetzenfisch (*Phycodurus eques*) ist durch seine blattähnlichen Flossen bestens getarnt. Dieses Männchen trägt eine ganze Reihe von Eiern an der Unterseite seines Hinterleibs.

Fische

Zahlreiche Fischarten bewohnen die Seegraswiesen, und besonders die Jungfische profitieren von diesen als Kinderstuben, bevor sie ins offene Meer ziehen. Etliche Arten leben dauerhaft hier, und Raubfische kommen hierher, um Beute zu machen.

Seepferdchen und die nah verwandten Seenadeln verbringen oft ihr ganzes Leben im Seegras. Vor allem die Seenadeln sind gut angepasst, denn sie ähneln den Blättern und Stängeln der Pflanzen, zwischen denen sie leben. Sowohl Seepferdchen wie auch Seenadeln zeigen ein ungewöhnliches Fortpflanzungsverhalten: Die Weibchen legen ihre Eier in eine Bruttasche am Bauch des Männchens, in der die Befruchtung erfolgt. Die Jungen entwickeln sich in dieser Bruttasche, aus der sie dann als Miniaturausgaben ihrer Eltern schlüpfen. Zu den bekannteren Arten zählen etwa das Kurzschnauzige Seepferdchen *(Hippocampus hippocampus)* und die Große Schlangennadel *(Entelurus aequoreus)*.

Des Weiteren bewohnen diesen Lebensraum kleinere Fischarten wie Grundeln, Schleimfische und Lippfische, die man auch in Tangwäldern antrifft, sowie wirtschaftlich bedeutende Arten wie Plattfische und junge Kabeljaue. In tropischen Gewässern suchen zudem zahllose riffbewohnende Fische im Seegras Nahrung oder einen sicheren Unterschlupf. Diese können wiederum Fressfeinde wie Haie oder Barrakudas anlocken.

Verheerende Katastrophe

Bis in die 1930er-Jahre gab es vor den Küsten beiderseits des Nordatlantiks zahlreiche ausgedehnte Wiesen mit Seegras *(Zostera marina)*. Seit jener Zeit jedoch wurden große Mengen durch den Schleimpilz *Labyrinthula zosterae* zerstört („Seegraskrankheit"), was für die Lebensräume und die dort lebenden Organismen schlimme und unglücklicherweise auch anhaltende Folgen hatte. In manchen Regionen veränderte sich sogar die Küste dauerhaft durch Erosion, weil die wellendämpfende und den Untergrund stabilisierende Wirkung des Seegrases fehlte.

Viele Wirbellose und sonstige Tierarten, die direkt auf das Seegras als Nahrung angewiesen waren, gingen in den betroffenen Regionen drastisch zurück, manche sind vermutlich sogar ausgestorben. Zahlreiche andere Arten, die von diesen Tieren abhingen, die Seegraswiesen als Kinderstube nutzten oder dort Schutz vor Raubfeinden suchten, litten ebenfalls. Weichtiere, Krebstiere und andere Wirbellose verschwanden, die Artenzahl der Fische ging zurück, und das gesamte Ökosystem geriet durcheinander.

Ebenso wie an Land basiert im Meer alles Leben auf der Photosynthese. Dabei bilden chlorophyllhaltige Pflanzen mithilfe der Sonnenenergie aus Wasser und Kohlendioxid Kohlenwasserstoffe, also einfache Zucker und Nährstoffe für die Zellen aller Lebewesen. Da die Photosynthese Licht benötigt und dieses mit zunehmender Wassertiefe rapide abnimmt, kann sie nur in der Starklichtzone, im oberflächennahen Wasser des offenen Ozeans oder in flachen Küstengewässern stattfinden, wohin Licht gelangt.

Im offenen Meer obliegt diese Primärproduktion zum allergrößten Teil den mikroskopisch kleinen, einzelligen Algen oder Diatomeen des Phytoplanktons. In Küstengewässern tragen die großen Makroalgen oder Tange sowie die einzigen marinen Blütenpflanzen, die Seegräser, beträchtlich zur Primärproduktion bei. Diese Pflanzen liefern nicht nur Nahrung, sondern auch Halt und Schutz. Wo sie große Wälder oder Wiesen bilden, blüht zumeist artenreiches Leben. Große und etablierte Vegetationsmatten stabilisieren das Sediment und können auch Küsten und ihre Lebensräume schützen, indem sie die heranrollenden Wellen abschwächen.

Zerstörung des Seegrases

Einer der deutlichsten Effekte zeigte sich bei den Beständen der Ringelgans *(Branta bernicla)* beiderseits des Atlantiks. Diese Gänseart ernährt sich während ihrer Überwinterung an den Küsten hauptsächlich von Seegras. Seit Ausbruch der zerstörerischen Seegraskrankheit sind ihre Bestände schätzungsweise um 90 Prozent zurückgegangen, da ihre bevorzugte Nahrung fehlt. Doch die Ringelgänse scheinen sich anzupassen und fressen nun auch andere *Zostera*-Arten wie etwa das Kleine Seegras *(Zostera noltii)* und *Zostera angustifolia* sowie Algen, etwa *Enteromorpha*-Arten. Dennoch ist der Rückgang des Seegrases eine ökologische Katastrophe, die die Bedeutung der Pflanze und das labile Gleichgewicht der Natur verdeutlicht.

Linke Seite, oben: Ringelgänse über einer Salzmarsch. Der Rückgang des Seegrases bedrohte einst ihre Bestände.

Unten: Die gasgefüllten Blasen des Blasentangs *(Fucus vesiculosus)* lassen die Tangwedel bei Überflutung zum Sonnenlicht aufsteigen.

Grün-, Braun- und Rotalgen

Bei den Algen unterscheidet man drei große Gruppen: Chlorophyceae (Grünalgen), Phaeophyceae (Braunalgen) und Rhodophyceae (Rotalgen). Fast alle besitzen den grünen Farbstoff Chlorophyll, doch Braun- und Rotalgen enthalten zusätzlich die Pigmente Fucoxanthin bzw. Phycoerythrin. Mit diesen können sie Licht unterschiedlicher Wellenlängen absorbieren, je nachdem, in welcher Wassertiefe sie wachsen. Grünalgen gedeihen generell in flacheren Gewässern, während Braun- und Rotalgen besonders bei klarem Wasser in größeren Tiefen anzutreffen sind.

Die Gruppe der Grünalgen weist zwar die größte Artenvielfalt auf, doch sind die meisten Arten auf das Süßwasser beschränkt. In marinen Lebensräumen kommen diese Algen daher eher selten vor; manche, wie den Meersalat *(Ulva lactuca)* und verwandte Arten, findet man jedoch häufig an Felsküsten.

Die große Gruppe der Rotalgen dagegen umfasst hauptsächlich kleine marine Arten, die in tieferem Wasser gedeihen, aber auch Besiedler von Gezeitentümpeln oder schattigen Uferregionen wie den Knorpeltang *(Chondrus crispus)*. Bei den Rotalgen findet man zudem kalkhaltige, krustenbildende Arten, die zur Riffbildung beitragen, und solche, die keine Photosynthese betreiben, sondern als Epiphyten auf größeren Algen schmarotzen.

Braunalgen wachsen vornehmlich in kalten und gemäßigten Gewässern. Sie umfassen zwar die wenigsten Arten, doch sind darunter einige der bekanntesten Tange, wie etwa die Blasentange und die gewaltigen Riesentange.

Tangwälder

Tange zählen zu den komplexesten Algen, und manche Arten – besonders die Riesentange (Kelps) der Gattung *Macrocystis* – erreichen enorme Längen und Wachstumsraten. Diese und kleinere Arten wie Fingertang *(Laminaria digitata)*, Palmentang *(Laminaria hyperborea)* und Zuckertang *(Laminaria saccharina)* wachsen vor den Küsten oft dicht an dicht und bilden ausgedehnte Unterwasserwälder. Sie beherbergen eine Vielzahl von Organismen – angefangen von winzigen Algen bis hin zu größeren Raubfischen und Säugetieren. Sowohl im Flachwasser als auch in den Gezeitenzonen bilden sich oft „Wiesen". In Bereichen, in denen sich die Algen (besonders aus größeren Tiefen) senkrecht zur Oberfläche recken, spricht man dagegen von „Tangwäldern".

Verbreitung der Tange

Größere Tangwälder gibt es vor den Küsten Westeuropas, Südafrikas, Südaustraliens und in Amerika von Alaska bis Südkalifornien sowie vor der Westküste Südamerikas. Sie gedeihen in nährstoffreichen, kühleren Gewässern in Tiefen von zwei bis 30 Metern, wo sie vor der stärksten Wellenaktivität geschützt sind. Meistens findet man sie vor Felsküsten, denn dort bietet das feste Substrat ihren gut entwickelten Haftorganen (Rhizoiden) den besten Halt.

Die Haftorgane sehen zwar aus wie Wurzeln, haben aber nicht die Funktion der Wurzeln höherer Pflanzen – also Wasser- und Nährstoffaufnahme –, sondern dienen nur der Verankerung. Dennoch bilden sie einen eigenen Lebensraum, häufig für Gemeinschaften unterschiedlichster Mikroorganismen. Aus dem Haftorgan entspringt ein stielartiger Stängel (Kauloid), der flexibel ist und überdies so kräftig, dass er den Strömungsbewegungen widersteht sowie die großen, blattähnlichen Wedel (Phylloide) trägt. Die Wedel können lang und schmal oder sehr breit sein. Sie erstrecken sich bis zur Meeresoberfläche, um möglichst viel Licht für die Photosynthese zu erhalten. Stängel und Wedel erhalten oft durch Schwimmblasen Auftrieb.

Wie die Wälder an Land, so zeigen auch Tangwälder eine deutliche vertikale Zonierung von der Kronenschicht bis hinunter zum „Waldboden", dem Meeresgrund. Jede dieser Zonen bietet einer bestimmten Pflanzen- und Tiergemeinschaft eine Heimat.

Rechts: Von Seeigeln beweideter Wald aus Palmentang *(Laminaria hyperborea)*.

Leben im Tangwald

Trotz der gewaltigen pflanzlichen Biomasse des Tangwalds ernähren sich nur wenige Tiere direkt von den lebenden Pflanzen. Dies liegt vor allem daran, dass sich diese durch eine harte, gummiartige Konsistenz und einen durch Säuren und andere Substanzen wie Polyphenole oft unangenehmen Geschmack vor dem Gefressenwerden schützen. Den größten Nahrungsanteil stellt vielmehr totes und zerfallendes Material, so etwa während des Wachstums abgeworfene Pflanzenteile oder durch starke Strömungen oder Wellen abgelöste Wedel. Dieser organische Detritus reichert das umgebende Wasser stark mit Nährstoffen an. Während er auf den Grund sinkt, bietet er Bakterien, mikroskopisch kleinen Tieren, größeren Filtrierern und planktonfressenden Fischen Nahrung. Auch am Grund warten schon die Detritusfresser. Diese Tiere werden ihrerseits von räuberischen Arten erbeutet, darunter Wirbellose, Fische, tauchende Seevögel und Säugetiere. Manche Tiere sind nur vorübergehend hier, um Nahrung und Schutz zu suchen oder sich fortzupflanzen, wobei die dicht stehenden Tangwedel eine relativ sichere Kinderstube abgeben. Andere, genau auf diesen Lebensraum spezialisierte Organismen halten sich dauerhaft im Tangwald auf.

Die Kronenschicht

In der Kronenschicht des Tangwalds finden sich Tiere, die direkt von den Tangwedeln und anderer Vegetation fressen, etwa die Durchsichtige Napfschnecke *(Helcion pellucidum)* mit ihrer durchscheinenden, blau gefleckten Schale sowie Meeresschnecken wie Getupfter Seehase *(Aplysia punctata)*, Kreiselschnecken, Fasanenschnecken und die Schwarze Pazifische Turbanschnecke *(Tegula funebralis)*. Zu den tangfressenden Krebstieren gehören der Flohkrebs *Ampithoe humeralis*, der sich aus aufgerollten und mit einer Art Seide zusammengefügten Tangblättern eine Wohnröhre baut, und Krabben wie *Taliepus nuttallii*, ein häufiger Bewohner der Tangwälder vor der nordamerikanischen Pazifikküste.

Diese Krabbe mit ihrer typischen roten Färbung frisst nicht nur den Tang selbst, sondern auch Bryozoen, winzige, pflanzenähnliche, koloniebildende Tierchen, die die Tangwedel überwuchern. Sie werden auch als Moostierchen bezeichnet. Zu ihren Vertretern zählen unter anderem die krustenbildende Seerinde *(Membranipora membranacea)* und die Art *Membranipora tuberculata*. Diese sessilen Tiere knabbern nicht am Tang, sondern sind Suspensionsfresser und fangen mit ihren Tentakeln Nahrungspartikel aus dem Wasser. Dennoch können sie dem Tang schaden, indem sie die Wedel bei massenhaftem Auftreten durch ihr Gewicht herabdrücken und sie gegen das Sonnenlicht abschirmen. Allerdings werden die Moostierchen-Kolonien selten groß genug, um ernsthafte Schäden anzurichten, da sie nicht nur von *Taliepus nuttallii*, sondern auch von verschiedenen Weichtieren und Fischen, etwa Brassen, verzehrt werden. Einige Fische wie die Nagelbarschart *Girella simplicidens* fressen nicht nur den Tang, sondern auch kleine Wirbellose, die an diesem verankert leben.

Links: Ein Fisch der Art *Cristiceps aurantiacus* im Tangwald von neuseeländischen Gewässern.

Rechte Seite: Eine Rote Languste *(Justitia longimanus)*.

Im „Unterholz"

Unterhalb der Kronenschicht, zwischen den unteren Stängeln und Tangwedeln, existiert eine dichte Strauchschicht. Sie wird gebildet von jungen Tangpflanzen, die in ihrem Wachstum durch Lichtmangel eingeschränkt sind, und dichten Beständen von Rotalgen wie *Phycodris rubens*, Blutrotem Seeampfer *(Delesseria sanguinea)* und Dulse *(Palmaria palmata)*, die oft als Epiphyten auf Tangwedeln wachsen. Moostierchen sind hier ebenso vertreten wie andere niedere Tiere, etwa Schwämme, Manteltiere und Hydrozoen, die sich an den Stängeln anheften.

Links: An Felsen verankerter Tang in den Gewässern vor der schottischen Insel Islay.

Jäger im Tang

Viele Fische suchen in den Tangwäldern Schutz vor Fressfeinden. Gleichzeitig finden sie dort reichlich Nahrung in Form von Plankton, Krebstieren und anderen kleinen Wirbellosen.

Die ausgedehnten Tangwälder vor der kalifornischen Küste sind besonders artenreich. Zu den häufigsten Fischen der mittleren Wasserschichten zählen der Junkerlippfisch *Oxyjulis californica*, der Kalifornische Sheephead (*Semicossyphus pulcher*), der Tangbarsch (*Brachyistius frenatus*), *Chromus punctipinnis*, der Garibaldi (*Hypsypops rubicundus*), *Sebastes atrovirens* und der Sägebarsch *Paralabrax clathratus*. Außer Fischen sind auch Wirbellose wie Tintenfische anzutreffen.

Trotz der Sicherheit, die der dichte Bewuchs bietet, durchstreifen auch größere Jäger regelmäßig die Tangwälder nach Beute. Haie jagen zwar eigentlich bevorzugt im offenen Meer, doch der Blauhai *(Prionace glauca)* hält sich oft in den küstennahen Gewässern des Pazifiks und Atlantiks auf. Hier patrouilliert er regelmäßig an den Rändern von Tangwäldern nach ahnungsloser Beute. Auch andere große Räuber werden durch die reiche Beute angelockt, darunter Seelöwen und andere Robbenarten sowie mitunter sogar Wale.

Der Grauwal *(Eschrichtius robustus)* kommt bei seinen langen Wanderungen durch kalifornische Gewässer und sucht die Tangwälder auf, um dort zu fressen und sich vor den räuberischen Schwertwalen *(Orcinus orca)* zu verbergen. Den Kalifornischen Seelöwen *(Zalophus californianus)* dagegen trifft man das ganze Jahr hindurch an. Der Seehund *(Phoca vitulina)* ist im Nordpazifik und -atlantik verbreitet und sucht in den Tangwäldern vor europäischen und US-amerikanischen Küsten nach Nahrung.

In einigen Teilen Europas, besonders an der schottischen Küste, hat sich der eigentlich im Süßwasser beheimatete Fischotter *(Lutra lutra)* an das Leben an der Küste angepasst und fängt in Tangwiesen kleine Fische und Krebse. Der Seeotter *(Enhydra lutris)* dagegen ist ein echter Meeresbewohner und besiedelt die Pazifikküste zwischen Alaska und Südkalifornien, wo er bodenlebende Wirbellose wie Seeigel und Seeohren fängt und dadurch die Tangwälder vor Überweidung bewahrt.

Unten: Ein Kalifornischer Seelöwe in einem Tangwald, Kalifornien.

Rechte Seite, oben: Grauwale suchen in Tangwäldern Nahrung und Schutz vor Schwertwalen.

Rechte Seite, unten: Ein Gemeiner Tintenfisch (*Sepia officinalis*) am Meeresgrund.

Der Seeotter, eine Schlüsselart

Der Seeotter *(Enhydra lutris)* gilt in den Tangwäldern des Nordpazifiks als Schlüsselart, spielt also innerhalb seines Ökosystems eine entscheidende Rolle. Ohne den wendigen Beutefänger würde sich das Ökosystem Tangwald dramatisch verändern.

Der Grund dafür ist, dass der Seeotter täglich ein Viertel seines Körpergewichts an Nahrung aufnehmen muss. Nun zählen zu seiner bevorzugten Beute aber Wirbellose wie Seeigel und Meerohren (eine Schneckenart), die wiederum berüchtigt dafür sind, dass sie ganze Tangwälder kahl fressen, wenn sie sich ungebremst vermehren. Zwar spielen langfristig auch Klimaveränderungen eine Rolle beim Rückgang der Tangwälder, doch gilt unter Experten unbestritten die Meinung, dass die Tangwälder überall dort am besten gedeihen, wo zahlreiche Seeotter die Bestände an Seeigeln und Meerohren in Schranken halten.

Mensch und Seeotter

Der Rückgang und das Verschwinden großer Tangwälder im Verbreitungsgebiet des Seeotters – dieses erstreckt sich von Japan über die Aleuten bis zur Westküste Nordamerikas – geht vor allem auf die Tatsache zurück, dass der Mensch den Seeotter wegen seines Pelzes stark verfolgte. Im 18. und 19. Jahrhundert führte dies fast zur Ausrottung dieser wichtigen Art. Als man im Jahr 1911 den Seeotter international unter Schutz stellte, waren die Bestände Schätzungen zufolge um 90 Prozent, von 20 000 auf etwa 2000 oder weniger Tiere, geschrumpft. Damals nahm man an, die Art würde aussterben, doch dank konsequenter Schutzmaßnahmen und Wiederauswilderungsprogramme zählt die weltweite Population im Nordpazifik derzeit ungefähr 100 000 bis 150 000 Tiere. Nur die kalifornische Unterart *Enhydra lutris nereis* ist bis heute gefährdet.

Warum wurde der Seeotter so stark bejagt? Sein Fell ist mit etwa 80 000 Haaren pro Quadratzentimeter dichter und voller als das jedes anderen Säugetiers. Da ihm eine isolierende Fett- oder Blubberschicht fehlt und er fast sein ganzes Leben im Meer verbringt, braucht er dieses unglaublich dichte Fell, das eine isolierende Luftschicht zwischen seinem Körper und dem kalten Wasser festhält. Nur so kann er sich vor Auskühlung schützen.

Fortpflanzung

Seeotter sind vorwiegend Einzelgänger. Die Männchen rotten sich manchmal zu Gruppen zusammen, doch während der Paarungssaison zeigen sie ein ausgeprägtes Revierverhalten. Die Fortpflanzung kann das ganze Jahr hindurch erfolgen. Die Art ist polygyn, das heißt, die Männchen paaren sich mit mehreren Weibchen. Nach einer Tragzeit von etwa sieben Monaten wird meist nur ein einzelnes Junges geboren, gelegentlich Zwillinge.

Das Weibchen kümmert sich sechs Monate oder länger um den Nachwuchs und bringt ihm das Jagen, das Tauchen und die Fellpflege bei. Die erwachsenen Tiere werden 15 bis 50 Kilogramm schwer und bis zu 1,5 Meter lang, wobei die Weibchen kleiner sind als die Männchen. Die Tiere können in Freiheit bis zu 23 Jahre alt werden.

Links: Der Seeotter *(Enhydra lutris)* lebt in Flachgewässern vor Felsküsten, wo seine Nahrungsvorkommen besonders reich sind. Er entfernt sich kaum mehr als 1,5 Kilometer von der Küste. Der flinke Wassermarder frisst und schläft im Meer und bringt dort sogar seine Jungen zur Welt. Nur bei heftigen Stürmen begibt er sich an Land.

Oben: Ein Seeotterweibchen ruht mit seinem Jungen in einem Tangbett.

Der Seeotter lebt in flachen Küstengewässern vor allem vor Felsküsten, wo ihm ausgedehnte Tangwiesen oder -wälder Schutz vor Stürmen und Raubfeinden wie Haien oder Schwertwalen bieten. Hier findet er außerdem ein reiches Beutevorkommen.

Außer Seeigeln und Meerohren frisst der Seeotter auch andere Wirbellose wie Krabben und Tintenfische, doch nur beim Verzehr von Seeigeln und anderer hartschaliger Beute zeigt er sein besonders ungewöhnliches Fressverhalten: Nach einem kurzen Tauchgang von meist weniger als zwei Minuten kommt er an die Oberfläche und rollt sich auf den Rücken. Hat er einen Seeigel, ein Meerohr oder eine ähnliche Beute gefangen, schlägt er diese entweder gegen einen auf seiner Brust platzierten Stein, oder er legt sich die Beute direkt auf die Brust und schlägt mit einem Stein darauf. Dieses Verhalten wird von der Mutter an den Nachwuchs weitergegeben und ist vermutlich (abgesehen von Primaten) das einzige Beispiel von Werkzeuggebrauch bei einem Säugetier.

Der Seeotter ist dämmerungsaktiv, sucht also morgens und abends nach Nahrung; die übrige Zeit verbringt er vor allem mit der Pflege seines Fells, oder er ruht. Wenn er schläft, wickelt sich der Wassermarder oft in ein Tang-

Am Tangwaldboden

Die knotigen Haftorgane der Großtange, mit denen sich die Pflanzen am Grund verankern, bieten vielen Wirbellosen geschützte Mikrolebensräume. Zudem fixieren sie den vom Tang herabfallenden Detritus und andere organische Materie, die hier die wichtigste Nahrung darstellt. Viele der mobilen Tiere, die weiter oben an den Stängeln und Wedeln leben, sind auch hier zu finden, ebenso wie verschiedene bodenbewohnende Arten. Zu diesen zählen etwa Borstenwürmer, Seeanemonen, Seeigel, Seesterne, Weichtiere, Flohkrebse und andere Krebstiere. Sie alle finden ihr Auskommen zwischen den Haftorganen und auf dem Meeresgrund.

Rechte Seite: Eikapsel der Gefleckten Seeratte *(Hydrolagus colliei)*, einer mit Haien verwandten Fischart.

Unten: Rotalgenbewuchs auf den Haftorganen von Tangen.

Suspensionsfresser

Zahlreiche sesshafte Filtrierer wie Schwämme, Manteltiere, Moostierchen, Hydrozoen und Gorgonien besiedeln die Haftorgane und angrenzenden Felsen, ebenso Röhrenwürmer und Muscheln, die allesamt über Siphonen oder mit anderen Methoden Nahrungspartikel aus dem Wasser gewinnen.

Unter günstigen Bedingungen bilden Weichkorallen (Lederkorallen), die Seeanemonen ähneln, große Kolonien. Tausende Polypen recken dann die Nesselarme in die Strömung, um Nahrung zu fangen. Ein bekannter Vertreter dieser Tiergruppe ist etwa die Tote Meerhand *(Alcyonium digitatum)*, die ihren auffälligen Namen der fingerförmigen Gestalt ihrer Kolonie verdankt.

Koloniebildende Manteltiere wie die Sternseescheide *(Botryllus schlosseri)* sehen oberflächlich betrachtet ganz ähnlich aus. Sie bestehen aus Einzeltieren und bilden verkrustende oder lappige Kolonien. Tatsächlich gehören sie aber – wie übrigens auch die Säugetiere – zu den Chordatieren, denn ihre frei schwimmenden, kaulquappenähnlichen Larven besitzen eine stützende Rückensaite und ein Rückenmark. Wie die Weichkorallen filtern Manteltiere Nahrungspartikel aus dem Wasser, das sie durch Schlagen ihrer winzigen, haarähnlichen Cilien einziehen. Bei der Sternseescheide sind die Einzeltiere sternförmig um eine gemeinsame Ausführungsöffnung angeordnet, durch die das gefilterte Wasser wieder ausgestoßen wird.

Andere sessile Filtrierer sind Borstenwürmer wie der Dreikantröhrenwurm *(Pomatocerus triqueter)*, der in einer am Grund befestigten Kalkröhre lebt; zu den mobilen Suspensionsfressern gehören Seeanemonen, Haarsterne und Schlangensterne.

Seedahlien

Die Braune Seedahlie *(Urticina felina)* zählt zu den größten Seeanemonen der europäischen Gewässer und lebt oft in großer Zahl und flächendeckend am Boden von Tangwäldern. Mit ihrer Fußscheibe heftet sie sich fest an den Untergrund, doch ist sie auch zu Bewegung fähig und lässt sich dort nieder, wo das Nahrungsangebot am reichsten ist.

Haarsterne wie *Antedon bifida* heften sich ebenfalls mit ihren aus der Körperscheibe entspringenden Cirren am Fels an, wandern aber auch über den Meeresgrund und können mit ihren Armen schlagend sogar schwimmen. Wie ihr Name schon andeutet, sind die Arme der Haar- oder Federsterne mit haarfeinen Fortsätzen besetzt, mit denen die Tiere herabfallenden Detritus und Kleinstlebewesen einfangen. Auch die mit ihnen eng verwandten Schlangensterne wie der Zerbrechliche

Schlangenstern *(Ophiotrix fragilis)* und der Schwarze Schlangenstern *(Ophiocomina nigra)* sind im Tang häufig anzutreffen. Ihre Ernährungsweise ähnelt derjenigen der Haarsterne. So sammeln sie etwa mit ihren Saugfüßchen Nahrungspartikel aus dem Wasser ein, doch fressen sie auch organisches Material am Boden. Schwarze Schlangensterne wurden schon dabei beobachtet, wie sie Aas verzehrten und an lebenden Pflanzen weideten.

An den unteren Partien der Tangpflanzen fressen auch große herbivore Weichtiere wie das Rosafarbene Meerohr *(Haliotis corrugata)* und das Rote Meerohr *(Haliotis rubescens)*, die im Pazifik leben. Ihre Hauptnahrung sind jedoch Rotalgen und herabsinkende Tangwedel.

Seeigel

Normalerweise fressen auch Seeigel hauptsächlich abgefallene Tangwedel sowie sonstige pflanzliche Ablagerungen und kleine Wirbellose, die sie am Grund erbeuten. Mangelt es an solcher Nahrung, kriechen die Tiere aus ihren Felsspalten, in denen sie sich sonst meist versteckt halten, hervor und fressen am lebenden Tang. Dabei erklimmen sie auch die Stängel, um an den Wedeln zu knabbern. Besonders schädlich ist aber, dass sie auch die Haftorgane anfressen, sodass sich der Tang vom Grund löst. Können sie sich in großer Zahl etablieren – etwa wenn Raubfeinde wie Fische und Säuger fehlen –, zerstören sie manchmal ganze Tangwälder und hinterlassen einen regelrechten Kahlschlag. Im Pazifik betätigen sich der Pazifische Rote Seeigel *(Strongylocentrotus franciscanus)* und der Purpurseeigel *(Strongylocentrotus purpuratus)* in dieser Weise. In europäischen Gewässern kann der Essbare Seeigel *(Echinus esculentus)* dem Tang gefährlich werden. Unter normalen Umständen aber halten Fressfeinde, auch andere Stachelhäuter wie Seesterne, die Seeigelpopulationen in Schach.

Arthropoden

Einige der mobilen Tiere, die am Boden der Tangwälder Beute machen oder Nahrung suchen, sind Arthropoden. Das Spektrum reicht von winzigen Asselspinnen, die Hydroidpolypen, Moostierchen und Seeanemonen fressen, bis hin zu den vertrauteren Krabben und Hummern. Einige von diesen sind ebenso winzig wie die Asselspinnen, andere wie der langlebige Hummer *(Homarus gammarus)* oder die Langustenart *Panulirus interruptus* werden bis zu einem Meter lang.

Der Gemeine Seestern

Der Gemeine Seestern (Asterias rubens) und der Stachelsonnenstern (Crossaster papposus) sind Fleischfresser und erbeuten verschiedenste Wirbellose. Sie benutzen ihre kräftigen Arme und Saugfüßchen, um ihre Beute zu packen, und können damit sogar Muschelschalen öffnen. Beide Arten verzehren Seeigel, doch der Sonnenstern macht auch Jagd auf den Gemeinen Seestern. Größere Arten wie Eisseestern (Marthasterias glacialis) und Riesenstern (Pisaster giganteus), die beide Spannweiten von etwa 60 Zentimetern erreichen, werden nicht selten von jenen Meeressäugern angegriffen, die auch Seeigel fressen. Doch wie alle Seesterne haben sie erstaunliche regenerative Fähigkeiten. So wachsen verlorene Glieder problemlos wieder nach.

Oben: Ein Gemeiner Seestern greift eine Essbare Herzmuschel (Cerastoderma edule) an.

Wachstum der Tange

Die Tange lassen sich hauptsächlich zwei Kategorien zurechnen: jenen, die vor allem auf der Nordhalbkugel wachsen und meist recht kurze Stängel mit langen Wedeln besitzen, und jenen, die eher im Südatlantik, im Indischen Ozean und im Pazifik gedeihen. Sie zeichnen sich durch sehr lange Stängel aus, die durch Schwimmblasen am Ansatz der Wedel Auftrieb erhalten.

Zur zweiten Gruppe zählen Riesentange wie *Macrocystis pyrifera*, die größte Alge und Meerespflanze der Welt, und die sogenannten Bull Kelps *Nereocystis luetkeana* und *Durvillaea potatorum*. Sie alle gehören zu den schnellwüchsigsten Pflanzen der Erde. So kann etwa der vor den Küsten Kaliforniens, Südamerikas, Australiens und Neuseelands dichte Wälder bildende Riesentang unter günstigen Bedingungen bis zu 100 Meter lang werden und an einem einzigen Tag maximal 50 bis 100 Zentimeter wachsen.

Riesentange

Wo Riesentange und Bull Kelps eng vergesellschaftet vorkommen, entscheiden in ruhigeren Gewässern die *Macrocystis*-Arten den Kampf ums Licht meist für sich; die widerstandsfähigen Bull Kelps dagegen gedeihen auch unter härteren Bedingungen und kommen mit stärkerer Wellentätigkeit zurecht.

Manche Tange sind einjährig, andere mehrjährig. Letztere leben mitunter bis zu sieben Jahre. Die Vermehrung jedoch folgt bei allen demselben Prinzip: Sexuelle und asexuelle Stadien wechseln sich ab. Die sichtbaren Tangpflanzen sind Sporophyten, die mikroskopisch kleine Sporen bilden und freisetzen. Diese keimen zu winzigen weiblichen und männlichen Pflanzen, den Gametophyten, die ihrerseits weibliche und männliche Gameten (Keimzellen) hervorbringen. Die männlichen Gameten befruchten die weiblichen, und es entstehen neue Sporophyten.

Werden die weiblichen Gameten nicht ins Wasser abgegeben, entwickeln sich die neuen Sporophyten auf den weiblichen Gametophyten. Diese setzen sich am Grund fest und wachsen schnell zu großen, auffälligen Tangpflanzen heran.

Überwintern

Wie viele Landpflanzen der nördlichen Hemisphäre wachsen auch Tange hauptsächlich im Frühling und Sommer. Im Herbst haben sie ihre Sporen freigesetzt und beginnen abzusterben. Bei einjährigen Pflanzen stirbt der Sporophyt vollkommen ab, mehrjährige Arten dagegen sterben nur oberflächlich ab und wachsen im folgenden Frühling wieder nach.

Winterstürme können den Tangwäldern zusetzen, wenn durch verstärkten Wellengang Tangwedel abreißen oder bei schwerem Seegang womöglich ganze Pflanzen abgelöst werden. Wie bei Wäldern an Land schafft dies jedoch Freiräume, in denen sich andere Pflanzen ansiedeln können. Licht dringt nun bis auf den Grund vor, was das Wachstum begünstigt.

Über die Mikrostadien der Tange ist wenig bekannt, doch nimmt man an, dass Sporen und Gametophyten sehr anfällig für Schadstoffe und „Ersticken" unter dem Sediment sind. Zudem werden sie wohl von zahlreichen Tieren gefressen.

Unten: Dieser Dornhai *(Squalus acanthias)* lauert im Tang auf vorbeikommende Beute.

Seekühe

Die Ordnung der Seekühe (Sirenia) teilt sich in zwei Familien, die Dugongidae (Gabelschwanz-Seekühe) mit nur einer Art, dem Dugong *(Dugong dugong)*, und die Trichechidae (Rundschwanz-Seekühe) mit den drei Arten Afrikanischer Manati *(Trichechus senegalensis)*, Amazonas-Manati *(Trichechus inunguis)* und Karibik-Manati *(Trichechus manatus)*, der in zwei Unterarten auftritt: *T. m. latirostris* (Florida) und *T. m. manatus* (Antillen).

Seekühe bewohnen heute ausschließlich tropische oder subtropische Gewässer. Die Manatis leben an Atlantikküsten und in angrenzenden Flüssen, der Dugong ist im Indopazifik beheimatet. Die Ordnung, die wahrscheinlich vor 50 bis 55 Millionen Jahren im Eozän entstand, umfasste jedoch einst weitaus mehr Arten, die über die ganze Erde verbreitet waren. Eine riesige Gabelschwanz-Seekuh, die Stellersche Seekuh *(Hydrodamalis gigas)*, wurde 1741 von Georg Wilhelm Steller im Beringmeer entdeckt, doch schon nach weniger als 30 Jahren hatte der Mensch sie wegen ihres Fleisches ausgerottet.

Die Seekühe verdanken ihren deutschen Namen sicher dem Umstand, dass sie Gras abweiden. Tatsächlich sind sie die einzigen pflanzenfressenden Meeressäuger. Allerdings halten manche Wissenschaftler nur den Dugong für ein echtes Meerestier, da Manatis auch im Süßwasser vorkommen. Beide Gruppen verzehren Seegräser und andere Wasserpflanzen und gelten als die größten Weidegänger in den Seegraswiesen. Die Tiere

werden drei bis vier Meter lang. Der Dugong erreicht ein Gewicht von bis zu 1000 Kilogramm, Manatis werden bis zu 1700 Kilogramm schwer. Man schätzt, dass Seekühe täglich 10 bis 15 Prozent ihres Körpergewichts an Pflanzen fressen, die sie mit ihren beweglichen Lippen ausrupfen. Die Tiere weiden meist unter Wasser, doch hat man Manatis beobachtet, die sich ein Stück weit am Flussufer hinaufzogen, um an Pflanzen außerhalb des Wassers zu gelangen.

Der Dugong und die drei Manatiarten sind große, graubraune, fast haarlose Tiere mit flossenähnlichen Vordergliedmaßen und massigen, walrossähnlichen Köpfen. Im Gegensatz zu Walrossen aber haben sie keine Hintergliedmaßen mehr, sondern entweder einen gegabelten, fischartigen Schwanz (Dugong) oder ein rundes, nicht gegabeltes „Paddel" (Manatis). Manatis unterscheiden sich durch ihre fehlenden Schneidezähne vom Dugong und besitzen – mit Ausnahme von *Trichechus inunguis* – im Gegensatz zu diesem rudimentäre Nägel an den Vordergliedmaßen.

Beide Familien gelten dennoch als Subungulata („Vorhufer") und haben vermutlich gemeinsame Vorfahren mit den Huftieren. Ihre nächsten lebenden Verwandten sind überraschenderweise wahrscheinlich Elefanten und Schliefer.

Oben: Ruhende Karibik-Manatis *(Trichechus manatus latirostris)* im flachen Wasser.

Linke Seite: Ein Dugong *(Dugong dugong)*.

Fortpflanzung

Weder Manatis noch Dugongs verlassen das Wasser jemals vollständig. Wie Wale und Delfine gebären sie ihre Jungen im Wasser und ziehen sie dort groß. Die Fortpflanzungsrate der Seekühe ist jedoch sehr niedrig. Die Weibchen werden mit etwa fünf Jahren geschlechtsreif, die Männchen mit neun Jahren. Dugongs erreichen die Geschlechtsreife manchmal erst mit zehn Jahren. Nach etwa einem Jahr Tragzeit kommt ein einzelnes Junges zur Welt, das bis zu zwei Jahre von der Mutter abhängig ist. Daher bekommen die Weibchen vermutlich nur alle zwei bis fünf Jahre Nachwuchs.

Zwar säugen Dugongs und Manatis ihre Jungen generell unter Wasser, doch gibt es Vermutungen, dass dies gelegentlich in aufgerichteter Haltung geschieht, was – wenn auch schwer vorstellbar – wohl die alten Legenden über Meerjungfrauen und Sirenen begründet, denen die Ordnung letztlich ihren Namen verdankt.

Links: Karibik-Manatis *(Trichechus manatus latirostris)* im Crystal River, Florida.

MANGROVEN

Tropische Küsten

Wie die Salzmarschen und Watten der gemäßigten Zonen finden sich Mangroven oder Mangrovesümpfe, wie sie auch genannt werden, im Übergang zwischen Land und Meer. Sie sind typisch für Ästuare und Flussdeltas mit ihrem durch Sedimentablagerung nährstoffreichen, schlickigen Substrat, auf dem Mangrovebäume gedeihen können.

Doch die Mangroven besiedeln nicht nur das Brackwasser von Flussmündungen und angrenzende Küsten, sondern wachsen auch an Küsten, die Korallenriffe vor allzu starker Wellentätigkeit bewahren. Tatsächlich befinden sich sogar die ausgedehntesten Mangroven an solchen Standorten. Die Pflanzen brauchen aber nicht nur den Schutz, sondern auch Wärme, um zu gedeihen, sodass sie nur an tropischen und subtropischen Küsten auftreten.

Die größten und artenreichsten Mangroven findet man im indopazifischen Raum, wo es die meisten und größten Korallenriffe gibt, das Klima besonders günstig ist und warme Wasserströmungen vorherrschen. Von den Mangroven atlantischer Küsten sind wohl diejenigen Westafrikas am bekanntesten, doch auch in Amerika gibt es sie von den Everglades Floridas über die Karibik bis nach Brasilien.

Die Arten und das jeweilige Artenspektrum der Mangrovewälder variiert. So gibt es in Teilen Nordamerikas im Wesentlichen nur drei Arten von Mangrovebäumen, die zusammen auftreten. In Teilen des indopazifischen Raums sind es bis zu 40. Die Lebensräume der Mangroven ähneln sich in Form und Funktion. Es handelt sich dabei um hochproduktive Wälder der Gezeitenzone, die zahllosen Land- und Wasserbewohnern – besonders Vögeln, Fischen und Wirbellosen – ein einzigartiges Habitat bieten. Zudem helfen sie nicht nur Sediment anzulagern und Küsten zu stabilisieren, sondern sie fungieren als Filter für organische Materie und potenziell schädliche Abflüsse vom Festland, etwa aus landwirtschaftlich genutzten Flächen.

Vorangehende Doppelseite: Lagune mit Mangroven.

Links: Die verzweigten Stelzwurzeln von *Rhizophora stylosa* halten weiches Sediment fest.

Mangrovebäume

Der Begriff „Mangrovepflanze" ist nicht auf eine bestimmte Art, Gattung oder Familie beschränkt, sondern bezeichnet verschiedene Bäume und Büsche. Insgesamt fasst man unter dieser Bezeichnung rund 70 Arten zusammen, wobei man meist zwischen atlantischen und indopazifischen Spezies unterscheidet. Die erste Gruppe umfasst rund 60, die zweite etwa zehn Arten; das Spektrum reicht dabei von relativ niedrigen Büschen von einem bis drei Meter Höhe bis hin zu gewaltigen Bäumen, die 30 Meter emporragen, und schließt auch eine kleine Anzahl Palmen, Farne und Kletterpflanzen ein.

Allen gemeinsam ist die Vorliebe für die Gezeitenzone flacher, schlickiger Flussmündungen oder Küsten der Tropen oder Subtropen sowie die große Toleranz gegenüber hoher Salinität. Die Pflanzen müssen nicht nur mit dem Auf und Ab der Gezeiten zurechtkommen, sondern auch mit den Brackwasserbedingungen der Ästuare und geschützten Lagunen sowie der wechselnden Süßwasserzufuhr durch Regen.

Wechselnde Salinität

Ähnlich sind sich all diese Mangrovepflanzen in ihren spezifischen Anpassungen an den Lebensraum. So besitzen sie etwa modifizierte und spezialisierte Wurzeln, Blätter, die hohe und wechselnde Salzgehalte tolerieren, sowie besondere Strategien der Fortpflanzung, mit denen sie oftmals Beispiele für evolutionäre Konvergenz liefern. Doch die unterschiedlichen Pflanzen zeigen auch typische Vorlieben für bestimmte Abschnitte der Mangrove, sodass deutliche Zonen entstehen, in denen die Pflanzen jeweils dem Grad der Gezeiteneinwirkung und Salinität, der Tiefe und Konsistenz des Substrats sowie dem Nährstoffvorkommen entsprechend wachsen.

Rechte Seite: *Rhizophora stylosa* am Great Barrier Reef, Australien.

Unten: Ein Leistenkrokodil *(Crocodylus porosus)* zwischen überfluteten Pflanzen.

Spezielle Anpassungen

Mangrovepflanzen müssen nicht nur mit stark salzhaltigem Wasser zurechtkommen, sondern auch mit sauerstoffarmem Sediment. Wie bei Salzmarschen macht das in Mangroven massenhaft gebildete und abgelagerte organische Material diese zwar zu sehr produktiven und nährstoffreichen Lebensräumen, führt aber auch zu Sauerstoffmangel im Sediment. Unter der obersten Sedimentschicht herrschen oft anaerobe Bedingungen, da der Sauerstoff von den zahlreichen Bakterien verbraucht wird, die das organische Material zersetzen. Der dichte Schlamm ist zudem von Wasser durchtränkt und ein Gasaustausch unmöglich. Mangrovepflanzen sehen sich also vor allem zwei Problemen gegenüber: hoher oder schwankender Salinität und Sauerstoffmangel. Diesen begegnen sie mit verschiedenen Adaptationen.

Ihre Wurzeln unterscheiden sich zwar in der Form, doch breiten sie sich meist horizontal in der obersten und sauerstoffreichsten Sedimentschicht aus, und Teile von ihnen ragen in die Luft. Diese enthalten sogenannte Lentizellen (Korkzellen), also poröse Gewebebereiche, durch die die Sauerstoffaufnahme erfolgt. Viele Mangrovepflanzen haben Stelzwurzeln, die weit oberhalb der Wasserlinie aus dem Stamm entspringen. Die unter Wasser wachsenden Wurzeln dagegen entsenden schnorchelähnliche Atemwurzeln (Pneumatophoren) oder bogenförmige „Wurzelknie".

Auch die Regulierung des Salzgehalts erfolgt bei Mangrovepflanzen zum Teil über die Wurzeln. Sie reduzieren die Aufnahme von Salz häufig mithilfe eines Ultrafiltration genannten Prozesses. Aufgenommenes Salz wird jedoch meist über spezialisierte Blätter ausgeschieden. Die Blätter reichern bei vielen Arten Salz an und scheiden es dann – oft über Salzdrüsen – aus. Zudem dienen sie häufig als Wasserspeicher, um die Salzkonzentration in der Pflanze zu senken. Daher haben Mangrovepflanzen oft dicke, wie mit Wachs überzogene Blätter. Sie sind behaart, um die Verdunstung zu reduzieren, und besitzen ausgedehnte Wasserspeicher wie Kakteen und andere Sukkulenten.

Fortpflanzung

Viele Mangrovepflanzen zeigen eine ungewöhnliche Form der Fortpflanzung: Bei ihnen wachsen Keimlinge (Propagule) schon an der Mutterpflanze aus ihrer Schale heraus. Welche Vorteile dies haben mag, ist noch unklar, doch weiß man, dass die Pflanze es in irgendeiner Weise regulieren kann, wie viel Salz ihre Keimlinge während des Heranwachsens aufnehmen.

Wenn die Keimlinge abfallen, besitzen sie bereits voll entwickelte Wurzeln und Blätter. Sie können dann selbst wurzeln und beginnen schnell zu wachsen, nachdem sie entweder direkt in den Schlick gefallen oder vom Wasser an eine passende Stelle transportiert worden sind.

Linke Seite: Braunpelikane *(Pelecanus occidentalis)* nisten in Mangroven auf den Galapagosinseln.

Rechts: Junge Mangrovepflanze mit Stelzwurzeln, Solomonen.

Unten: Ein Ammenhai *(Ginglymostoma cirratum)* in Gesellschaft junger Stachelmakrelen.

Fauna der Mangroven

Mangroven bieten eine einzigartige Kombination von Lebensräumen, in denen Land- und Meerestiere koexistieren – von den Baumkronen und dem festen Waldboden bis zum verschlungenen Wurzelwerk, dem bewegten Schlick und flachen Wasser der Gezeitenzone. So trifft man etwa im Kronenbereich und am Boden vor allem etliche Vögel, Insekten, Reptilien und Säuger an, während das Wurzelwerk und die Seichtwasserzonen in erster Linie von marinen Wirbellosen und bei Flut von verschiedenen Fischarten bevölkert werden.

Eine der Hauptquellen für die Primärproduktion in Mangrovewäldern ist der Abbau der großen Mengen an Blättern, die von den Bäumen abgeworfen werden. Sie ernähren eine bunte Vielfalt herbivorer und detritivorer Organismen, insbesondere Wirbellose, die ihre Nahrung auf unterschiedliche Weise gewinnen, beispielsweise als Suspensions- oder Depositfresser. Die Wirbellosen wiederum werden dann von größeren räuberischen Tieren erbeutet.

Die Wurzeln von Mangrovepflanzen dienen vielen Tieren als Untergrund, um sich anzuheften, etwa krustenbildenden Seepocken wie der Kleinen Streifenseepocke (*Balanus amphitrite*), Schwämmen, Seeanemonen, Hydroidpolypen und Seescheiden, Moostierchen wie *Sundanella sibogae* und Muscheln wie der zu den Baumaustern gehörenden Art *Isognomon ephippium* und *Enigmonia aenigmatica*. Bohrmuscheln und Schiffsbohrwürmer (diese sind keine Würmer, sondern Muscheln mit zurückgebildeten Schalen) bohren sich in die Wurzeln, während Schnecken wie die Mangrovenschnecke (*Littorina angulifera*) oder die Arten *Nerita lineata* und *Cerithidea obtusa* die Wurzeln abweiden. Bei Ebbe findet man sie oft deutlich oberhalb der Wasserlinie an den Stämmen, außerhalb der Reichweite von beutesuchenden Raubfeinden. Bei Flut suchen kleine Fische zwischen den Wurzeln Schutz.

Rechte Seite: Eine Mangroven-Nachtbaumnatter (*Boiga dendrophila*) geht auf Beutefang.

Unten: Eine kleine Putzgrundel befreit einen großen Zackenbarsch von Parasiten, Karibik.

Unter dem Wurzelwerk

Der Schlamm unter den Wurzeln ist sauerstoffarm, aber nährstoffreich. Er bietet den hier lebenden Wirbellosen Schutz vor Austrocknung und Feinden. Diese Endofauna (Infauna) umfasst große grabende Seeanemonen wie *Anthenopleura africana* und zahllose Wurmarten, darunter Sedimentvertilger, fleischfressende Platt- und Schnurwürmer sowie etliche Detritusverzehrer. Zu diesen zählen etwa Röhren- und Kalkröhrenwürmer, die in mit Sand umhüllten Röhren aus Schleim oder Kalk leben und mit ihrer herausgestreckten Tentakelkrone Nahrung aus dem Wasser fangen. Eine ungewöhnliche Art ist der Spritzwurm *Phascolosoma arcuatum*, der tief im Schlick vergraben sitzt und seinen langen Rüssel an die Oberfläche streckt.

Im Schlick vergraben
Einige Muscheln vergraben sich ebenfalls im Schlick und ernähren sich durch ihre Siphonen, darunter Arten wie *Laternula truncata, Gari elongata* und *Musculista senhausii*. Manche Muscheln wie *Anodontia edentula* besitzen gar keine oder stark reduzierte Siphonen. Sie beziehen ihre Nährstoffe stattdessen größtenteils von den Schwefel oxidierenden Bakterien, die ihre Kiemen besiedeln.

All diese grabenden Tiere bringen Sauerstoff ins Sediment, ebenso wie die zahlreichen Krabbenarten, die bei Ebbe manchmal in auffälligen Horden das Sediment nach Nahrung durchstöbern.

Links: Die Wurzeln von Mangrovepflanzen sind Kinderstube vieler Jungfische und dienen erwachsenen Fischen als Ruheplätze.

Krabben

Winkerkrabben wie *Uca thayeri* und *Uca vocans* zählen wohl zu den häufigsten Arten im Mangrovedickicht. Sie sind bekannt für die einseitig stark vergrößerte Schere der Männchen, mit der Weibchen angelockt und Rivalen vertrieben werden. Die andere Schere dient der Nahrungsaufnahme; sie führt Sediment zum Mund, aus dem dann organisches Material herausgepickt wird.

Zu den häufigen Mangrovebewohnern zählen auch Quadratkrabben (Familie Grapsidae) wie die Art *Metaplax elegans*, deren Männchen leuchtend orangefarbene Scheren besitzen, sowie Geisterkrabben, Soldatenkrabben und Mangrovekrabben. Viele von ihnen ernähren sich direkt vom zerfallenden Laub der Mangrovebäume.

Weitere Krebstiere der Mangrove sind Maulwurfskrebse wie *Thalassina anomala* und *Thalassina gracilis*, die große Hügel und Gänge bauen, sowie verschiedene Garnelen, die Bedeutung als Detritusfresser, aber auch als Nahrung für größere Arten haben. Die Garnele *Caridina propinqua* trägt an ihren Scheren Haarpinsel, mit deren Hilfe sie Nahrungspartikel aus dem Wasser fischt.

Oben: Fächerwürmer fangen mit ihrer Tentakelkrone Nahrungspartikel aus dem Wasser.

Rechte Seite: Eine männliche Winkerkrabbe schwenkt ihre übergroße Schere.

Süß- und Salzwasser

Zwar wachsen Mangroven meist im Brackwasser, doch bietet dieses durch seinen Nährstoffreichtum vielen Fischen Nahrung. Bei Mangroven, die Flussmündungen umgeben, finden sich denn auch Tierarten des Süß- und des Salzwassers. Manche Fische sind gut an die stark salzhaltigen Bedingungen angepasst und bewohnen die Mangroven dauerhaft, anderen dienen diese lediglich als Kinderstube.

Zu den weitverbreiteten Fischarten in den Mangroven gehören Stachelmakrelen, Meeräschen, Tarpune, Sonnenfische und Zackenbarsche sowie typische Bewohner der Seegraswiesen und Korallenriffe, die in den Mangroven Nahrung suchen, sich fortpflanzen oder einen sicheren Unterschlupf finden.

Amphibien und Reptilien

Amphibien sind in Mangroven eher selten, da sie Süßwasser vorziehen. In einigen indopazifischen Mangroven lebt jedoch der krabbenfressende Philippinenfrosch *(Rana cancrivora)*, eine ungewöhnliche Amphibie, die Salzwasser toleriert.

In den Bäumen sind häufig Reptilien wie Schlangen und Eidechsen anzutreffen, im Flachwasser darunter begegnet man Wasser- und Seeschlangen sowie Krokodilen und Schildkröten.

Links: Ein Schützenfisch *(Toxotes jaculator)* spuckt einen Wasserstrahl auf ein Insekt, um es zu Fall zu bringen.

Schlammspringer

Die wohl ungewöhnlichsten und auffälligsten Fische der Mangrove sind die Schlammspringer. Sie stehen verwandtschaftlich den Grundeln nahe und ähneln diesen mit ihren hervorstehenden Augen und modifizierten Brustflossen, mit denen sie durch den Schlamm „laufen" können. Besonders bemerkenswert sind Arten wie *Periophthalmus chrysospilos*, der mithilfe seiner umgebauten Brustflossen nicht nur durch den Schlamm kriecht, sondern sich damit auch auf Baumwurzeln und -stämme zieht. Schlammspringer können an Land atmen, indem sie Wasser in ihren Kiemenhöhlen speichern und dieses, wenn nötig, auffrischen. Wahrscheinlich sind einige Arten – ähnlich wie Amphibien – in der Lage, Sauerstoff über die Haut aufzunehmen.

Oben: Zwei Schlammspringer *(Periophthalmus spp.)* auf einem Ast über dem Wasser; Ujung Kulon, Java.

Rechts: Ein Grüner Leguan *(Iguana iguana)* beim Sonnenbad in einem Mangrovebaum, Costa Rica.

Säugetiere und Vögel

Auch Säugetiere sind in der Mangrove verbreitet, wenngleich nicht sehr artenreich. Zu den wenigen Spezies zählen Waschbären, Fischotter, Eichhörnchen, Ratten, Wildschweine, Katzen, Hunde und einige Affen wie Javaneraffe *(Macaca fascicularis)*, Haubenlangur *(Presbytis cristata)* und Nasenaffe *(Nasalis larvatus)*. Letzterer verdankt seinen Namen der stark vergrößerten Nase der Männchen. Er lebt auf Borneo und Sumatra, wo er fast nur Mangrovepflanzen frisst. Fledermäuse wie der Kurznasenflughund *Cynopterus brachyotis* ruhen häufig in Mangroven, ebenso wie zahlreiche Vogelarten. Etliche Vögel leben dagegen dauerhaft in den Mangroven, während andere dort nur brüten oder auf ihren Wanderungen rasten.

Eisvögel, Schlangenhalsvögel, Kormorane und große Stelzenvögel wie Reiher und Ibisse machen im Flachwasser Jagd auf Fische, während kleinere Watvögel wie Regenpfeifer, Rotschenkel und Strandläufer bei Ebbe im Schlick nach Wirbellosen suchen. Im Kronenbereich tummeln sich unzählige kleine baumbewohnende Vögel.

Oben: Ibisse wie dieser Scharlachsichler *(Eudocimus ruber)* rasten und fischen oft in Mangroven.

Rechte Seite, oben: Ein Nasenaffenmännchen auf Borneo.

Rechte Seite, unten: Ein junger Schimpanse *(Pan troglodytes)* in einem Mangrovewald in Westafrika.

POLARE KÜSTEN

Nord- und Südpolarmeer

Im öden, windgepeitschten Inland der Polarregionen mit ihren extrem niedrigen Temperaturen gibt es kaum sichtbares Leben, und tatsächlich sind Bakterien und andere Mikroorganismen hier fast die einzigen Lebewesen. An den polaren Küsten aber, dort, wo Felsen und Eis auf die Polarmeere stoßen, ernähren die nährstoffreichen Gewässer eine Vielzahl von Tieren. Diese Küsten sind auf der Erde einzigartig, denn alljährlich wachsen und schrumpfen sie um Hunderte von Kilometern, wenn das Packeis an der arktischen Eisdecke oder dem Küstenfesteis der Antarktis festfriert und später wieder taut und auseinanderbricht.

Permanent gefrorenes Wasser

Die beiden Polarregionen verhalten sich dabei ganz unterschiedlich: Als Arktis bezeichnet man die permanent gefrorene Wassermasse inmitten des von Nordamerika, Grönland und Eurasien fast komplett eingeschlossenen Nordpolarmeeres, die Antarktis dagegen ist ein felsiger Kontinent, den Hunderte Kilometer offenen Meeres von anderen Landmassen trennen.

Abgesehen von der eigentlichen Polkappe grenzen die arktischen Küsten an Festland mit gemäßigtem Klima, sodass sich Pflanzen- und Tierarten den wechselnden Bedingungen besser anpassen konnten. Die Antarktis ist durch ihre isolierte Lage viel kälter – ihr fehlt der wärmende Effekt benachbarter Landmassen – und entzieht sich der Besiedlung durch terrestrische Arten von außerhalb. Im arktischen Sommer gibt das zurückweichende Eis Felsküsten und Tundren frei, die verschiedensten Landtieren einen Lebensraum bieten. In der Antarktis dagegen sind höchstens vier Prozent der Gesamtfläche überhaupt einmal eisfrei; der größte Organismus, dessen Ernährung nicht direkt auf das Meer zurückgeht, ist dort eine Zuckmückenart. Das Eis selbst aber bietet als Fortsetzung des Festlands sowohl Meeres- als auch Landtieren Nahrung und Raum zur Fortpflanzung, und die Polarmeere wimmeln nur so von Leben – von winzigen Planktonorganismen bis hin zu den gewaltigen Walen.

Rechts: Eine junge Sattelrobbe *(Phoca groenlandica)* schwimmt unter dem arktischen Eis.

Bewohner der Arktis

Trotz der scheinbar unwirtlichen Bedingungen in den Polarmeeren bewirkt gerade deren Kälte, dass das Wasser sauerstoffreich ist. Gletscher und Flüsse sorgen für den Nährstoffeintrag; Phosphate und Nitrate ernähren Diatomeen und andere einzellige Pflanzen des Phytoplanktons, das die Grundlage der Nahrungskette im Nordpolarmeer bildet. Wenn im Sommer das Eis aufbricht und Licht ins Wasser dringt, treten diese Mikroalgen erstaunlich schnell in Blüte; sie färben dann die Unterseite des Eises gelblich braun und ernähren eine Fressgemeinschaft herbivorer, mit dem Eis assoziierter Organismen. Zu diesen zählen auch Zooplankter, meist Ruderfußkrebse, die unter dem Eis entlang und durch die feinen Kanäle im Eis kriechen, aber auch im Wasser schwimmen oder treiben. Als weitere Vertreter des Zooplanktons kommen hier auch die Larven bodenbewohnender Wirbelloser, fleischfressende Nesseltiere, Rippenquallen sowie Flügelschnecken vor. Letztere sind pelagische Schnecken, die mit ihrem modifizierten Fuß wie mit Flügeln schlagen.

Das Zooplankton ernährt seinerseits größere Wirbellose, darunter Kopffüßer (Kalmare und Kraken) wie der Zirrenkrake *(Eledone cirrhosa)* und etliche Fischarten wie Polardorsch *(Boreogadus saida)*, Hering *(Clupea harengus)*, die Meeresform des Seesaiblings *(Salvelinus alpinus)* sowie weitere Lachsartige. Die Fische wiederum dienen etlichen Seevögeln und Großsäugern wie Robben und Walen als Nahrung. Allerdings verzehren viele Wale auch direkt Plankton. Der größte Fisch der Arktis, der Eis- oder Grönlandhai *(Somniosus microcephalus)*, hat dagegen keine Feinde. Er wird bis zu sieben Meter lang und 1000 Kilogramm schwer. Er erbeutet andere Fische – auch Haie –, Robben und sogar Kleinwale.

Im Winter kann die Bildung und Bewegung des Eises die bodenbewohnenden Wirbellosen in Küstennähe zermalmen. Im Sommer hingegen tummeln sich zahllose Organismen wie Seeanemonen, Seewalzen, Schlangensterne, Seesterne, Seeigel, Seepocken, Napfschnecken, Strandschnecken, Muscheln und Krabben.

All diese Tiere ernähren sich von organischen Schwebstoffen oder vom Detritus am Grund. Sie haben sich dem Leben im Wasser nahe dem Gefrierpunkt auf unterschiedliche Weise angepasst: So ist etwa ihr Stoffwechsel verlangsamt, sie enthalten wenig Wasser, um nicht zu gefrieren, und besitzen Enzyme, die auch bei extrem niedrigen Temperaturen wirksam sind.

Meeressäuger: Wale und Robben

In den Gewässern der Arktis findet man verschiedene Wale und Delfine (Cetacea), während nur zwei Arten in dieser Region endemisch sind, das heißt ausschließlich hier vorkommen: der Narwal *(Monodon monoceros)* und der Weißwal oder Beluga *(Delphinapterus leucas)*. Eine dritte Art, der Grönlandwal *(Balaena mysticetus)*, besiedelt nur das Nordpolarmeer und die angrenzenden Meere. Im Sommer trifft man Narwal und Beluga in flachen Küstengewässern an, während man dem Grönlandwal eher am Rand der Eisdecke begegnet. Diese Art bringt ihren Nachwuchs im Frühling und meist in flachen Gewässern zur Welt.

Narwal und Beluga erbeuten vor allem Fische, aber auch Tintenfische, Weichtiere, Krebstiere und andere Wirbellose. Beide sind nahe miteinander verwandt und zählen zu den Gründelwalen. Sie werden etwa 4,5 bis 5,5 Meter lang und rund 1,5 Tonnen schwer. Dennoch gibt es Unterschiede. Das markanteste Merkmal stellt gleichzeitig das besondere Kennzeichen der Narwale dar. So besitzen die Männchen einen spiralig gewundenen, bis zu drei Meter langen Stoßzahn. Dieser ist ein modifizierter Schneidezahn und wird bei der Partnerwerbung eingesetzt.

Der Grönlandwal

Der Grönlandwal erreicht eine Länge von rund 20 Metern und wird bis zu 100 Tonnen schwer. Im 18. und 19. Jahrhundert wurde er vom Menschen bejagt und beinahe ausgerottet. Seither ist die Art geschützt, weshalb sich die Bestände inzwischen wieder leicht erholt haben. Nur die Inuit dürfen eine begrenzte Zahl an Tieren erlegen. Grönlandwale gehören zu den Bartenwalen, besitzen also keine Zähne, sondern riesige knöcherne Planktonreusen (Barten), mit denen sie gewaltige Mengen an Plankton aus dem Wasser filtern.

Links: Männlicher und weiblicher Narwal *(Monodon monoceros)*. Nur die Männchen besitzen einen Stoßzahn.

Unten: Ein Grönlandwal *(Balaena mysticetus)* taucht neben Eisschollen auf, hier vor Baffin Island, Kanada.

Robben der Arktis

Fünf Robbenarten besiedeln die Arktis: Eismeer-Ringelrobbe *(Phoca hispida)*, Sattelrobbe *(Phoca groenlandica)*, Klappmütze *(Cystophora cristata)*, Bartrobbe *(Erignathus barbatus)* und Bandrobbe *(Phoca fasciata)*. Sie alle zählen zur Familie der Hundsrobben oder Seehunde (Phocidae). Klappmütze und Sattelrobbe leben meist pelagisch und sind nur selten in Landnähe anzutreffen. Die anderen Arten aber begeben sich vor allem zur Fortpflanzung oft in küstennahe Gewässer oder auf das Festlandeis.

Die Ringelrobbe ist besonders weit verbreitet und zahlenmäßig stark vertreten. Als kleinste der arktischen Robben wird sie 1,6 Meter lang und rund 140 Kilogramm schwer. Sie frisst kleine Fische und Krebstiere. Die Weibchen bringen ihre Jungen meist in Schneehöhlen zur Welt, um sie vor Eisbären zu schützen. Bandrobbe und Bartrobbe gebären aus demselben Grund auf dem Packeis oder auf Eisschollen.

Die Bandrobbe pflanzt sich im Frühling in Festlandnähe fort, lebt aber sonst vermutlich fast das ganze Jahr hindurch pelagisch. Die Tiere verbreiten sich im Sommer mit treibenden Eisschollen. Auch sie erbeuten Fische und Krebstiere und zählen mit etwa zwei Meter Länge und 100 Kilogramm Gewicht zu den kleineren Robbenarten.

Die Bartrobbe dagegen wird über drei Meter lang und bis zu 450 Kilogramm schwer. Ihren Namen verdankt sie den auffälligen Tasthaaren (Vibrissen), mit denen sie hartschalige, bodenbewohnende Beute wie Krebstiere und Schnecken aufspürt. Diese kräftigen Schwimmer sind mit ihrem stromlinienförmigen Körper bestens an das Leben im Meer angepasst. Vor der extremen Kälte schützt sie eine dicke Fettschicht (Blubber). Die Weibchen bedienen sich zudem der verzögerten Implantation: Die Einnistung des befruchteten Eies wird nach der Paarung um mehrere Monate verzögert, bis günstigere Bedingungen herrschen.

Linke Seite: Belugawale im Flachwasser der Cunningham-Bucht, Somerset Island, Zentralarktis.

Unten: Eine Bartrobbe *(Erignathus barbatus)* auf Spitzbergen, Norwegen.

Das Walross

Wie den Seehunden fehlen auch dem Walross *(Odobenus rosmarus)* die äußeren Ohren, doch es kann wie die Seelöwen und Pelzrobben seine Hinterflossen drehen und an Land darauf laufen. Dennoch bildet es eine eigene Familie, Odobenidae (wörtlich „Zahngeher", wegen der Angewohnheit der Tiere, sich mit den Stoßzähnen auf das Eis zu ziehen).

Es gibt zwei Unterarten, das Pazifische Walross *(Odobenus rosmarus divergens)* und das Atlantische Walross *(O. r. rosmarus)*. Ersteres wird mit bis zu vier Meter Länge und einem Gewicht von etwa 2000 Kilogramm etwas größer; das Atlantische Walross erreicht dagegen nur gut drei Meter und rund 1000 Kilogramm.

Die sozialen Tiere versammeln sich auf Stränden oder Eisschollen oft in großer Zahl. Während der Paarungssaison bilden die Männchen jedoch Territorien und setzen ihre Stoßzähne bei Kämpfen ein. Walrosse fressen zwar auch Fische und Tintenfische, ernähren sich aber hauptsächlich von Muscheln und anderen Weichtieren, die sie am Grund aufstöbern. Große Männchen töten und fressen allerdings auch andere Robben.

Oben: Walrosse *(Odobenus rosmarus)* versammeln sich nach ihren Tauchgängen oft in großen Gruppen auf Eisschollen oder an der Küste.

Der Eisbär

Der Eisbär *(Ursus maritimus)* ist der größte und kräftigste Jäger der arktischen Küsten und Meereisflächen und mit einer Länge von bis zu drei Metern und 500 Kilogramm Gewicht sogar das größte Landraubtier der Welt. Zudem gilt er unter den Bären als ausgeprägtester Fleischfresser. Seine Beute besteht zwar vornehmlich aus Robben wie Ringel- und Bartrobben, doch er verschmäht auch kleine Säuger wie Nagetiere, Vögel, Fische, Wirbellose, Kleinwale und Walrosse nicht. Manchmal erbeutet er sogar Moschusochsen *(Ovibos moschatus)*. Aas und Pflanzen ergänzen seinen Speiseplan. Wenn er im Frühling Ringelrobben jagt, greift der Eisbär oft Weibchen und Jungen an, die sich in ihren Schneehöhlen verstecken.

Die Eisbärenweibchen bringen ihre Jungen meist zu Beginn des Winters ebenfalls in Schneehöhlen zur Welt, wo sie bis zum Frühling auf bessere Wetterbedingungen warten. Die Jungen können der Mutter sogleich folgen, wenn diese nach der langen Fastenzeit umgehend zu jagen beginnt. Sie vertragen auch schon feste Nahrung, werden aber noch weitere zwei Jahre gesäugt. Die Jungbären entwickeln in relativ kurzer Zeit einen sehr dichten Pelz und eine isolierende Fettschicht, die sie vor der Kälte und dem eisigen Wasser schützen.

Eisbären sind ausdauernde Schwimmer. Sie können ihre Nasenlöcher verschließen und bis zu zwei Minuten tauchen. Gegen die großen Bären sind sogar kräftige Tiere wie Robben, Belugas oder Walrosse im Wasser machtlos. Die Eisbären verfolgen ihre Beute über Land und durch das Wasser oder lauern ihr am Ufer oder an Atemlöchern im Eis auf.

Unten: Zwei Eisbären messen beim Rangeln ihre Kräfte.

Vögel der Arktis

Wenn man von Schneeeule *(Bubo scandiacus)*, Gerfalke *(Falco rusticolus)*, Schneehuhn *(Lagopus mutus)*, Kolkrabe *(Corvus corax)* und Rosenmöwe *(Rhodostethia rosea)* einmal absieht, sind nur wenige Vögel imstande, dem gnadenlosen arktischen Winter zu trotzen, in dem die Temperaturen auf -50 °C fallen können. Selbst diese Arten sind manchmal gezwungen, nach Süden auszuweichen oder nomadisch zu leben, um Futter zu finden. Im wärmeren Sommer aber brüten dank des reichen Nahrungsangebots etliche Zugvogelarten als Sommergäste in der arktischen Tundra und an den Küsten, zum Beispiel unzählige Watvögel, Enten und Gänse. Seevögel, darunter zahlreiche Möwenarten, Alken und Seeschwalben, bilden zudem im Sommer an den Küsten große Brutkolonien und nutzen den Fischreichtum infolge der Planktonblüte, bevor sie nach der Brutsaison auf das offene Meer ziehen. Einige Arten unternehmen weite Wanderungen in ein Winterquartier. Die Küstenseeschwalbe *(Sterna paradisaea)* und die Schmarotzerraubmöwe *(Stercorarius parasiticus)* – so genannt wegen ihrer Angewohnheit, die Eier anderer Vögel zu stehlen oder kleineren Vögeln ihre Beute abzujagen – ziehen sogar bis in die Antarktis, also fast 20 000 Kilometer weit.

Oben: Eine Küstenseeschwalbe *(Sterna paradisaea)* kehrt am Abend in ihre Brutkolonie zurück, Island.

Rechte Seite: Dickschnabellummen *(Uria lomvia)* nisten an senkrechten Felswänden, um auf diese Weise Nesträubern und Fressfeinden zu entgehen.

Bewohner der Antarktis

Die winzige, flügellose, nur zwölf Millimeter große Zuckmücke *Belgica antarctica* ist das größte Landtier, das ganzjährig in der Antarktis lebt. Außerdem überdauern hier zwei Blütenpflanzen, die Antarktische Schmiele (*Deschampsia antarctica*) und die Antarktische Perlwurz (*Colobanthus quitensis*).

Tatsächlich ist das terrestrische Ökosystem der Antarktis von mikroskopisch kleinen Wirbellosen, Algen, Moosen, Flechten und Lebermoosen geprägt, die oft besonders gut auf exponierten, eisfreien Felsen an der Küste gedeihen. Tiefer im Inland ist der Boden so nährstoffarm und der Niederschlag so gering, dass große Gebiete schlichtweg Wüsten sind – und zwar die artenärmsten Habitate der Erde.

Die Antarktis ist der kälteste, trockenste und ungastlichste Ort der Welt. In scharfem Kontrast dazu stehen jedoch die Gewässer des Südpolarmeers, die zu den komplexesten und produktivsten marinen Lebensräumen der Erde zählen.

Das Wasser ist hier zwar kalt, aber dafür sauerstoff- und nährstoffreich. Es wird aus einem einzigartigen System von Strömungen gespeist, etwa der Antarktischen Polarzirkulation und der Antarktischen Konvergenz, die beim Zusammentreffen von kalten und warmen Wassermassen konstant nährstoffreiches Auftriebswasser aufsteigen lässt. Im Sommer bewirkt die verlängerte Lichteinstrahlung – monatelang ist es fast 24 Stunden lang hell – eine Vermehrung des Phytoplanktons. Dieses wiederum dient als Futter für den wichtigsten Baustein in der antarktischen Nahrungskette: den Krill.

Krill

Als Krill bezeichnet man kleine, garnelenähnliche Krebse mit weltweiter Verbreitung. Besonders der Antarktische Krill *(Euphausia superba)* ist von großer Bedeutung. Ähnlich den antarktischen Ruderfußkrebsen lebt er einige Zeit im Eis, doch wenn sich im Sommer Diatomeen und andere Phytoplankter vermehren, wird er zum Hauptbestandteil des Zooplanktons. Die Krillschwärme erreichen alljährlich eine Biomasse von etwa 100 bis 700 Millionen Tonnen und Dichten von mehr als 15000 Individuen je Kubikmeter. Diese Schwärme sind generell Strömungen und Wellen ausgeliefert, doch kann der Krill auch vertikale Bewegungen in der Wassersäule unternehmen. So steigt er nachts meist an die Oberfläche, um seinen vielzähligen Fressfeinden auszuweichen.

Sehr viele Tiere sind direkt oder indirekt auf den Krill als Nahrungsgrundlage angewiesen, darunter Wirbellose wie Tintenfische, Fische, Robben, Pinguine, Seevögel und Wale. Die Krebse werden in enormen Mengen gefressen. Am Ende der Nahrungskette stehen der Seeleopard *(Hydrurga leptonyx)*, der große Mengen Krill frisst, aber auch kleinere Robben und Pinguine erbeutet, sowie der Schwertwal *(Orcinus orca)*, der Pinguine, Robben und sogar andere Wale jagt.

Oben: Zügelpinguine *(Pygoscelis antarctica)* auf einem massiven Eisberg, Südpolarmeer.

Rechts: Krill *(Euphausia superba)*. Der Mensch nutzt diese gewaltige Ressource als Nahrung, Fischköder und zur Tierfutterherstellung.

POLARE KÜSTEN

Robben und Wale

Sechs Robbenarten leben in den antarktischen Gewässern: Krabbenfresser *(Lobodon carcinophaga)*, Weddellrobbe *(Leptonychotes weddellii)*, Rossrobbe *(Ommatophoca rossii)*, Seeleopard *(Hydrurga leptonyx)*, Antarktischer Seebär *(Arctocephalus gazella)* und Südlicher Seeelefant *(Mirounga leonina)*. Doch nur die ersten vier Arten gelten als echte Bewohner der Antarktis; die letzten beiden Arten findet man meist auf und in der Nähe von etwas weiter im Norden gelegenen subantarktischen Inseln.

Der Krabbenfresser ist die häufigste Robbe der Antarktis und einer der häufigsten größeren Säuger der Erde. Er wird rund drei Meter lang und bis zu 330 Kilogramm schwer. Trotz seines Namens ernährt er sich fast ausschließlich von Krill.

Rechts: Eine Gruppe Krabbenfresser *(Lobodon carcinophaga)* ruht auf einer Eisscholle.

Unten links: Antarktischer Seebär *(Arctocephalus gazella)*.

Unten rechts: Südliche Seeelefanten *(Mirounga leonina)* und Königspinguine *(Aptenodytes patagonica)* auf South Georgia.

POLARE KÜSTEN

Die Weddellrobbe erbeutet vor allem Fische und Tintenfische auf Tauchgängen, die über eine Stunde dauern können. Mit ihren großen Augen sieht sie unter Wasser besonders gut. Sie wird zwar etwa ebenso lang wie der Krabbenfresser, aber ein wenig schwerer. Weddellrobben leben meist an der Küste oder auf dem Küstenfesteis der Antarktis. Anders die Rossrobbe: Sie ist mit etwa zwei Meter Länge und 220 Kilogramm Gewicht kleiner und leichter. Zudem lebt sie vorwiegend auf dem Packeis.

Oben: Weiblicher Südlicher Seeelefant *(Mirounga leonina)* mit Jungem, South Georgia.

Links: Eine Weddellrobbe *(Leptonychotes weddellii)*.

Rechte Seite: Antarktischer Seebär *(Arctocephalus gazella)*.

Auf der Jagd

Linke Seite, oben: Der Seeleopard *(Hydrurga leptonyx)* lebt vor allem am Packeis, häufig aber auch an der Küste, wo er Pinguinen auflauert. Die stattlichen Robben werden oft mehr als 3,5 Meter lang und mehr als 330 Kilogramm schwer.

Linke Seite, unten: Ein Seiwal *(Balaenoptera borealis)* vor Pico, Azoren.

Oben: Der bis zu zehn Meter lange und sieben Tonnen schwere Schwertwal *(Orcinus orca)* ist ein imposanter, kraftvoller und effizienter Jäger. Die hochintelligenten, sozialen Säugetiere jagen oft gemeinsam in Gruppen. Ihr Beutespektrum umfasst unter anderem Tintenfische, Pinguine, Robben und sogar die Kälber des Blauwals.

Der Blauwal

Rechts: Der Blauwal *(Balaenoptera musculus)* ist eine von sechs Bartenwalarten, die im Sommer zahlreich die antarktischen Gewässer aufsuchen, um vom reichen Krillbestand zu profitieren. Die kleinen Krebstiere filtern sie mithilfe der von ihrem Oberkiefer herabhängenden Barten aus dem Wasser. Erwachsene Blauwale können bis zu 30 Meter lang und 150 Tonnen schwer werden; somit ist der Blauwal das größte Tier, das jemals auf Erden gelebt hat. Die anderen in der Antarktis anzutreffenden Bartenwale sind Finnwal *(Balaenoptera physalus)*, Zwergwal *(B. acutorostrata)*, Seiwal *(B. borealis)*, Südkaper *(Eubalaena australis)* und Buckelwal *(Megaptera novaeanglicae)*.

Oben: Der Buckelwal ist oft in Küstennähe bei der Nahrungsaufnahme zu beobachten. Er hat eine ungewöhnliche Methode entwickelt, Krill zu fangen: Oft erzeugen zwei Wale gemeinsam ein „Blasennetz", indem sie unter einem Krillschwarm Luft aus ihren Atemlöchern entlassen. Der von den Luftblasen zusammengedrängte Schwarm wird an die Oberfläche genötigt und dort verspeist.

POLARE KÜSTEN

Pinguine

Es gibt 17 Pinguinarten auf der Welt, und sie alle sind auf der südlichen Hemisphäre verbreitet. Die einzige Ausnahme bildet der Galapagospinguin *(Sphenicus mendiculus)*, dessen Heimatarchipel beiderseits des Äquators liegt. Nur vier Arten brüten auf dem antarktischen Kontinent: Zügelpinguin *(Pygoscelis antarctica)*, Eselspinguin *(P. papua)*, Adeliepinguin *(P. adeliae)* und Kaiserpinguin *(Aptenodytes forsteri)*. Und von diesen vier brütet nur der Kaiserpinguin ausschließlich dort, während die anderen auch auf den nördlicheren Inseln zu finden sind.

Zügel-, Esels- und Adeliepinguin nisten bevorzugt an felsigen Küsten, während der Kaiserpinguin auf dem Packeis brütet – und zwar im Winter, wenn die Witterungsverhältnisse am härtesten sind. Wahrscheinlich wird auf diese Weise sichergestellt, dass die günstigsten Bedingungen herrschen, wenn die Jungen selbstständig werden. Die Weibchen legen ein einzelnes Ei, das ihre Partner etwa neun Wochen lang bebrüten. Währenddessen begeben sich die Weibchen im Meer auf Nahrungssuche. Die Männchen drängen sich in großen Kolonien eng zusammen und halten die Eier auf ihren Füßen, wo sie zusätzlich in eine Hautfalte (Bruttasche) gehüllt sind, sodass sie das Eis nicht berühren. Wenn die Weibchen zurückkehren, um die Jungen zu füttern, ziehen die Männchen kilometerweit über das Eis ans Meer, um dort zu fressen, denn inzwischen haben sie viel an Gewicht verloren.

Rechte Seite: Brutkolonie der Königspinguine *(Aptenodytes patagonica)*, South Georgia.

Unten links: Goldschopfpinguine *(Eudyptes chrysolophus)*.

Unten: Zügelpinguin *(Pygoscelis antarctica)* mit Jungen, Deception Island.

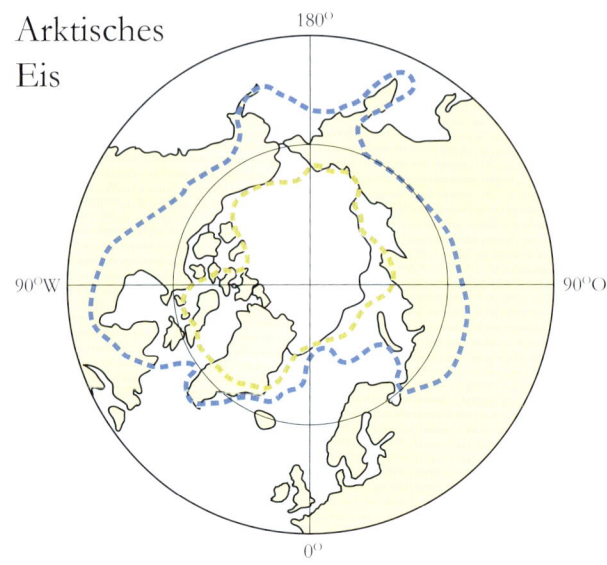

Arktisches Eis

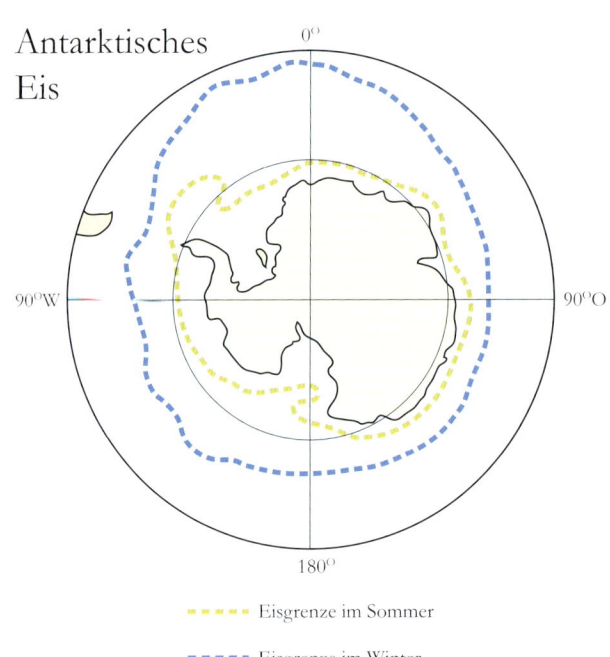

Antarktisches Eis

- - - - Eisgrenze im Sommer
- - - - Eisgrenze im Winter

Oben: Die Illustration zeigt die Ausdehnung der arktischen und antarktischen Eisdecken im Sommer und Winter. Die polaren Küsten sind auf der Erde einmalig, da sie alljährlich um Hunderte von Kilometern wachsen oder schrumpfen, wenn das Treibeis an dem permanent gefrorenen Eis der arktischen Eisdecke oder dem antarktischen Küstenfesteis festfriert und später wieder taut und auseinanderbricht. Die beiden Polargebiete unterscheiden sich grundlegend: Die Arktis ist eine permanent gefrorene Wassermasse inmitten eines von Nordamerika, Grönland und Eurasien fast komplett umschlossenen Ozeans, die Antarktis dagegen ist ein felsiger Kontinent, den Hunderte Kilometer offenen Meeres von anderen Landmassen trennen.

Alle antarktischen Pinguine sind bestens an die Verhältnisse der Polarregion und das Schwimmen im eisigen Ozean angepasst. Sie haben stromlinienförmige Körper, eine isolierende Fettschicht (Blubber) und flossenähnliche Flügel. Zwar können sie damit nicht fliegen, doch sind sie äußerst flinke und wendige Schwimmer. Die meisten Pinguine fangen nahe der Wasseroberfläche Krill und kleine Fische; der Kaiserpinguin aber, die mit knapp 1,2 Metern größte Pinguinart, taucht meist tiefer, um größere Fische und Tintenfische zu erbeuten.

Linke Seite: Ein Eselspinguin *(Pygocelis papua)*.

Oben: Eselspinguine begeben sich auf Nahrungssuche. Sie fressen hauptsächlich Krill.

Rechts: Zwei Eselspinguine an einer Felsküste; im Hintergrund mündet ein Gletscher direkt ins Meer.

186

Weitere Seevögel der Antarktis

Pinguine sind die bekanntesten Vögel der Antarktis, doch südlich der Antarktischen Konvergenz – der Grenze der Antarktis – leben mehr als 30 Vogelarten. Etwa 20 davon brüten auf dem Kontinent selbst, meist in riesigen Kolonien und dicht gedrängt auf den schmalen eisfreien Küstenstreifen.

Die meisten Seevögel der Antarktis gehören zur Ordnung Procellariiformes (Röhrennasen), die die Albatrosse, Sturmtaucher und Sturmvögel umfasst. Daneben finden sich auch Raubmöwen, Möwen und Seeschwalben sowie Scheidenschnäbel und Kormorane.

Der Antarktissturmvogel *(Thalassoica antarctica)* und der Schneesturmvogel *(Pagodroma nivea)* leben von allen Vogelarten am weitesten südlich und nisten oft unter härtesten Bedingungen weit im Inland der Antarktis. Um sich und ihre Jungen zu ernähren, sind sie auf die reichen Krebstiervorkommen der Küstengewässer angewiesen.

Nahe mit diesen beiden Arten verwandt, aber eher an der Küste anzutreffen sind Kapsturmvogel *(Daption capense)*, Silbersturmvogel *(Fulmarus glacialoides)*, Taubensturmvogel *(Pachyptila desolata)*, Buntfuß-Sturmschwalbe *(Oceanites oceanicus)* und Riesensturmvogel *(Macronectes giganteus)*. Im Inneren des antarktischen Kontinents brüten dagegen Dominikanermöwe *(Larus dominicanus)*, Küstenseeschwalbe *(Sterna paradisaea)* und Weißgesicht-Scheidenschnabel *(Chionis alba)*. Die letztgenannte Art ist insofern ungewöhnlich, als sie praktisch keine Schwimmhäute an den Füßen hat. Der Scheidenschnabel sucht in Pinguinkolonien nach Aas und stiehlt dort gelegentlich Futter. Die aggressiveren Raubmöwen wie Antarktis-Skua *(Catharacta maccormicki)* und Subantarktis-Skua *(Catharacta antarcticus)* erbeuten auch Pinguineier und -junge.

Linke Seite, oben: Der Schneesturmvogel *(Pagodroma nivea)* ist neben dem Antarktissturmvogel *(Thalassoica antarctica)* eine der am weitesten im Süden brütenden Vogelarten.

Linke Seite, unten: Ein Antarktis-Skua *(Catharacta antarctica)* auf einem Felsvorsprung, Marion Island.

Rechts: Eine Blauaugenscharbe *(Phalacrocorax atriceps)* auf New Island, Falklandinseln.

KORALLEN-RIFFE

Gärten des Meeres

Korallenriffe, die scheinbar aus Fels bestehen, sind im Verlauf von Jahrhunderten oder gar Jahrtausenden entstanden. Sie bauen sich aus den Kalkskeletten von Millionen Tieren und Pflanzen auf, die Generation um Generation zu diesem Bauwerk beigetragen haben. Durch ihre Bautätigkeit reicht das Riff bis nahe an die Meeresoberfläche heran und bildet oft breite Plattformen und Lagunen. Es ist gelegentlich durchsetzt von Pfeilern und Säulen und durchzogen von vielen Kanälen, die sich über weite Bereiche vor der Küste erstrecken können.

Über den Kalksteinskeletten der früheren Riffbaumeister bietet das lebende Korallenriff einer Fülle von Fischen und Wirbellosen ein sicheres Zuhause. Diese Riffbewohner weisen eine derartige atemberaubende Vielfalt an Formen, Farben und Größen auf, dass Korallenriffe manchmal als Garten Eden der Meere bezeichnet werden.

Einzigartiges Ökosystem

Korallenriffe liegen im warmen, klaren Flachwasser tropischer Meere, hauptsächlich zwischen dem 30. nördlichen und südlichen Breitengrad und vor allem in der indopazifischen Region einschließlich des Arabischen und des Roten Meeres. Man findet sie aber auch im Atlantik, besonders in der Karibik. An den Westküsten von Süd- und Nordamerika sowie von Afrika, wo die Wassertemperaturen aufgrund kalter Strömungen deutlich niedriger sind, kommen sie hingegen wesentlich seltener vor. Weitere einschränkende Faktoren sind ein geringer Salzgehalt, starke Sedimentablagerungen in Flussmündungen, große Tiefe sowie starke Trübung, wie sie durch reichhaltig vorhandenes Phytoplankton hervorgerufen wird.

Auch wenn Korallen Nährstoffe brauchen, um zu überleben, benötigen diejenigen Arten, die Riffe bauen, zudem Licht, denn ohne Licht ist keine Photosynthese möglich, und ohne diese wiederum könnten die Korallen in diesen nährstoffarmen Gewässern nicht gedeihen. Allerdings betreiben die Korallen, die dem Tierreich angehören, die Photosynthese nicht selbst. Vielmehr beherbergen sie in ihrem Körper eine Fülle lebender mikroskopisch kleiner Algen und bieten damit ein Beispiel für eine der zahlreichen symbiotischen Beziehungen, die in diesem einzigartigen Ökosystem auftreten.

Aufbau und Ernährung

Korallen sind einfache, vielzellige Organismen, die zum selben Tierstamm (Cnidaria) wie Quallen und Seeanemonen gehören, mit denen sie ihren Grundbauplan und die Radiärsymmetrie teilen. Sie haben eine einfache, sackartige Körperhöhle mit einer zentralen Mundöffnung, die von Tentakeln umgeben ist. Tatsächlich sieht – von einigen großen, solitär lebenden Korallen wie Pilzkorallen einmal abgesehen – jedes Einzeltier oder jeder Polyp ähnlich wie eine winzige Seeanemone aus.

Es gibt jedoch zahlreiche Korallentypen mit einem breiten Formenspektrum: Die Feuerkorallen (Millepora) sind eng mit Quallen verwandt, die Horn- oder Rindenkorallen (Gorgonaria) bilden flexible, pflanzenartige Kolonien. Die in der Tiefsee lebenden Dörnchenkorallen oder Schwarzen Korallen sowie die eigentlichen riffbildenden Korallen, die Madrepora, werden auch als Steinkorallen bezeichnet.

Steinkorallen sind besonders vielfältig und unterscheiden sich von Weichkorallen, Seeanemonen und anderen eng verwandten Arten dadurch, dass sie große, äußere Kalkskelette bilden. Sie besitzen eine Fußplatte, die auf dem Untergrund festsitzt, und einen Kelch aus Kalk, der den weichen Polypen schützt. Außerdem werden die Tentakel in den Kelch zurückgezogen.

Die große Mehrheit aller Steinkorallenarten lebt in Kolonien. Dabei wachsen die einzelnen Polypen zusammen und teilen ihre Kalkskelette sowie ihr Bindegewebe miteinander, das durch eine Reihe von Verdauungskanälen verbunden sein kann. So ist es möglich, dass die Kolonie wie ein Einzelorganismus funktioniert. Sie kann aus Tausenden von Polypen bestehen, von denen jeder im Durchmesser nur etwa drei Millimeter misst, und wächst Schicht um Schicht auf den Skeletten früherer Generationen. Dabei zeigt sie eine überwältigende Formenvielfalt, darunter überkrustete Flächen, Platten, Säulen, Blätter, Geweihe und Kugeln. Diese Formen können nicht nur von Art zu Art variieren, sondern auch entsprechend ihrem Standort am Riff. Sie werden von Umweltfaktoren, wie Tiefe, Strömung, Nährstoffangebot, Konkurrenz mit anderen Arten, Auswirkungen von Stürmen, aber auch von Fressfeinden beeinflusst.

Ernährung

Wie alle Nesseltiere sind Korallen Fleischfresser und lähmen oder töten ihre Beute mit den Nesselzellen auf ihren Tentakeln. Verzehrt werden in der Regel winzige Tiere des Zooplanktons. Größere Korallen können jedoch auch größere Wirbellose oder sogar Fische verschlingen. Die gefangene Beute wird von den Tentakeln zur Mundöffnung geführt, dort ins Innere gezogen und verdaut; die Abfallprodukte gelangen durch die Mundöffnung wieder ins Wasser. Feuerkorallen verdanken ihren Namen den starken Giften, die sie besitzen und die selbst Menschen gefährlich werden können. Neben Nesselzellen verwenden einige Korallen auch Schleim, um ihre Beute zu umhüllen und mit winzigen Wimpern auf ihren Tentakeln zum Mund zu befördern.

Linke Seite: Korallen sind einfache, vielzellige Organismen. Ihre sackartige Körperhöhle hat nur die Mundöffnung, die von Tentakeln umgeben ist.

Unten: Ein Weihnachtsbaum-Röhrenwurm zwischen Kelchkorallen.

Rechts: Fischschwärme finden in der Nähe des Riffs Nahrung und Schutz.

Riffbauer

Die riffbildenden Korallen ernähren sich nicht nur von Zooplankton, sondern verdanken einen Großteil ihrer Nährstoffe der symbiotischen Beziehung mit einzelligen gelbbraunen Algen, die als Dinoflagellaten oder Zooxanthellen bezeichnet werden. In den Tentakeln und im Körpergewebe der Polypen leben Millionen dieser winzigen Algen. Sie betreiben wie andere Pflanzen auch Photosynthese und versorgen ihren Wirt mit einem ständigen Strom an Sauerstoff und Kohlenhydraten. Im Gegenzug profitieren die Algen vom permanenten Nachschub an Kohlendioxid und anderen Nährstoffen sowie von einem relativ stabilen, sicheren Lebensraum. Da alle Pflanzen zur Photosynthese Sonnenlicht benötigen, findet man riffbildende Korallen in der Regel nur bis in eine Tiefe von rund 60 Metern, wo es noch genügend hell ist. Die am besten entwickelten Korallen sitzen gewöhnlich ganz in der Nähe der Oberfläche. In tieferem Wasser findet man unter Umständen langsamer wachsende Korallen, wie die Dörnchenkorallen, denen symbiotische Algen fehlen. Dennoch leisten diese Korallen vermutlich einen beträchtlichen Beitrag zur Riffbildung. In der Tat liegt es allein an den Zooxanthellen, dass die riffbildenden Korallen rasch genug wachsen, um Riffe aufzubauen. Sie liefern den Korallen nicht nur die Energie, die für das Wachstum der Kalkskelette nötig ist, sondern sie verbrauchen auch große Mengen an Kohlendioxid, das sonst mit dem Wasser Kohlensäure bilden und den Kalk der Korallenskelette wieder auflösen würde.

Korallenbleiche

Unter bestimmten Umständen stoßen Polypen einen Großteil ihrer symbiotischen Algen ab, oder diese sterben aufgrund von Lichtmangel, Wasserverschmutzung, Krankheiten, Veränderungen im Salzgehalt oder in der Temperatur. Das führt zum sogenannten Ausbleichen von Korallen. Diese Bezeichnung geht darauf zurück, dass es die Algen sind, die den Korallen ihre Färbung verleihen; ohne sie erscheinen die Korallen weiß. Wenn sich die Algen nicht rasch genug und in ausreichender Zahl erholen, sterben auch die Korallen selbst ab, und das kann unter extremen Umständen zur Zerstörung ganzer Riffe führen. Früher nahm man an, es gebe nur eine einzige Zooxanthellen-Art, doch inzwischen kennt man mehrere Algenarten, die symbiotische Beziehungen mit Korallen eingehen – und diese Arten sind noch nicht einmal eng miteinander verwandt.

Rechte Seite, oben: Orangefarbene Manteltiere gedeihen zwischen säulenförmigen Steinkorallen (*Dendrogyra cylindricus*), deren Polypen ihre Tentakel zur Nahrungssuche ausgestreckt haben.

Rechte Seite, unten: Hirnkorallen – hier *Diploria labyrinthiformis* – verdanken ihren Namen der Ähnlichkeit mit einem menschlichen Gehirn.

Unten: Ein Falscher Clownfisch (*Amphiprion ocellaris*) bewohnt eine Seeanemone.

Fortpflanzung

Korallen pflanzen sich geschlechtlich (sexuell) und ungeschlechtlich (asexuell) fort. Asexuelle Fortpflanzung geschieht in der Regel durch Teilung oder Knospung des Polypen, die in zwei Hauptformen auftritt: als intratentakuläres oder extratentakuläres Wachstum. Beim ersten Prozess schnürt sich die Mundscheibe des Polypen immer stärker ein, bis sich eine Acht bildet und sich zwei Mundöffnungen sowie zwei Sätze von Tentakeln und anderen Organen entwickeln, sodass schließlich Seite an Seite zwei identische Polypen entstehen. Diese trennen sich, bleiben aber durch Kalkstrukturen und eine Schicht gallertartigen Gewebes miteinander verbunden. Beim zweiten Prozess stülpt sich ein Teil der Außenwand des „Mutterpolypen" aus und bildet eine kleine Knospe. Diese entwickelt dann Mundöffnung, Tentakel und übrige Organe, bis ein neuer, kleinerer Polyp entstanden ist. Der Polyp trennt sich vom Mutterpolypen und beginnt, Kalk abzuscheiden und sich so mit der Kolonie zu verbinden.

Eine weitere Form der asexuellen Fortpflanzung ist die sogenannte Fragmentation. Dabei kann ein abgebrochenes, von der Strömung verdriftetes Korallenstück überleben, sich an einer geeigneten Stelle festsetzen und eine eigene Kolonie begründen.

Abgesehen von diesen Methoden sind alle Kolonien ursprünglich das Ergebnis sexueller Fortpflanzung. Eine Kolonie von mehreren Metern Durchmesser, die sich durch asexuelle Vermehrung entwickelt hat, stammt unter Umständen von einem einzelnen Polypen ab.

Befruchtung

Bei der sexuellen Fortpflanzung der Korallen verschmelzen im Rahmen der Befruchtung männliche und weibliche Keimzellen – Eier und Spermien – und bilden eine befruchtete Eizelle (Zygote), die sich zu einer frei schwebenden Larve entwickelt. Dieser scheibenförmige Planktonorganismus siedelt sich schließlich irgendwo im Riff oder auf dem Meeresboden an. Er scheidet Kalk ab und heftet sich dadurch fest. Nun wächst er zu einem Einzelpolypen mit eigenem Kalkgehäuse heran.

Die meisten Steinkorallen sind Zwitter und produzieren in derselben Kolonie und sogar im selben Polypen männliche und weibliche Keimzellen; einige Arten bilden jedoch getrenntgeschlechtliche Kolonien. In der Regel geht die Vermehrung so vor sich, dass die Keimzellen ins Wasser entlassen werden. Sie steigen zur Oberfläche empor, wo die Befruchtung stattfindet. In vielen Fällen erfolgt die Abgabe der Keimzellen synchron. Das gilt nicht nur für die Korallen derselben Art. Manchmal laichen mehrere Hundert Arten fast gleichzeitig, meist nachts. Man nimmt an, dass Umwelteinflüsse wie Temperatur und Mondzyklus dieses Laichverhalten auslösen.

Einige Korallen setzen auf innere Befruchtung, bei der die Eizelle im erwachsenen Polypen befruchtet wird. Aus diesem schlüpft dann später die Larve. Bei Steinkorallen, die sich so fortpflanzen, können die Larven weit entwickelt sein und zum Zeitpunkt ihrer Freisetzung bereits Zooxanthellen besitzen, sodass sie sich auf der Suche nach einem zur Ansiedlung geeigneten Substrat über weite Strecken verdriften lassen können.

Linke Seite: Das Korallenriff bei Rocky Island, Palau.

Unten: Ein Schwarm Diagonal-Süßlippen (*Plectorhinchus lineatus*) steht im Riff. Diese Fischart ist an ihrer typischen schrägen schwarzen Bänderung zu erkennen.

Rifftypen und Riffbildung

Man unterscheidet mehrere Rifftypen, geht jedoch im Allgemeinen von drei Hauptformationen aus. Diese Einteilung basiert auf Beobachtungen und Beschreibungen, die Charles Darwin in den 1830er- und 1840er-Jahren vornahm. Er unterschied zwischen Saumriff, Barriereriff und Atoll.

Die meisten Korallenriffe sind Saumriffe. Sie liegen in flachen Küstengewässern, sei es vor dem Festland oder vor einer Insel, und bestehen aus einem Saum von Korallen, der parallel zur Küste verläuft. Gewöhnlich weisen sie eine schmale innere Lagune auf, die manchmal noch Korallenüberreste enthält, während sich das Riff immer weiter ins Meer schiebt. Wie bei anderen Rifftypen können die Korallen auch längs des Riffkamms oder der Riffplattform wachsen, wo sich die Wellen brechen. Das gilt besonders für Arten, die für kurze Zeit jenseits der Wasserlinie geraten können, oder für Bereiche, wo die Plattform im Wesentlichen immer unter Wasser bleibt. Am üppigsten gedeihen die Korallen jedoch an der steilen, dem Meer zugewandten Seite des Riffs.

Barriereriffe sind große, kontinuierliche, gut entwickelte Riffe, die ebenfalls parallel zur Küste verlaufen. Typischerweise sind sie von dieser durch eine breite Lagune getrennt, die einige Fleckenriffe enthalten kann. Oft stellen sie eine Weiterentwicklung eines Saumriffs dar, das seine Grenze am Rand des Kontinentalschelfs erreicht und begonnen hat, eine breitere Plattform zu bilden. Sie können auch in flachen Gewässerzonen im offenen Meer entstehen. Solche Riffe sind unter Umständen sehr ausgedehnt. Sie bilden eine Reihe schmalerer Bänder und kleiner Koralleninseln und sind unter-

brochen von Kanälen und engen Lagunen. Das größte und berühmteste Beispiel für diesen Rifftyp ist das Great Barrier Reef vor der nordaustralischen Küste. Es setzt sich aus zahllosen einzelnen Riffen zusammen, die sich über mehr als 2000 Kilometer erstrecken. Die untergetauchten, seewärts gelegenen Teile solcher Barriereriffe können breite, sandige Terrassen aufweisen, die mit Korallen durchsetzt sind. Saum- und Barriereriffe spielen eine wichtige Rolle beim Schutz der Küsten vor Abtragung, weil sie Wellen und Strömungen, die auf die Küste zulaufen, brechen und verlangsamen.

Atolle

Atolle sind generell kreisförmig und umschließen eine zentrale Lagune. Sie können in der Nähe des Kontinentalschelfs auftreten, doch häufiger liegen sie isoliert in tieferem Wasser. Sie entstehen, wenn sich ein oder mehrere Saumriffe um eine aus dem Meer auftauchende vulkanische Insel bilden und sich diese mit der Zeit senkt und schließlich ganz im Meer verschwindet. Zurück bleibt nun ein rundes Barriereriff samt einer inneren Lagune. Diese kann fast völlig abgeschlossen sein oder durch mehrere Kanäle mit dem offenen Meer in Verbindung stehen. Aufgrund der Erosion von Korallenresten hinter dem Saumriff, das sich von der Insel ins Meer schiebt, enthält sie in der Regel viel Sand. Infolge der vorherrschenden Windrichtung kann sich dieser Sand auf einer Seite der Lagune anhäufen und oberhalb des Meeresspiegels eine Sandbank bilden. Wenn dies über lange Zeiträume geschieht, kann eine Insel entstehen, die schließlich von Pflanzen, Tieren und Menschen kolonialisiert wird.

Auch wenn Steinkorallen die wichtigsten Rifferbauer sind, tragen zahlreiche andere Organismen ihren Teil zum Bau bei, vor allem hartschalige Weichtiere und Röhrenwürmer mit ihren Kalkskeletten. Dasselbe gilt für Kalkalgen, besonders die krustenbildenden Formen, die maßgeblich daran beteiligt sind, das Riff zu stabilisieren und zu zementieren.

Linke Seite: Seefächer zwischen Korallen vor den Jungferninseln. Sie sind mit ihrem Fuß im Schlamm- oder Sandboden verankert. Jeder Polyp hat acht Tentakel, die zum Fang von Plankton dienen.

Oben: Zahlreiche Fische tummeln sich über verschiedenen Korallenarten.

Leben im Riff

Trotz des Nährstoffmangels in den warmen, klaren Gewässern ist das Riff als Ganzes sehr effizient darin, die vorhandenen Nährstoffe zu verwerten. Als Ökosystem sind Korallenriffe fast autark und können mit sehr viel weniger Nährstoffen überleben als andere Ökoysteme vergleichbarer Größe oder Biomasse. Zusätzlich zu den Korallen selbst und den Zooxanthellen, die in den riffbildenden Korallen leben, spielen Blaualgen (Cyanobakterien) für die Produktivität des Riffs und die Verwertung der Nährstoffe eine wichtige Rolle. Vor allem versorgen die Algen die Korallen mit leicht verwertbaren Stickstoffverbindungen.

Zu anderen höchst produktiven Algenformen gehören Kalkalgen und rasenbildende marine Rotalgen. Auch Phytoplankton trägt zur Produktivität des Riffs bei. Diese Pflanzen bilden die Basis eines komplexen Netzes, das unzählige Organismen mit Nahrung versorgt, darunter pflanzenfressende Weidegänger sowie die winzigen Larvenformen und anderen Kleintiere, die das Zooplankton bilden. Von diesem wiederum ernähren sich die Korallen und zahlreiche andere Wirbellose. Die Wirbellosen und die Korallenpolypen selbst dienen ihrerseits größeren Wirbellosen und einer Fülle von Fischen als Nahrung, die große Räuber wie Haie an die Ränder des Riffs locken.

Zu den Riffbesuchern zählen auch Delfine und Reptilien wie Meeresschildkröten und Seeschlangen. Darüber hinaus findet man hier eine allgegenwärtige Schar an Detritusfressern. Diese ernähren sich von organischen Abfällen und totem Gewebe, recyceln es und führen es zurück in die Nahrungskette.

Intensive Konkurrenz

Es ist nicht nur das Nahrungsangebot, das so viele Tiere anlockt. Die Riffstruktur, das komplexe Wachstum von Korallenkolonien und Kalkalgen mit ihrer Fülle an Formen und Größen, Höhlen und Spalten, bieten zahlreiche Möglichkeiten, um sich festzusetzen oder Schutz zu suchen. Selbst leere Korallenkelche dienen als Behausung, und so manche Art findet zwischen den nesselbewehrten Tentakeln von lebenden Korallen und Seeanemonen einen sicheren Unterschlupf. In einem derart reich bevölkerten Lebensraum herrscht eine starke Konkurrenz um die Ressourcen wie Licht, Nahrung, Wohnraum und Versteckmöglichkeiten. Das hat unter den riffbewohnenden Arten zu Spezialisierungen und komplexen Beziehungen geführt, etwa zu vielen Symbiosen.

Oben: Falsche Clownfische *(Amphiprion ocellaris)* leben bevorzugt paarweise zwischen Seeanemonen, die sie als Schutz und Behausung nutzen. Im Gegenzug locken sie andere Fischarten an, die ihr Wirt verspeist, verbessern die Sauerstoffzufuhr und entfernen Abfälle.

Rechte Seite: Wie bei allen Seepferdchen brütet auch beim Langschnauzigen Seepferdchen *(Hippocampus reidi)* das Männchen die Jungen in einer Bauchtasche aus. Setzt es sie schließlich frei, erblicken 1500 kleine Seepferdchen das Licht der Welt.

Wirbellose Riffbewohner

Wie die Steinkorallen (Madrepora) zählen Seeanemonen oder Seerosen zur Klasse der Blumentiere (Anthozoa) und zur Unterklasse Hexacorallia (Sechsstrahlige Korallen), weil jeder Polyp sechs Tentakel (oder ein Vielfaches davon) trägt. Das unterscheidet diese Gruppe von den Octocorallia (Achtstrahlige Korallen) mit ihren acht Tentakeln, zu denen Weich- und Hornkorallen zählen. Auch wenn Seeanemonen oft eng beieinanderstehen, leben sie eher solitär als in Kolonien. Meist sitzen sie fest am Boden, doch sie können sich mithilfe ihrer Fußscheibe auch fortbewegen. Wie Korallen sind sie Fleischfresser und besitzen mit Nesselzellen bewehrte Tentakel, mit denen sie ihre Beute lähmen oder töten.

Je nach Größe der Seeanemone reicht diese Beute von kleinen Krebstieren und Larven des Zooplanktons bis hin zu Fischen. Zu den eindrucksvollsten Arten zählen die Karibische Goldrose *(Condylactis gigantea)* mit rund 30 Zentimeter Durchmesser und die Mertens-Seeanemone *(Stichodactyla mertensii),* die einen Durchmesser von mehr als 90 Zentimetern erreichen kann. Wie Steinkorallen enthalten einige dieser Seeanemonen Zooxanthellen, von denen sie mit Nährstoffen versorgt werden. Wenn man bedenkt, dass sich viele Seeanemonen auch kleine Fische einverleiben, ist die Beziehung zwischen verschiedenen größeren Seeanemonen und Anemonenfischen vielleicht noch bemerkenswerter. Diese kleinen orange-weiß geringelten Fische (Gattung *Amphiprion*) suchen häufig zwischen den Tentakeln großer Seeanemonen Zuflucht und entfernen sich nur selten aus dem Umkreis, in dem ihnen die Nesselzellen Schutz vor potenziellen Feinden bieten. Früher nahm man an, nur die Anemonenfische profitierten von dieser Beziehung, doch inzwischen weiß man, dass die Fische im Gegenzug ihren Wirt schützen, indem sie räuberische Falterfische vertreiben, die sich von Seeanemonen ernähren und gegen deren Nesselzellen offenbar immun sind. Die Anemonenfische selbst schützen sich durch eine Schleimschicht, die verhindert, dass ihr Wirt sie als Beute wahrnimmt.

Viele Seeanemonen hausen in Felsspalten, in die sie sich bei Bedrohung zurückziehen können, doch es gibt auch Arten wie *Pachycerianthus maua*, die in einer selbst gebauten Schleimröhre wohnen.

Röhrenbewohner

Ähnlich findet man mehrere Arten sessiler, röhrenbewohnender Borstenwürmer im Korallenriff, die entweder in einer Schleim- oder in einer Kalkröhre leben. Zu den auffälligsten Beispielen gehört der Weihnachtsbaum-Röhrenwurm *(Spirobranchus giganteus)*, der sich in Steinkorallen einbohrt und dort seine eigene Kalkröhre abscheidet. Aus dieser streckt er seine Tentakelkrone ins Wasser, um Sauerstoff aufzunehmen und Schwebeteilchen einzufangen. Besonders auffällig sind die spiralige Anordnung der Tentakel, der er seinen Namen verdankt, und auch seine lebhafte Färbung.

die man im Korallenriff findet. Ihr größter Vertreter, die Große Riesenmuschel oder Mördermuschel *(Tridacna gigas)*, kann eine Länge von 1,4 Metern erreichen. Die meisten Arten, wie *T. maxima* und *T. crocea*, werden jedoch nur 30 bis 45 Zentimeter lang. Wie andere Muscheln sind die Tiere Filtrierer, die Nahrungspartikel, zum Beispiel Plankton, aus dem Wasser sieben. Ähnlich wie Steinkorallen beherbergen auch sie in ihrem Gewebe Zooxanthellen, die durch die gute Versorgung mit Nährstoffen verantwortlich für das ungewöhnliche Wachstum sind.

Die Auster *Pycnodonta hyotis* ist eine weitere große Art und leicht an ihrer geriffelten Schale zu erkennen. Diese bietet Korallen und krustenbildenden Schwämmen einen ausgezeichneten „Sitzplatz". Die Schale der Auster kann so stark bewachsen sein, dass sie kaum noch zu erkennen ist.

Weitaus mobiler ist die Raue Feilenmuschel *(Lima scabra)*. Dieses farbenprächtige Tier, dessen Mantel und lange Tentakel leuchtend rot sind, versteckt sich in der Regel tagsüber, bewegt sich aber bei Nacht durch Öffnen und Schließen seiner beiden Schalenhälften nach dem Rückstoßprinzip durchs Wasser.

Riffbewohnende Plattwürmer

Ebenso farbenprächtig sind viele riffbewohnende Plattwürmer, vor allem Vertreter der Gattung *Pseudoceros*, die mit wellenförmigen Bewegungen umherschwimmen und winzige Wirbellose von der Korallenoberfläche ablesen. Sie werden manchmal mit Nacktschnecken verwechselt, doch es fehlen ihnen die gefiederten äußeren Kiemen, die man bei den meisten Nacktschneckenarten findet. Andere Würmer, denen man im Riff begegnet, sind Ringelwürmer wie der Grüne Feuerwurm *(Hermodice carunculata)*. Er verdankt seinen Namen der Tatsache, dass seine langen Borsten bei Berührung ein höchst unangenehmes Gift abgeben. Diese Art lebt räuberisch und ernährt sich von Korallenpolypen, Seeanemonen und anderen kleinen Wirbellosen. So kann sie in kurzer Zeit in Korallenkolonien sehr viel Schaden anrichten. Feuerwürmer fallen ihrerseits räuberischen Mollusken wie Kugelschnecken zum Opfer.

Im Korallenriff trifft man auf eine Fülle von Weichtieren, von Gehäuse- und Nacktschnecken über sessile Muscheln bis hin zu den hochintelligenten Kopffüßern, wie Krake, Sepie und Kalmar. Die Riesenmuscheln (Gattung *Tridacna*) gehören zu den größten Mollusken,

Oben links: Die Flamingozunge *(Cyphoma gibbosum)*, eine Nacktschnecke, ernährt sich von Weichkorallen und Seefächern.

Oben rechts: Blauer Seestern *(Linckia laevigata)*.

Linke Seite: Die Riesenmuschel *(Tridacna gigas)* ist das größte Weichtier und wird vorwiegend von symbiotischen Algen ernährt.

Eine Welt voller leuchtender Farben

Zu den attraktivsten Mollusken, die im Korallenriff zu Hause sind, gehören leuchtend bunt gefärbte Nacktschnecken wie *Chromodoris quadricolor* und die Spanische Tänzerin *(Hexabranchus sanguineus)*. Aber es gibt auch zahlreiche Gehäuseschneckenarten, die wunderbar geformte, gemusterte und gefärbte Gehäuse besitzen. Die Kreiselschnecke *Phasianotrochus eximius* trägt ein schimmerndes kegelförmiges Gehäuse und ernährt sich von Algen, die sie von der Riffoberfläche abraspelt. Viel besser bekannt sind vermutlich die Kauri- oder Porzellanschnecken wie Tigerschnecke *(Cypraea tigris)* und Flamingozunge *(Cyphoma gibbosum)*. Beide besitzen einen großen Mantel, der einen Großteil des Gehäuses einhüllen kann. Kaurischnecken sind in der Regel Allesfresser, die sich vorwiegend von Gorgonien wie dem Großen Seefächer *(Gorgonia ventalina)* und anderen Hornkorallen wie der Schwarzen Seerute *(Plexaura homomalla)* ernähren.

Kegelschnecken wie *Conus geographus*, *C. tulipas* und *C. textile* jagen aktiv nach Beute. Sie verzehren Fische, Würmer und andere Schnecken. Sie injizieren ihren Beutetieren mithilfe eines verlängerten Rüssels und oft harpunenartigen Einzelzähnen ein starkes Gift. Dieses Gift kann bei einigen Arten sogar für Menschen tödliche Folgen haben.

Eine große und für Menschen völlig ungefährliche Meeresschnecke ist das Große Tritonshorn *(Charonia tritonis)*, das bis zu 40 Zentimeter lang werden kann und ebenfalls räuberisch lebt. Seine Hauptbeute sind Stachelhäuter wie Seesterne, beispielsweise der Dornenkronen-Seestern *(Acanthaster planci)*, von dem bekannt ist, dass er ganze Korallenkolonien verwüstet. Dieser große Seestern kann einen Durchmesser von 50 Zentimetern erreichen und ist, wie sein Name bereits andeutet, von langen Stacheln bedeckt. Er ernährt sich von riffbildenden Korallen, die er verdaut, indem er seinen Magen darüberstülpt. Ein Individuum kann an einem einzigen Tag einen ganzen Quadratmeter Korallenpolypen konsumieren, und so können bei einem Massenauftreten der Seesterne die Schäden im Riff beträchtlich sein.

Seesterne und andere Stachelhäuter

Weniger schädlich als der Dornenkronen-Seestern sind kleinere Arten, wie der Blaue Seestern *(Linckia laevigata)* und die nahe verwandte Art *L. guildingii*, die dicke, röhrenförmige Arme besitzt. Wie andere Seesterne können diese Arten verlorene Arme nachwachsen lassen, aber auch aus einem einzigen Arm einen kompletten Seestern regenerieren und sich auf diese Weise asexuell fortpflanzen: Ein abgeworfener Arm entwickelt sich zu einem neuen Individuum.

Haarsterne und Seelilien (Crinoidea) sind ebenfalls häufig im Riff zu finden, genau wie Schlangensterne und Seeigel. Letztere halten sich oft im hinteren Bereich des Riffs oder auf der Riffplattform auf, um dort Algen abzuweiden. Sie treten in ganz unterschiedlichen Formen auf – mit langen Stacheln wie der Diademseeigel *(Diadema setosa)*, kurzen Stacheln wie der Lederseeigel *(Asthenosoma varium)* oder dicken Stacheln wie der Griffelseeigel *(Heterocentrotus mammillatus)*.

Die auch zum Stamm der Stachelhäuter zählenden Seewalzen oder Holothurien sind ebenfalls Riffbewohner. Sie leben gewöhnlich am Fuß des Riffs auf dem Meeresboden, wo sich die meisten Arten von im Sediment enthaltenen organischen Abfällen ernähren.

Krebstiere

Krebstiere kommen überall im Riff vor, und viele Krabben- und Garnelenarten wie die Partnergarnele *Periclimenes holthuisi* und die Putzergarnele *Lysmata grabhami* leben häufig mit Korallen, Seeanemonen und Schwämmen zusammen. Wie Anemonenfische profitieren sie vom Schutz ihres Wirts, während sie ihn im Gegenzug von Parasiten und Abfällen befreien. Andere reinigen Fische von Parasiten und abgestorbener Haut, darunter auch große räuberische Arten wie Muränen. Einige Garnelen teilen ihre Höhlen sogar mit Meergrundeln. Die Garnele hält die Höhle sauber, während der Fisch Wache schiebt und auf potenzielle Feinde achtet. Die Garnele sucht mit ihren langen Antennen ständigen Kontakt zum Fisch und wird auf die Präsenz eines Feindes aufmerksam, wenn die Meergrundel beginnt, sich in die gemeinsame Behausung zurückzuziehen.

Linke Seite: Der Dornenkronen-Seestern *(Acanthaster planci)* trägt entscheidend zur Verwüstung von Riffen bei.

Unten: Die Garnele *Periclimenes yucatanicus* lebt zwischen den Tentakeln von Seeanemonen und winkt mit ihren Antennen, um Beute anzulocken.

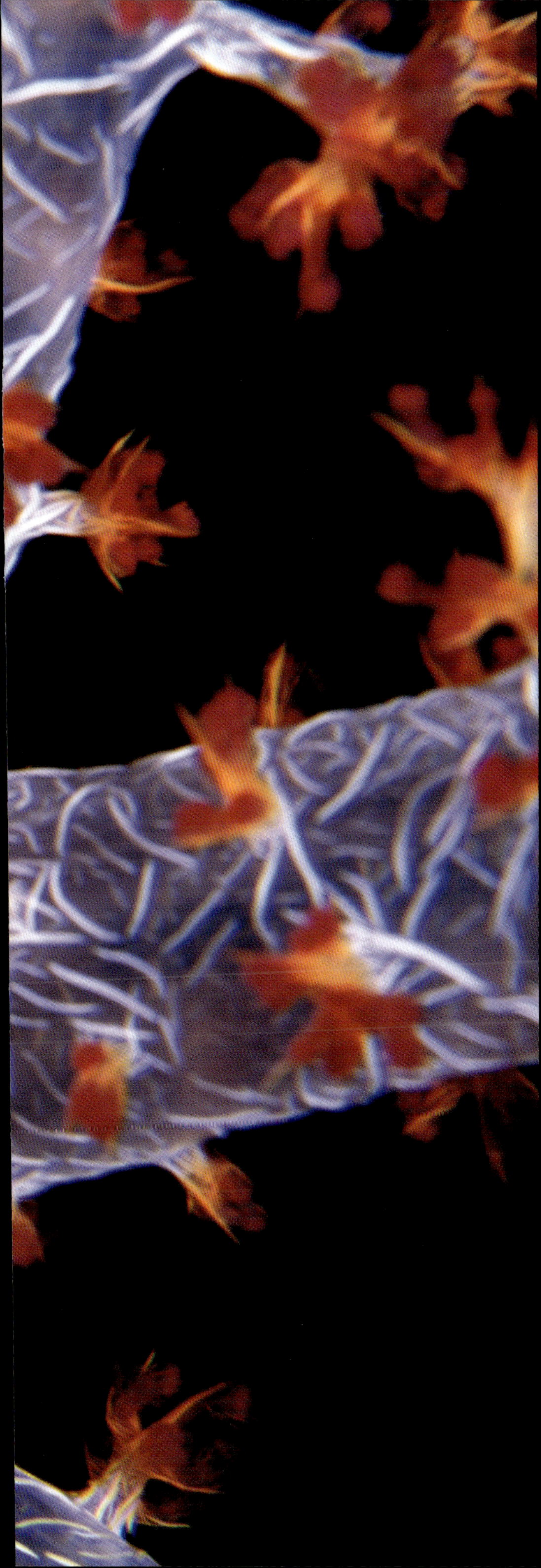

Oben: Die meisten Haarsterne schwimmen frei im Riff umher. Ihre Mundöffnung ist von Armen umgeben, mit denen die Tiere die Nahrungspartikel einsammeln.

Links: Die Krabbe *Oregonia gracilis*, die hier auf einer Weichkoralle sitzt, tarnt sich gern mit Tangstücken und Schwämmen.

Krebstiere fallen häufig Fischen und großen Kopffüßern zum Opfer. Doch auch kleine, aber hochgiftige Arten wie der Blaugeringelte Krake *(Hapalochlaena lunulata)* stellen der schmackhaften Beute nach. Einige Arten, darunter Wollkrabben (Gattung *Dromia*), täuschen Räuber, indem sie lebende Schwämme auf ihren Rücken setzen. Diese Schwämme verharren dort nicht auf Dauer, doch immerhin bieten sie ihrem Wirt vorübergehend eine ausgezeichnete Tarnung. Einige Krebstiere, wie der Bunte Fangschreckenkrebs *(Odontodactylus scyllarus)*, verteidigen sich hingegen aktiv. Diese Art besitzt riesige, kräftige Scheren, mit denen sie den Panzer ihrer Beute durchschlagen kann. Sie setzt ihre Scheren aber auch ein, um einen Angreifer zu vertreiben oder zu verletzen.

Riffbewohnende Fische

Die Fischbestände in Korallenriffen gehören zu den dichtesten und zweifellos auch zu den abwechslungsreichsten weltweit. Hier leben über 4000 Arten und damit fast ein Drittel aller Meeresfische. Einige der Fische sind nur Besucher, die im Riff nach Nahrung stöbern oder die flachen Gewässer zur Fortpflanzung aufsuchen. Die meisten Arten gehören überdies zu Gruppen, die auch in anderen ozeanischen Lebensräumen vertreten sind. Es gibt jedoch auch Familien, wie die Falterfische und die Riffbarsche, die als Riffspezialisten anderswo nur höchst selten angetroffen werden. Unabhängig davon zeigen alle riffbewohnenden Arten besondere Anpassungen an ihren Lebensraum. Die breite Palette unterschiedlicher Formen und Verhaltensweisen ist ein direktes Ergebnis der Artenfülle, denn hier leben die Tiere dicht zusammengedrängt in einem relativ kleinen Habitat. Die Konkurrenz um Nahrung und Platz ist daher intensiv, und Räuber leben oft Seite an Seite mit ihrer Beute.

Falterfische

Falterfische gehören zu den häufigsten und buntesten Fischen im Riff. Ihren Namen verdanken sie ihren gaukelnden Bewegungen, den lebhaften Farben und der symmetrischen Musterung. Wie Schmetterlinge besitzen viele Arten im hinteren Körperbereich große Augenflecken, die wahrscheinlich dazu dienen, potenzielle Feinde zu verwirren, sei es, dass sie den Fisch größer erscheinen lassen oder dass sie verschleiern, in welche Richtung er bei einem Angriff flieht. Die echten Augen sind indes oft durch ein dunkles Band maskiert. Der Körper dieser Fische ist seitlich zusammengedrückt, sodass sie

Oben: Zwei Halbmasken-Falterfische (*Chaetodon semilarvatus*) verbergen sich hinter einem Riffvorsprung.

Rechte Seite: Der Gestreifte Falterfisch (*Chaetodon striatus*) trägt ein markantes schwarz-weißes Streifenmuster.

Links: Der Vieraugen-Falterfisch (*Chaetodon capistratus*) verwirrt mit dem großen Augenfleck angreifende Fressfeinde. Sie wissen nicht, in welche Richtung er flieht.

problemlos zwischen verzweigten Korallenstöcken hindurchschwimmen können. Einige Arten bilden kleine Schwärme, die meisten leben jedoch in Paaren, die oft ein kleines Territorium verteidigen. Sie ernähren sich von Korallenpolypen, Algen oder kleinen Wirbellosen.

Falterfische gehören zur Familie Chaetodontidae, was so viel wie „Borstenzähner" bedeutet. Ihr spitz ausgezogenes Maul enthält borstenförmige Zähne, mit denen sie Algen abweiden oder kleine, weiche Wirbellose fressen. Einige Arten sind Generalisten, während sich andere, wie Meyers Falterfisch (*Chaetodon meyeri*) und die Baroness (*C. baronessa*) meist von ganz bestimmten Korallenarten ernähren. Der Kupfer-Pinzettfisch (*Chelmon rostratus*) und der Röhrenmaul-Pinzettfisch (*Forcipiger flavissimus*) haben stark verlängerte Schnauzen, mit denen sie Wirbellose aus kleinen Spalten und Löchern ziehen. Trotz ihrer leuchtenden Farben sind diese tagaktiven Fische im farbenfrohen Riff gut getarnt; nachts dagegen, wenn sie in Spalten oder Höhlen ruhen, verblassen ihre Pigmente häufig.

Kaiserfische

Die Kaiserfische der Familie Pomacanthidae sind ebenfalls tagaktiv und eng mit den Falterfischen verwandt. Sie ähneln ihnen, sind aber mit 20 bis 60 Zentimetern in der Regel etwas größer und häufig noch bunter gefärbt. Zu den kennzeichnenden Merkmalen gehören die kräftigen Stacheln an den Kiemendeckeln. Kaiserfische kann man überall im Riff in verschiedenen Tiefen antreffen, doch die meisten größeren Arten, wie der Große Kaiserfisch *(Pomacanthus imperator)*, leben im tieferen Wasser und unteren Riffbereich, wo sie sich von sessilen Organismen wie großen Schwämmen und Seescheiden ernähren. Kleinere Arten, wie der Blaugelbe Zwergkaiserfisch *(Centropyge bicolor)*, leben meist in höheren Riffregionen oder auf der Rückseite des Riffs sowie in den Lagunen, wo sie vorwiegend Algen abweiden. Wieder andere, wie der Pazifische Zebrakaiserfisch *(Genicanthus melanospilos)*, sind Planktonfresser.

Viele Kaiserfische machen im Lauf ihres Wachstums einen Farbwechsel durch. Noch bemerkenswerter ist jedoch, dass sie protogyne Zwitter sind, was bedeutet, dass die Weibchen ihr Geschlecht wechseln können.

Unten: Der Diadem-Kaiserfisch *(Pomacanthus xanthometopon)* ist ein Einzelgänger und verteidigt sein Territorium. Er lebt an den Hängen des Riffs.

Rechte Seite, oben: Der Orange-Prachtkaiserfisch *(Holacanthus clarionensis)* versteckt sich gern in felsigen Riffen und ernährt sich vorwiegend von Schwämmen und kleinen Wirbellosen.

Rechte Seite, unten: Der Diadem-Prachtkaiserfisch *(Holacanthus ciliaris)* trägt auf der Stirn einen schwarzen Fleck, der von einem blauen Ring umgeben ist. Dieses Muster wird auch als „Krone" bezeichnet.

Oben: Grüne Schwalbenschwänzchen (Chromis viridis) finden sich dicht über den Korallen zu meist sehr großen Schwärmen zusammen. Werden die Riffbarsche erschreckt, suchen sie sofort einen sicheren Unterschlupf zwischen Korallenästen.

Rechts: Der Pfauenkaiserfisch (Pygoplites diacanthus) ist ein Einzelgänger, den man oft in der Nähe von Felsspalten und Höhlen antrifft.

Rechte Seite, oben: Der Goldene Riffbarsch (Amblyglyphidodon aureus) mit seinem auffällig gefleckten Kopf lebt meist allein und hält sich vorwiegend zwischen Seefächern und Dörnchenkorallen auf.

Rechte Seite, unten: Prionurus laticlavius, eine Doktorfischart, bildet gewöhnlich Schwärme. Sie lässt sich leicht an den drei schwarzen, horizontal angeordneten Punkten vor der gelben Schwanzflosse erkennen.

Leben in Schwärmen

Die Riffbarsche, die zur Familie Pomacentridae gehören, sind eine weitere häufige, bunte und vielleicht noch auffälligere Fischgruppe, weil viele Arten in großen Schwärmen zusammenleben. Diese Familie ist sehr umfangreich und vielfältig, und zwischen den verschiedenen Arten gibt es bemerkenswerte Unterschiede. Diejenigen, die große Schwärme bilden, wie das Grüne Schwalbenschwänzchen *(Chromis viridis)*, der Gestreifte Sergeant *(Abudefduf saxatilis)* und der Indopazifische Sergeant *(A. vaigiensis)*, ernähren sich von Plankton, bleiben aber in Riffnähe, um dort jederzeit Schutz suchen zu können. Viele andere Arten, darunter der Afterfleck-Riffbarsch *(Dischistodus melanotus)*, leben rein vegetarisch und weiden Algen ab. Da sie ihr Territorium vehement verteidigen, können sie anderen Fischen und sogar Tauchern gegenüber sehr aggressiv werden. Wieder andere Riffbarsche sind Allesfresser und flexibler in ihrer Ernährungsweise. Ganz unabhängig von ihrer Ernährung und Größe sind die meisten Riffbarscharten für ihr aggressives Verhalten während der Paarungszeit bekannt.

Die Familie der Riffbarsche umfasst auch die Anemonenfische. Dazu zählt zum Beispiel der Falsche Clownfisch *(Amphiprion ocellaris)*, der oft in Symbiose mit der Prachtanemone *(Heteractis magnifica)* zusammenlebt.

Papageifische

Nicht minder prachtvoll gefärbt präsentieren sich die Papageifische, die zur Familie Scaridae gehören. Ihren Namen verdanken sie der Tatsache, dass ihre Zähne zu einem papageiartigen Schnabel verschmolzen sind, mit dem sie Algen von Korallen abraspeln. Die Tiere gelten allgemein als Pflanzenfresser, doch können sie mit dem kräftigen Schnabel mühelos Stücke von Hartkorallen samt Polypen abbrechen und diese mit ihren mühlsteinartigen Schlundzähnen zermahlen; die Überreste werden dann als feinkörniger Sand ausgeschieden.

Junge Papageifische bilden manchmal kleine Gruppen, während die erwachsenen Tiere als Einzelgänger leben. Die Fische werden je nach Art 30 Zentimeter bis über einen Meter lang. Als größte Art gilt der Büffelkopf-Papageifisch *(Bolbometopon muricatum)*, der sich durch einen auffälligen Buckel auf dem Kopf auszeichnet.

Oben: Typisch für Papageifische ist ihr schnabelartiges Maul. Die Tiere fressen Algen und Korallen. Sie schlafen in Felsspalten.

Rechts: Der Juwelen-Zackenbarsch *(Cephalopholis miniata)* ist ein territorialer Einzelgänger, der vorwiegend andere Fische erbeutet.

Rechte Seite: Riffabschnitt mit Clownfischen und Seeanemone.

Napoleon-Lippfisch

Der Napoleon-Lippfisch *(Cheilinus undulatus)* ähnelt dem Büffelkopf-Papageifisch. Er trägt ebenfalls einen auffälligen Buckel auf dem Kopf. Diese Art kann eine Länge von mehr als 1,8 Metern erreichen.

Lippfische bilden die Familie Labridae und sind eng mit Papageifischen verwandt. Sie stellen eine der größten und vielfältigsten Fischgruppen dar. Die einzelnen Arten spielen im Riff ganz unterschiedliche Rollen. Es gibt ebenso Pflanzenfresser wie Planktonfiltrierer oder Fleischfresser, die sich von großen Wirbellosen und anderen Fischen ernähren.

Eine besondere Aufgabe erfüllen Putzerfische, die Rumpf, Maul und Kiemenhöhlen anderer, oft viel größerer Fische von Parasiten befreien. Von diesen Arten ist bekannt, dass sie dauerhafte „Putzerstationen" einrichten. Diese werden von anderen Fischen regelmäßig besucht, die die Dienste der Putzer in Anspruch nehmen. Der Falsche Putzerfisch *(Aspidontus taeniatus)* ähnelt dem Gemeinen Putzerfisch *(Labroides dimidiatus)* stark, doch statt seine Klienten von Parasiten zu befreien, beißt er größeren Fischen Hautfetzen aus Flossen und Rumpf, was ihm auch den etwas übertriebenen Namen Säbelzahn-Schleimfisch eingetragen hat.

Furchteinflößende Fische

Obgleich die meisten Drückerfische klein bis mittelgroß sind und sich von Korallen und anderen Wirbellosen ernähren, besitzen sie sehr kräftige, scharfe Zähne. Einige Arten, wie der Picasso-Drückerfisch *(Rhinecanthus aculeatus)*, der etwa 30 Zentimeter lang wird, können sich insbesondere zur Fortpflanzungszeit sehr territorial und aggressiv verhalten. So gelten etwa die Riesen-Drückerfische *(Balistoides viridescens)*, die eine stattliche Länge von 75 Zentimetern erreichen können, sogar als potenzielle Gefahr für Taucher.

Die Drückerfische verdanken ihren Namen der Tatsache, dass sie wie auf Knopfdruck Stacheln an ihren Rückenflossen aufrichten können, mit denen sie sich in Spalten festklemmen. Diese Stacheln verhindern aber auch, dass ein Raubfisch sie ohne Weiteres verschlingen kann. Sie sind eng mit Kofferfischen, Kugelfischen und Igelfischen verwandt, von denen viele Arten Verteidigungsmechanismen wie Aufblasen einsetzen, um sich vor Fressfeinden zu schützen. Einige dieser Fische, die zur Ordnung Tetraodontiformes gehören, sind zudem hochgiftig, fallen aber dennoch häufig größeren Fischen, wie etwa Haien, zum Opfer.

Oben: Karibischer Zackenbarsch.

Rechte Seite, oben: Rotfeuerfisch *(Pterois volitans)*.

Rechte Seite, unten: Die Rußkopfmuräne *(Gymnothorax flavimarginatus;* links), die sich im Roten Meer zwischen Weichkorallen verbirgt, und der Eidechsenfisch *(Synodus variegatus,* rechts) lauern ihrer Beute von einem Hinterhalt aus auf.

Lauerjäger

Zu den häufigsten großen räuberischen Fischen, die im Riff leben, gehören die Zackenbarsche. Zu diesen zählen etwa der Juwelen-Zackenbarsch *(Cephalopholis miniata)* und der Braunflecken-Zackenbarsch *(Epinephelus tauvina)*. Diese Fische, die etwa 45 bzw. 75 Zentimeter lang werden können, sind vor allem Lauerjäger, die bewegungslos in Höhlen oder unter Felsüberhängen lauern, bevor sie einen blitzschnellen Vorstoß machen, um ihre Beute zu schnappen und in ihrem sehr großen Maul verschwinden zu lassen. Der Riesenzackenbarsch *(Epinephelus lanceoloatus)* kann über 2,7 Meter lang werden und greift unter Umständen sogar Taucher an.

Zu den Lauerjägern gehören auch die Muränen, deren größte Art, der Pampan *(Thyrsoidea macrurus)*, mehr als 3,3 Meter lang wird, die Eidechsenfische sowie die Rotfeuer- und Steinfische. Während Muränen in Höhlen lauern, sind die anderen Fische tarnfarben und graben sich zum Teil im sandigen Bereich des Riffs und der Lagune ins Sediment ein, um unentdeckt zu bleiben.

Rotfeuer- und Steinfische sind bei Tauchern besonders gefürchtet, weil sie zahlreiche Stacheln besitzen, die ein potenziell tödliches Gift injizieren können. So gilt etwa der Riff-Steinfisch *(Synanceia verrucosa)* als giftigster Fisch der Welt. Der eng verwandte Eigentliche Rotfeuerfisch *(Pterois volitans)* ist ebenfalls giftig, wird aber von Tauchern als besonders hübsche Art geschätzt, vor allem, wenn er beim Schwimmen seine Stacheln und seine federartigen Flossen dekorativ vom Körper abspreizt.

Oben: Blaupunktrochen *(Taeniura lymma)*.

Unten: Weißspitzen-Riffhai *(Triaenodon obesus)*.

Haie und Rochen

Am Rand des Riffs, wo dieses zum tieferen Wasser hin abfällt, stößt man auf Barrakudas und große Haie, wie den Bogenstirn-Hammerhai *(Sphyrna lewini)* und den Tigerhai *(Galeocerdo cuvieri)*, die dort auf Jagd gehen. Viele Haie, die im Riff selbst leben, darunter Weißspitzen-Riffhai *(Triaenodon obesus)* und Schwarzspitzen-Riffhai *(Cacharinus melanopterus)*, sind relativ klein – unter 1,8 Meter – und für Menschen ungefährlich.

Der Wobbegong *(Orectolobus ornatus)* kann jedoch fast drei Meter lang werden und reagiert manchmal aggressiv, wenn er gestört wird. Dieser ungewöhnliche Hai mit seinem abgeplatteten Kopf und seinen Barteln ist nachtaktiv und ruht tagsüber meist gut getarnt am Meeresboden.

Ähnlich verbringen mehrere der eng mit den Haien verwandten Rochen, darunter Blaupunktrochen *(Taeniura lymma)*, Leopard-Stechrochen *(Himantura uarnak)* und Amerikanischer Stechrochen *(Dasyatis americana)*, viel Zeit versteckt am Meeresboden. Sie kommen am Riff mitunter sehr häufig vor, und einige können mit ihrem giftigen Schwanzstachel schwere, sogar tödliche Wunden verursachen.

Seeschlangen

Es gibt rund 50 Seeschlangenarten, die zwei Unterfamilien angehören, den echten oder Ruderschwanz-Seeschlangen (Hydrophiinae) und den amphibischen oder Plattschwanz-Seeschlangen (Laticaudinae). Nur eine Art, die Gelbbauch- oder Plättchen-Seeschlange *(Pelamis platurus)*, ist ein echter Hochseebewohner und kommt Hunderte oder gar Tausende Kilometer vom Land entfernt vor, während die meisten anderen Arten in relativ flachen tropischen Gewässern leben und sich einige auch an Korallenriffen aufhalten.

Alle Seeschlangen haben sich aus landlebenden Vorfahren entwickelt, teilen aber Anpassungen an die marine Umwelt, wie einen seitlich abgeplatteten Schwanz, der zum Schwimmen dient, verschließbare Nasenöffnungen, vergrößerte Lungen, die ihnen erlauben, lange unter Wasser zu bleiben, sowie Salzdrüsen im Maul, mit denen sie überschüssiges Salz ausscheiden können. Ruderschwanz-Seeschlangen sind zudem lebend gebärend, während die amphibischen Plattschwanz-Seeschlangen Eier legen und zur Eiablage an Land zurückkehren müssen.

Seeschlangen ernähren sich von Fischen, deren Eiern und von Wirbellosen. Alle Arten sind giftig, einige besitzen sogar starke Neurotoxine, die zu Lähmung und Tod führen können. Ihr Maul und ihre Zähne sind aber oft zu klein, als dass sie Menschen beißen könnten.

Der Nattern-Plattschwanz *(Laticauda colubrina)* ist eine amphibische Art, die in Riffen recht häufig ist und auf die man auch am Strand treffen kann. Er wird bis zu 1,5 Meter lang und ist leicht an seiner schwarz-blauen Bänderung zu erkennen. Der Kopf ist gelblich.

Aipysurus laevis ist ebenfalls häufig in Riffen anzutreffen, doch diese Art gehört zu den echten Seeschlangen und verlässt das Wasser nie. Sie wird im Allgemeinen etwa 1,2 Meter lang, wobei es große Exemplare auf über 1,8 Meter bringen. Die Art ist braun gefärbt, hat eine etwas hellere Bauchseite und einen weißen Schwanz und weist oft über den Körper verteilte weiße Schuppen auf. Diese Tiere gelten als sehr neugierig und nähern sich häufig Tauchern. Doch wie andere Seeschlangen auch sind sie in solchen Situationen nur selten aggressiv.

Oben: Der Nattern-Plattschwanz *(Laticauda colubrina)* hat, wie sein Name schon vorgibt, einen abgeplatteten Schwanz.

DAS OFFENE MEER

Wasserschichten

In den Meeren der gemäßigten Breiten lassen sich einzelne Schichten ausmachen, die sich im Hinblick auf Lichtmenge, Temperatur und Sauerstoffgehalt unterscheiden. All das hat enormen Einfluss auf die im Meer lebenden Tier- und Pflanzenarten. Da die Erdachse leicht geneigt ist, variiert die Stärke der Sonneneinstrahlung an verschiedenen Orten je nach Jahreszeit. Dieser Effekt ist in den gemäßigten und polaren Regionen am stärksten und bringt die Jahreszeiten hervor. Je nach Jahreszeit erhalten die gemäßigten Breiten mehr oder weniger Sonnenlicht und Wärme; im Winter steht die Sonne nur vier Stunden am Himmel, in den Sommermonaten bis zu 20 Stunden.

Die Meere der gemäßigten Breiten

Im Sommer erwärmt sich die oberste Wasserschicht (rund 50 Meter), sodass eine Grenze zwischen ihr und der darunterliegenden kühleren Schicht entsteht. Diese wird als Thermokline oder Sprungschicht bezeichnet. Sie bildet eine Barriere für Plankton, kleine Organismen sowie Nährstoffe und hält diese über oder unter sich fest. In warmgemäßigten Meeren existiert im Sommer eine saisonale Thermokline – wenn die Sonneneinstrahlung am stärksten ist und die Gewässer in der Regel nicht aufgewühlt sind. Die Temperaturdifferenz oberhalb und unterhalb der Thermokline kann bis zu 18 °C betragen.

Im Winter vermengen sich die Nährstoffe beider Schichten wieder. Dafür gibt es mehrere Gründe: Oft bricht die Thermokline aufgrund von Winterstürmen zusammen, denn dann werden die Wasserschichten aufgewühlt und durcheinandergewirbelt. Außerdem schwellen die Flüsse an, spülen Nährstoffe ins Meer und steigern so die Turbulenzen und die Durchmischung. Schließlich kühlt die Wasseroberfläche aus, wenn die Temperaturen sinken; das Wasser wird dichter und sinkt ab, wobei es die darunterliegenden kühleren Wasserschichten ersetzt. Diesen Vorgang bezeichnet man als Umwälzung.

Im darauffolgenden Frühjahr wird die nährstoffreiche See wieder erwärmt. Die zunehmende Sonneneinstrahlung führt zu einer starken Vermehrung der Primärproduzenten, der sogenannten Phytoplanktonblüte. Diese lockt kleine und große Meerestiere an und bildet die Basis allen Lebens im Meer.

Tropische Meere

Offene tropische und subtropische Meeresregionen sind nicht so nährstoffreich wie die kühlen gemäßigten Meere, dafür aber viel stabiler – es kommt zu keiner Umwälzung, da die Oberflächenschichten nie so stark abkühlen, dass sie nach unten sinken und sich mit den darunterliegenden Wasserschichten mischen. Die Thermoklinen brechen daher viel seltener zusammen. So bleiben Nährstoffe und Plankton in den verschiedenen Schichten gefangen, denn sie können die Barriere, die die Thermokline darstellt, nicht überwinden.

Die Neuston-Schicht

Licht beeinflusst die Wassersäule ebenfalls. Die oberste, etwa einen Meter mächtige Schicht wird als Neuston bezeichnet. In tropischen Meeren wird sie bis zu 25 °C warm. Dennoch ist die Nährstoffdichte relativ hoch, da organische Abfallprodukte, die vom Plankton abgeschieden werden, und Öle sowie andere leichte chemische Verbindungen von größeren toten Tieren aus tieferen Schichten die Wassersäule hinauf nach oben steigen.

Euphotische Zone

Bis in eine Tiefe von 200 Metern schließt sich die sonnendurchflutete Oberflächenschicht an, die euphotische Zone. Hier betreibt das Phytoplankton Photosynthese, weshalb diese Schicht sehr nährstoffreich ist.

Restlichtzone (Dämmerlichtzone)

Nun folgt die Restlichtzone, die sich bis in 1000 Meter Tiefe erstreckt. Das Wasser wird immer dunkler, weil die Sonnenstrahlen kaum mehr eindringen können. Die Temperatur im oberen Bereich kann bei 11 °C liegen und dort, wo sie auf die kälteren Wasser der Tiefsee trifft, auf 5 bis 6 °C sinken. Hier schafft der Temperatursprung eine ständige Thermokline, die die meisten Meeresorganismen nicht überwinden können. Denjenigen, die es doch schaffen, ist es gelungen, sich an die stark voneinander abweichenden Lebensbedingungen oberhalb und unterhalb der Sprungschicht anzupassen.

Sauerstoffmangel

Auch die Sauerstoffkonzentration kann als Grenze in der Restlichtzone wirken. So spricht man etwa von Sauerstoffmangel, wenn die Konzentration des im Wasser gelösten Sauerstoffs so stark reduziert ist, dass die Lebewesen beeinträchtigt sind. Die Sauerstoffkonzentration hängt vom Salzgehalt und von der Wassertemperatur ab. Auch wenn unterhalb dieser Grenze Lebewesen in der Tiefsee existieren, haben sich diese an den Sauerstoffmangel angepasst. Allerdings können all jene Tiere, die gewöhnlich in oberflächennahen Wasserschichten mit optimaler Sauerstoffkonzentration leben, diese Grenzlinie nicht überschreiten.

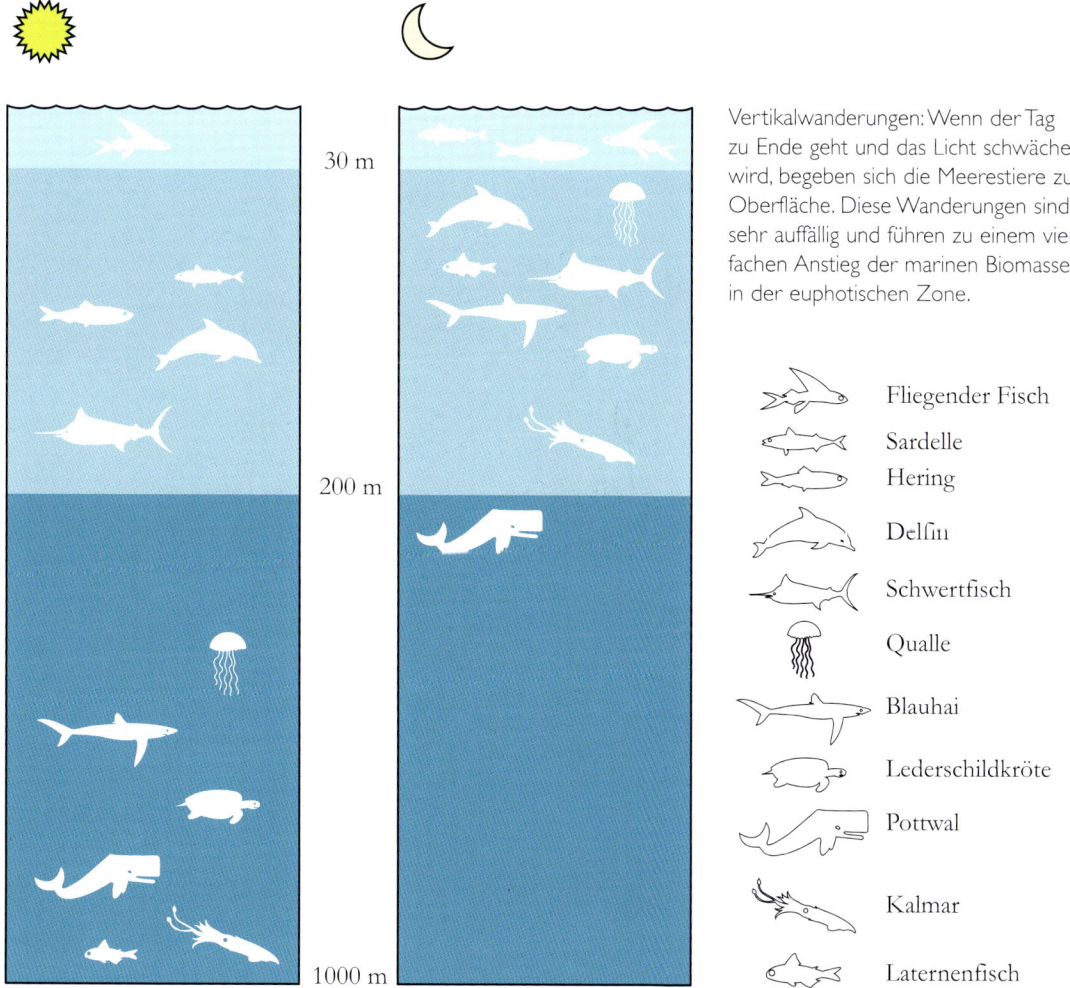

Vertikalwanderungen: Wenn der Tag zu Ende geht und das Licht schwächer wird, begeben sich die Meerestiere zur Oberfläche. Diese Wanderungen sind sehr auffällig und führen zu einem vierfachen Anstieg der marinen Biomasse in der euphotischen Zone.

Fliegender Fisch
Sardelle
Hering
Delfin
Schwertfisch
Qualle
Blauhai
Lederschildkröte
Pottwal
Kalmar
Laternenfisch

Vertikalwanderungen

Alle Meereslebewesen sind ständig auf Nahrungssuche. Dabei finden sich in manchen Regionen, die mit optimalen Bedingungen aufwarten, besonders viele Arten ein. Winde und Strömungen bestimmen, an welchen Stellen die Nahrungskonzentration besonders hoch ist. In der Regel enthalten warme Wasserströme relativ wenig Plankton und Nährstoffe, doch wenn sie auf kühlere Strömungen treffen, erhalten selbst tropische Tierarten Gelegenheit, in die umgebenden nährstoffreicheren Meeresbereiche zu gelangen.

Tarnung

Im Gegensatz dazu sind kalte Wasserströmungen stets reich an Nährstoffen und Plankton; diejenigen, die in subtropische Regionen fließen, führen diesen Reichtum mit sich und locken tropische und subtropische Meerestiere in Massen an, die in den Randbereichen dieser Strömungen auf Nahrungssuche gehen.

Der Mangel an Deckung in den Oberflächengewässern der offenen Meere, wo das Plankton am üppigsten gedeiht, bringt es mit sich, dass die Nahrungssuchenden riskieren, Fressfeinden zum Opfer zu fallen. Einige Arten tarnen sich, damit sie nicht gesehen werden. Makrelen etwa sind auf dem Rücken dunkel gefärbt, sodass sie mit dem dunklen Meer verschwimmen, wenn man sie von oben sieht; ihre Bauchseite hingegen ist silbrig, sodass Fressfeinde, die sich von unten nähern, Schwierigkeiten haben, ihre Beute gegen den hellen Himmel auszumachen. Dies bezeichnet man als Gegenschattierung.

Nächtliche Nahrungssuche

Die meisten Planktonfresser gehen nur nachts auf Nahrungssuche, um möglichst wenigen Räubern aufzufallen. Tagsüber halten sie sich in tieferen Schichten auf, wo sie ihre Feinde im Dämmerlicht nur schwer ausfindig machen können. Wenn der Tag sich dann allerdings seinem Ende zuneigt und das Licht schwächer wird, wandern sie zur Oberfläche. Diese Wanderungen führen – praktisch über Nacht – zu einem vierfachen Anstieg der marinen Biomasse in der euphotischen Zone.

Laternenfische

Laternenfische sind ein gutes Beispiel für die Anpassung an diese Lebensbedingungen. Sie steigen jeden Abend mehr als 1500 Meter zur Wasseroberfläche empor und kehren morgens wieder in die Tiefe zurück.

Dass Vertikalwanderungen regelmäßig derartige Ausmaße annehmen, wurde erst vor rund 60 Jahren entdeckt, als Wissenschaftler Sonargeräte zur Vermessung des Meeresbodens einsetzten. In manchen Bereichen variierten die Ergebnisse, je nachdem, zu welcher Tageszeit sie gemacht wurden: So lag den Messungen zufolge der Meeresboden offensichtlich nachts weiter unten als tagsüber. Wie sich schließlich herausstellte, führte die Rückkehr von Organismen in die Dämmerlichtzone kurz vor Tagesanbruch zu einer Streuschicht, die so dicht war, dass sie das Sonar nicht durchdringen konnte.

Jäger auf Wanderschaft

Die im Verlauf der Wanderungen zurückgelegten Entfernungen variieren je nach Art: Die kleinsten Planktonorganismen legen vielleicht 10 bis 20 Meter zurück, das größere Zooplankton bis zu 30 Meter. Schwarmbildende Fische, wie Makrelen, Heringe und Sardellen, folgen dem Plankton nach oben. Größere Tiere, wie Blauhai (*Prionace glauca*), Blauer Marlin (*Makaira nigricans*) und Pottwal (*Physeter macrocephala*), verlassen ebenfalls die tieferen Gewässerschichten und machen sich auf den Weg zur Oberfläche, wo der Tisch für sie reich gedeckt ist.

Links: Ein Schwarm Gelbschwanzschnapper, Galapagos.

Rechte Seite: Ungewöhnlicherweise ist der Riffkrake (*Octopus cyanea*) tagaktiv, im Gegensatz zu den meisten anderen Kraken.

Kraken

Kraken sind schalenlose Weichtiere und gehören zu den Kopffüßern (Cephalopoda). Obwohl sie in vielen marinen Lebensräumen vorkommen, findet man sie am häufigsten an Riffen. Typische Merkmale sind die acht saugnapfbewehrten Arme oder Tentakel, die vom Kopf ausgehen. Die Größe von Kraken variiert zwischen fünf Zentimetern und fast neun Metern. Die Tiere verfügen über hoch entwickelte Augen und Intelligenz, was sie zusammen mit ihrem Vermögen zur Farbänderung und Tarnung zu außerordentlich effizienten Jägern macht.

Kraken sind Einzelgänger. Tagsüber verstecken sie sich in Felsspalten, nachts gehen sie auf die Jagd nach Fischen, Krabben und anderen Weichtieren. Während sie sich zunächst vorsichtig anschleichen, können sie sich plötzlich auf ihr Opfer stürzen und ihm ein lähmendes Gift injizieren, bevor sie es in einen Schlupfwinkel ziehen und mit ihrem kräftigen, vogelähnlichen Schnabel zerreißen.

Giftig

Die meisten Kraken meiden Menschen und greifen nur an, wenn sie provoziert werden. Die Toxizität ihres Gifts schwankt stark; die Spannbreite der Wirkung reicht von einem leicht tauben Gefühl bis hin zu tödlichen Folgen, Letzteres etwa nach einem Biss des Blauringkraken *(Hapalochlaena spec.)*. Dieser ist ein Felsbewohner und wird kaum zehn Zentimeter groß. Allerdings schafft er es, einen erwachsenen Menschen innerhalb weniger Minuten durch Lähmung der Atemmuskulatur zu töten. Kraken selbst dienen Pottwalen, Haien und Muränen als Beute und werden auch in vielen Regionen von Menschen gejagt und gegessen.

Plankton

Die kühleren Meeresgewässer der gemäßigten Breiten sind nährstoffreicher als diejenigen der Tropen, und so kommt es im Frühjahr, wenn die Sonne wieder länger und stärker scheint und die Winterstürme die Nährstoffe mit dem Oberflächenwasser gemischt haben, zur Planktonblüte.

Phytoplankton

Das Phytoplankton besteht aus winzigen, oft einzelligen Pflanzen, die zur Lebensgemeinschaft des Planktons gehören. Sie stellen das erste Glied der Nahrungskette dar. Diese winzigen Pflanzen werden vom Zooplankton verzehrt, das wiederum kleine Fische verspeisen, die sich dann größere Fische einverleiben, und so weiter. Die Kette endet bei den großen Raubfischen der Meere.

Die Organismen des Phytoplanktons leben im Oberflächenwasser bis in rund 100 Meter Tiefe und betreiben mithilfe des Sonnenlichts Photosynthese, um die Nährstoffe herzustellen, die sie zum Wachsen brauchen. In Bau, Form und Größe sind sie äußerst vielfältig.

Cyanoplankton, bestehend aus den kleinsten Planktonorganismen, ist einzellig. Es kann gasförmigen Stickstoff in Nitrate umwandeln, die für andere Lebensformen wichtig sind. Anfang des Frühjahrs, zu Beginn der Algenblüte, sind diese Organismen außerordentlich zahlreich (viele Hundert Millionen pro Kubikmeter Wasser). Zu ihnen zählen etwa die Diatomeen, wunderbar gebaute, einzellige Formen. Sie driften passiv im Oberflächenwasser, können Sauerstoff produzieren und wachsen relativ rasch; im Lauf des Frühjahrs nimmt ihre Zahl zu. Mit der Zeit werden die Diatomeen dann aber durch frei schwimmende Dinoflagellaten ersetzt.

Zooplankton

Tierische Planktonbewohner werden als Zooplankton bezeichnet. Sie schwimmen umher, können die Thermokline überwinden und sind in allen Tiefen zu finden. Sie ernähren sich zum Teil von Phytoplankton, zum Teil aber auch von anderen Zooplanktonorganismen. Um selbst nicht gefressen zu werden, steigen sie nur nachts zur Oberfläche empor, da sie dann schwerer zu entdecken und damit zu fangen sind. Zooplankton entwickelt sich grundsätzlich langsamer als Phytoplankton, deshalb tritt die Zooplanktonblüte erst später auf. Manche Organismen sind winzig (einige Mikrometer), andere können einen Durchmesser von 1,8 Metern erreichen.

Es gibt zwei Haupttypen von Zooplankton: Holoplankton, das ständig im offenen Wasser lebt, und Meroplankton, also Eier und Larven, die einige Zeit im Plankton verbringen, bevor sie sich zur Erwachsenenform größerer Tiere umwandeln. Beispiele sind Krabben-, Hummer- und Garnelenlarven, Fischeier, junge Mollusken (Weichtiere) und Seeigel. Einige Zooplanktonorganismen, wie Salpen, ernähren sich von Picoplankton, das sie mithilfe von selbst gebauten „Schleimnetzen" fangen. Die Hauptkonsumenten von Phytoplankton sind jedoch die Ruderfußkrebse (Copepoda) – winzige Krebstiere, die Planktonorganismen aus dem Wasser filtern. Ruderfußkrebse dienen wiederum größeren Zooplanktonorganismen als Nahrung.

Rechte Seite, oben: Eine Auswahl verschiedener Zooplanktonorganismen in verschiedenen Larvenstadien.

Rechte Seite, unten: Quallen gehören zu den größten Zooplanktonorganismen und bilden oft große Schwärme.

Unten: Planktonblüte am Great Barrier Reef in Australien. Eine solche Blüte kann so groß sein, dass sie von Satelliten aus dem Weltall zu sehen ist.

Quallen

Gegen Ende des Frühjahrs tauchen quallenartige Zooplanktonorganismen in großer Zahl auf, und zwar sowohl Rippenquallen als auch echte Quallen. Echte Quallen entwickeln sich aus einer Polypenphase zu einem frei schwimmenden planktonischen Stadium. Die Tentakel von Quallen sind mit giftigen Nesselkapseln, den sogenannten Nematocysten, bedeckt, die bei vorbeischwimmenden Tieren und Menschen schmerzhafte und manchmal lähmende Verletzungen hervorrufen können. Die Schwere der Verletzung hängt von der Art ab. Würfelquallen etwa können einen Menschen in Minutenschnelle töten.

Die Bedeutung von Plankton als Nahrungsbasis lässt sich nicht hoch genug einschätzen. Es gibt jede Menge Planktonfresser, die von Heringen und Sardinen über Seevögel, Meeresschildkröten, Mondfische und Riesenhaie bis hin zu den Bartenwalen reichen. Viele wandern weite Strecken, um bei der Frühjahrsblüte zur Stelle zu sein.

Oben: Ohrenquallen (*Aurelia aurita*) können einen Durchmesser von fast einem halben Meter erreichen. Die fadenförmigen Tentakel dieser Quallen enthalten Nesselkapseln zur Immobilisierung der Beute.

Links oben: Quallen schwimmen durch pulsierende Bewegungen ihres Schirms.

Links unten: Kegelförmige Warzen bedecken die Fangarme.

Rechte Seite: Wurzelmundqualle.

Meeresströmungen

Phytoplankton steht an der Basis der marinen Nahrungskette, und seine Bedeutung kann gar nicht hoch genug eingeschätzt werden. Damit das Phytoplankton gedeiht, benötigt es bestimmte Nährstoffe und Mineralien im Wasser. Wie hoch der Nährstoffgehalt des Wassers tatsächlich ist, hängt von gewissen Faktoren ab. Gewöhnlich ist er in den kälteren, dichteren und tieferen Wasserschichten am höchsten. Allerdings benötigt das Phytoplankton auch Sonnenlicht, das in größerer Tiefe nur in geringen Mengen vorhanden ist oder völlig fehlt.

Dass beide Faktoren – hoher Nährstoffgehalt und Sonnenlicht – zusammenfinden, um zu einer Planktonblüte zu führen, von dem die übrige Nahrungskette im Meer direkt oder indirekt abhängt, liegt an den ozeanischen und lokalen Strömungen rund um die Welt.

Winde und die Corioliskraft

Konstante Winde führen zu Strömungen, weil sie das Wasser vor sich hertreiben. Daher bewegt sich das Wasser an der Oberfläche in Windrichtung. Unter der Oberfläche und außerhalb des Einflussbereichs der Winde kommt die Corioliskraft ins Spiel, die ablenkende Kraft der Erdrotation. Sie bewirkt, dass sich das Wasser im 45°-Winkel zur Windrichtung bewegt. In der nördlichen Hemisphäre fließt es um 45° nach rechts, auf der südlichen Hemisphäre entsprechend nach links; am Äquator strömt es parallel zur Windrichtung. Je tiefer das Wasser, desto stärker wirkt sich die Corioliskraft aus, sodass das Wasser in einer Tiefe von etwa 100 Metern im rechten Winkel zur vorherrschenden Windrichtung strömt.

Aufsteigendes Tiefenwasser

Die Verdriftung des Wassers bewirkt, dass Tiefenwasser nach oben strömt; wenn der Wind parallel zur Küste bläst, bewegt sich das warme Oberflächenwasser senkrecht von der Küste weg, und kaltes Wasser steigt aus der Tiefe auf, um es zu ersetzen. Dieses Wasser ist nährstoffreich und wird von der Sonne bestrahlt – ideale Bedingungen für die Vermehrung des Phytoplanktons.

Unten: Die Oberflächentemperaturen der Weltmeere haben bedeutenden Einfluss auf die Verteilung verschiedener Organismen.

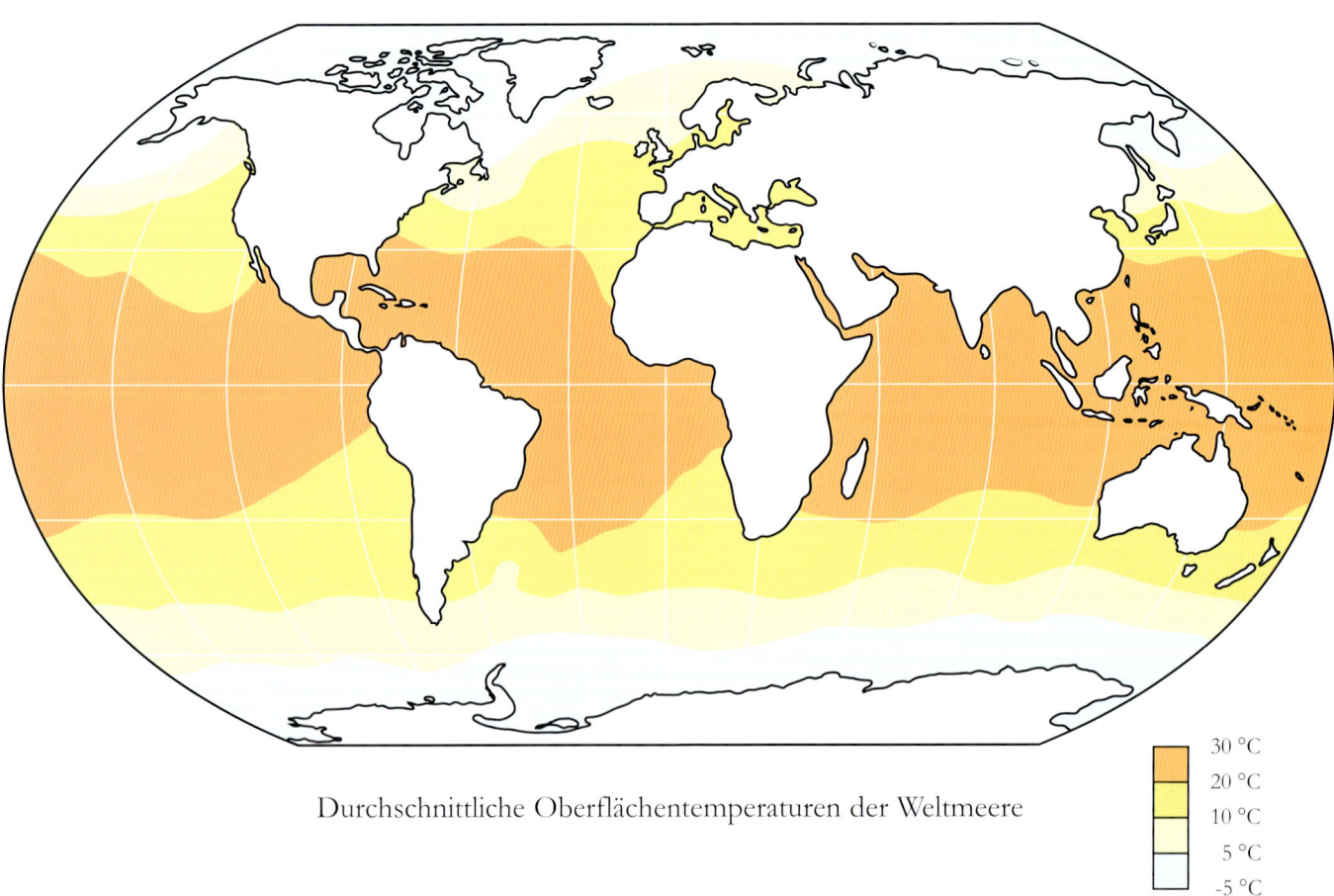

Durchschnittliche Oberflächentemperaturen der Weltmeere

30 °C
20 °C
10 °C
5 °C
-5 °C

Unterseeische Berge

Aufsteigendes Tiefenwasser tritt auch rund um Inseln auf. Liegen diese unter Wasser, bezeichnet man sie als unterseeische Erhebungen. Sie sind meist die Überreste erloschener Vulkane. Hier strömt kaltes, nährstoffreiches Wasser nach oben und zirkuliert um die Erhebung. Dabei herrschen ideale Bedingungen für das Planktonwachstum. Entsprechend viele Tierarten suchen diese Gebiete mit den fruchtbaren Nahrungsgründen auf.

Fern der Küste im offenen Meer rufen Winde und die Corioliskraft Strömungswirbel hervor, die zirkulieren, wenn sich mehrere Strömungen treffen. Auf der Nordhalbkugel drehen sich diese Wirbel im Uhrzeigersinn, auf der Südhalbkugel gegen den Uhrzeigersinn. Sie rufen starke Strömungen hervor, die auf beiden Hemisphären über die Meere ziehen. Ein Beispiel ist der Golfstrom, der entlang der Ostküste von Nordamerika fließt und sich dann über den Atlantik nach Osten, nach Nordeuropa, wendet. Der Golfstrom ist zunächst stark und schnell fließend, wird aber langsamer, wenn er aufs offene Meer hinauswandert.

Eine Eigenheit von Strömungswirbeln ist, dass das Wasser im Zentrum der Spirale um etwa einen Meter höher steht als im übrigen Meer – ein Effekt, der sich gut in der Sargassosee im Nordatlantik beobachten lässt.

Man unterscheidet zwischen warmen und kalten Strömungen, die entsprechend unterschiedliche Effekte auf die Wanderung von Meerestieren auf der Suche nach Nahrung ausüben. Diese Strömungen werden von den vorherrschenden äquatorialen Winden gebildet, die die oberen Wasserschichten in Richtung Pole schieben.

Golfstrom

Das Wasser des Golfstroms ist bis zu 11 °C wärmer als das umgebende Meer. Warme Strömungen sind zwar nährstoffarm und weisen daher nur eine dürftige Planktonpopulation auf, doch sie ermöglichen Arten, die sich in ihnen aufhalten, der Strömung in kühlere gemäßigte Meere zu folgen, wo der Tisch reicher gedeckt ist. Die Randregionen solcher Strömungen sind besonders nährstoffreich, und so unternehmen Oberflächenjäger wie Thunfische Beutezüge in kältere Wasserschichten.

Im Gegensatz dazu sind kühle Ströme nährstoffreich. Sie bewegen sich langsam und treten gehäuft dort auf, wo Wirbelströmungen von den Polen Richtung Äquator ziehen. Hier gedeiht das Plankton üppig und zieht Planktonfresser an. Ein Beispiel ist der Humboldtstrom. Er zieht aus der Antarktis an der chilenischen Küste entlang nach Norden. Sobald er in tropische Gewässerzonen gelangt, ruft das starke Sonnenlicht eine Planktonblüte hervor, die zunächst kleine tropische Fische an die Außenränder der Strömung lockt, die dort fressen. Bald gesellen sich größere Fische hinzu, die weiter oben in der Nahrungskette stehen.

Fische im offenen Meer

Das Leben in der oberflächennächsten Schicht des Meeres, im Neuston, bringt Vorteile aufgrund des guten Nahrungsangebots mit sich, aber auch eine Reihe von Gefahren, vor allem tagsüber. Im hellen Sonnenlicht ist alles klar erkennbar, und daher gibt es Jäger in Hülle und Fülle – über und unter der Wasseroberfläche.

Fliegende Fische

Viele Meerestiere haben raffinierte Strategien entwickelt, um zu verhindern, gefangen zu werden, doch keine ist wohl so ausgefallen wie jene der Fliegenden Fische. Diese leben in der Nähe der Wasseroberfläche und ernähren sich von Plankton. Dabei tarnt sie ihre Färbung: Ihre weiße Bauchseite ist, von unten betrachtet, gegen den hellen Himmel kaum zu sehen, und ihr grauer Rücken verschmilzt, von oben gesehen, mit dem dunklen Wasserhintergrund. Dennoch werden die Tiere von Thunfischen, Segelfischen, Haien und anderen entdeckt und suchen dann ihr Heil in der Flucht.

Zweiflügelige Fliegende Fische haben vergrößerte Brustflossen, die sie ausbreiten und als Flügel verwenden können. Vierflügelige Arten setzen zusätzlich ihre Bauchflossen in ähnlicher Weise ein. Wird ein Fisch verfolgt, schwimmt er rasch nach oben, durchbricht den Meeresspiegel, breitet dort seine Flossen aus und peitscht mit der Schwanzflosse die Wasseroberfläche, um seine Höhe zu halten und an Geschwindigkeit zu gewinnen.

Auf diese Weise können sich Fliegende Fische länger als 30 Sekunden in der Luft halten, wobei sie eine Entfernung von mehr als 100 Metern zurücklegen können. Das bringt sie außer Reichweite des Feinds. Leider ist diese Strategie nicht immer erfolgreich, denn Seevögel wie Tölpel stürzen sich aus 20 bis 30 Meter Höhe auf sie und fangen sie, wenn sie sich wieder ins Wasser zurückfallen lassen. Thunfische können Fliegenden Fischen folgen und sie beim Start schnappen, während Fregattvögel sie mitten im Flug erbeuten.

Heringe

Atlantische Heringe *(Clupea harengus)* ernähren sich von Plankton und bilden oft große Schwärme, die häufig aus Hunderttausenden Tieren bestehen. In Oberflächennähe, wo sie nach Plankton suchen, sind sie den ständigen Angriffen großer Jäger, wie Delfinen, Orcas und Thunfischen, ausgesetzt. Und da sie tagsüber in den sonnendurchfluteten Wasserschichten leicht entdeckt werden, steigen sie erst nachts zur Oberfläche empor, um Zooplankton zu fressen. Dabei bilden sie lockere Gruppen, die mit weit aufgerissenen Mäulern durch das Wasser schwimmen, sodass sie das Plankton mit ihren Kiemen-

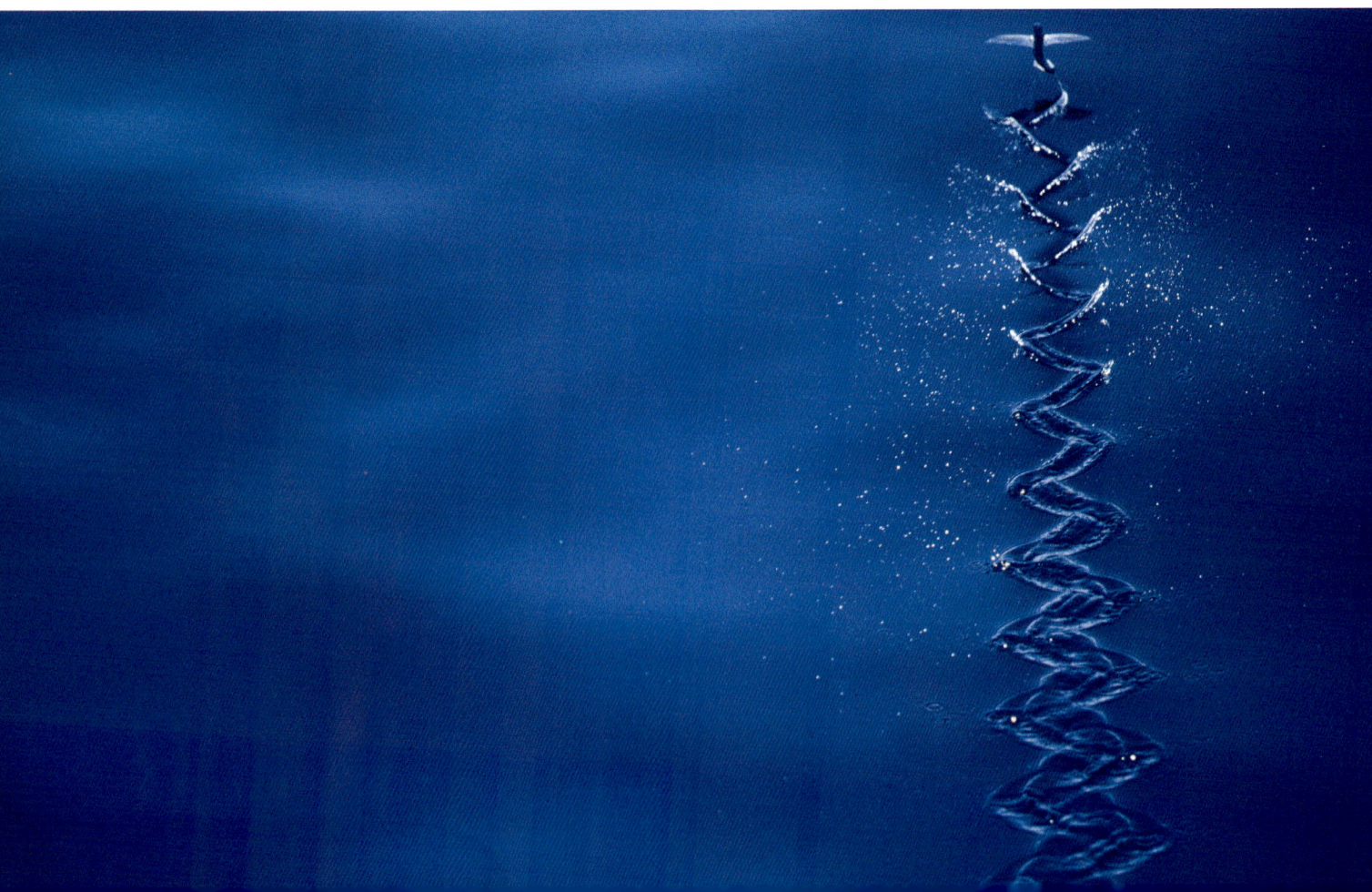

Leben im Schwarm

Schwärme zu bilden hat für Fische viele Vorteile. Es verbessert ihre Chancen bei der Suche nach Nahrung und Geschlechtspartnern. Gleichzeitig bietet es einen gewissen Schutz vor Feinden, denn viele Augen sehen mehr als zwei, und als Teil einer Menge sinkt für das einzelne Tier das Risiko, einem Angreifer zum Opfer zu fallen. Das Zusammenleben im Schwarm koordinieren die Fische optisch, akustisch und mittels Druckrezeptoren.

Links: Ein Schwarm Blaustreifenschnapper *(Lutjanus kasmira),* Palau.

Linke Seite: Ein Fliegender Fisch erhebt sich aus dem Wasser und hinterlässt mit peitschender Schwanzflosse ein Zickzackmuster.

reusen ausseihen können. Wenn sich der Morgen ankündigt, finden sie sich zu dichten, perfekt synchronisierten Schwärmen zusammen und kehren in die tieferen Wasserschichten zu ihren Verstecken zurück.

Andere schwarmbildende Fische zeigen ähnliche Verhaltensweisen: Sie suchen in der Morgen- oder Abenddämmerung nach Nahrung und meiden die hellen Tagesstunden. Für einige Arten ist der Sauerstoffgehalt in den tieferen Wasserschichten jedoch zu gering, sodass sie gezwungen sind, in Oberflächennähe zu bleiben. Andere können das Plankton, von dem sie sich ernähren, in der Dunkelheit nicht sehen, und auch ihnen bleibt nichts anderes übrig, als ihr Glück tagsüber zu versuchen.

Laternenfische

Laternenfische schwimmen erst abends zur Oberfläche. Ihre Augen sind groß und so scharf, dass sie selbst kleinste Planktonorganismen auch in der Nacht sehen.

Fischkugeln

Selbst in den dämmrigen Tiefen können Fischschwärme aufgespürt werden. Fressfeinde wie Delfine, Thunfische, einige Wale und Seevögel tauchen nach Heringsschwärmen, versetzen die Tiere in Panik und zwingen sie aufzusteigen. Dabei drängen sich die Heringe ganz dicht aneinander, bis sie nur noch eine einzige, wirbelnde, kugelige Masse bilden. Diese Fischkugeln ziehen immer mehr Jäger von allen Seiten an, die in den Heringen leichte Beute wittern.

Segelfische und Schwertfische

Zu dieser Gruppe gehören eine Reihe großer Raubfische, wie Marlin, Segel- oder Fächerfisch und Schwertfisch. Die größte Art ist der Blaue Marlin *(Makaira nigricans),* der fast fünf Meter lang und über 400 Kilogramm schwer werden kann. All diese Fische sind sehr schnelle Schwimmer: Marline können über 75 km/h und Segelfische sogar über 120 km/h erreichen.

Marline haben einen sehr lang ausgezogenen Oberkiefer, mit dessen Hilfe sie ihre Beute – Kalmare, Fische und Krebstiere – schlagen und betäuben. Blaue Marline patrouillieren in Oberflächennähe tropischer Meere; man findet sie im Westpazifik, Atlantik und Indischen Ozean. Beim Aufspüren von Beute verlassen sie sich auf ihr ausgezeichnetes Sehvermögen und jagen deswegen bevorzugt am Tag.

Der Gestreifte Marlin *(Tetrapturus audax)* ist kleiner als sein blauer Vetter. Er jagt ebenfalls an der Oberfläche tropischer und subtropischer Meere, und zwar in Gruppen von bis zu 30 Tieren. So arbeiten Marline etwa im Team, wenn sie einen Schwarm dazu bringen, sich zu einer dichten Kugel nahe der Oberfläche zu formieren. In diesen stoßen sie hinein, um Beute zu machen. Gestreifte Marline sind die bevorzugte Trophäe von Sportanglern, und in manchen Regionen, in denen sie früher häufig waren, ging ihre Zahl inzwischen stark zurück. Es ist zu hoffen, dass die Einführung von Maßnahmen, wie Fangen und wieder Freilassen, dazu beitragen wird, den Bestand zu halten oder wieder zu erhöhen.

Portugiesische Galeere

Keine echte Qualle
Die Portugiesische Galeere, eine Verwandte der Quallen, verdankt ihren Namen ihrem über der Wasseroberfläche treibenden Körperteil, der an eine portugiesische Karavelle aus dem 15. Jahrhundert erinnert. Sie gehört zu den Staatsquallen (Ordnung Siphonophora) und kommt oft in Gruppen von mehreren Tausend Exemplaren im oberflächennahen Bereich gemäßigter und tropischer Meere vor.

Kolonien von „Staatsbürgern"
Im Gegensatz zu den Echten Quallen sind Staatsquallen keine Einzeltiere, sondern ein ganzer Tierstock. Die gesamte Kolonie besteht aus vier verschiedenen Polypentypen, den „Staatsbürgern", die unterschiedliche Funktionen ausüben.

Ein Typ ist für die Fortbewegung verantwortlich, ein weiterer für das Fangen und Lähmen der Beute, ein dritter für die Verdauung und der vierte für die Fortpflanzung. Jede Kolonie kann bis zu 1000 dieser „Staatsbürger" aufweisen, die als Einheit zusammenleben. Unabhängig voneinander sind sie nicht überlebensfähig.

Mit Gift gefüllt
Über der Wasseroberfläche sieht man von der Portugiesischen Galeere nur eine dahintreibende blauviolette gasgefüllte Blase mit einem kammartigen Segel. Die Blase ist etwa 30 Zentimeter lang. Unter diesem Floß erstrecken sich Unmengen von Tentakeln bis 15 Meter tief ins Wasser. Diese Tentakel, die mit Millionen höchst giftiger Nesselkapseln ausgestattet sind, können Fische bis zur Größe einer Makrele fangen und lähmen. Kommen Menschen mit diesen Nesselfäden in Kontakt, ist dies außerordentlich schmerzhaft, aber nur selten lebensgefährlich. Quallen- oder Galeerenfische *(Nomeus gronovii)* suchen zwischen den Tentakeln Schutz und werden nicht genesselt. Auch einige Meeresschildkröten und -schnecken sind immun gegen das Nesselgift.

Rechte Seite, oben: Der Barrakuda *(Sphyraena sp.)* ist ein flinker Jäger.

Rechte Seite, unten: Der Gestreifte Marlin zählt zu den schnellsten Schwimmern.

Unten: Portugiesische Galeere *(Physalis physalis)*.

Schwertfische

Das breite, flache Schwert des Schwertfisches *(Xiphias gladius)* dient nicht nur zur Verteidigung, sondern wird auch eingesetzt, um Beutetiere zu betäuben. Das zahnlose, kühne Tier stellt bevorzugt kleineren Fischen, wie Makrelen, Thunfischen und Doraden, sowie Kalmaren nach, greift aber unter Umständen sogar Wale an.

Schwertfische haben nicht nur riesige, lichtempfindliche Augen, sondern auch einen hohen Fettgehalt des Körpers und ein Gegenstrom-Kreislaufsystem. Dies erlaubt es ihnen, in tiefen Wasserschichten unterhalb der Thermokline auf Jagd zu gehen. Speziell angepasste Organe hinter den Augen behalten ihre Temperatur selbst in kalten Tiefen bei, was das Sehvermögen weiter verbessert. Nachts folgen Schwertfische oft anderen Tieren an die Oberfläche, um sie dort zu erbeuten. Sie haben nur wenige Feinde, denn ihr furchterregendes Schwert dient als wirksame Abschreckung. Zu ihren Hauptfeinden zählen die schnellen Makohaie.

Barrakudas

Barrakudas bewohnen tropische und subtropische Meere. Manche Arten werden bis zu 1,8 Meter lang, und alle haben kräftige Kiefer mit nadelspitzen Zähnen. Die großen Fische treten in der Umgebung von Riffen ebenso wie im offenen Meer in Schwärmen auf. Bisweilen lauern sie auch allein auf Beute und warten geduldig, bis ein Opfer nahe genug herangekommen ist. Dann packen sie es blitzschnell nach einem gewaltigen Spurt.

Barrakudas gelten als effiziente und erfolgreiche Jäger, doch die Behauptung, sie würden auch Menschen angreifen, trifft nur in Ausnahmefällen zu. So kommen unprovozierte Angriffe sehr selten vor, obgleich Barrakudas manchmal Tauchern durch die Riffe folgen.

Thunfische

Thunfische sind große Raubfische, die nur wenige Feinde fürchten. Dennoch bilden auch sie Schwärme. Ihre Jagdtechnik erlaubt ihnen, weite Bereiche des Meeres bis in beachtliche Tiefen zu patrouillieren. Da sie ein beträchtliches Gewicht erreichen, schwimmen sie ständig und zudem schnell, um nicht abzusinken. Außerdem stellen sie auf diese Weise sicher, dass sauerstoffreiches Wasser durch ihre Kiemen gepresst wird.

Thunfische gehören zu den schnellsten Fischen. Sobald sie Beute gesichtet haben, beschleunigen sie rasant. Dank ihres Gegenstrom-Kreislaufsystems wird kaltes venöses Blut, das zum Herzen zurückkehrt, erwärmt, indem es an den arteriellen Blutgefäßen entlanggeführt wird, in denen das Blut in die entgegengesetzte Richtung strömt. So können die Fische eine höhere Körpertemperatur aufrechterhalten als das umgebende Wasser und sind in der Lage, sowohl in Oberflächennähe als auch in kühleren, tieferen Wasserregionen zu jagen.

Haie

Kein Tier löst beim Menschen offenbar mehr Angst und Schrecken aus als der Hai. Seine Schnelligkeit und das furchterregende Gebiss erwecken den Eindruck eines gefräßigen Jägers. Auch wenn es stimmt, dass Haie eine Vielzahl von Meerestieren fressen und einige Arten sogar Menschen angreifen, sind sie keineswegs passionierte Menschenfresser. Im Gegenteil: Haiattacken auf Menschen kommen nur höchst selten vor.

Alle Haie sind Knorpelfische, das heißt, ihr Skelett besteht aus Knorpel und nicht aus Knochen. Vermutlich haben sie sich vor rund 100 Millionen Jahren zu ihrer heutigen Form entwickelt. Man kennt etwa 415 Haiarten, von denen die meisten räuberisch leben, doch es gibt auch planktonfressende Formen. So ernährt sich etwa der größte Fisch der Welt, der Walhai *(Rhincodon typus)*, nur von Plankton, während er durch die oberflächennahen Regionen warmer Meere kreuzt. Mit einer Körperlänge von mehr als zwölf Metern und einem Gewicht von bis zu 14 Tonnen ist er ein hervorragendes Beispiel dafür, wie effizient und energiesparend es ist, sich von Primärproduzenten zu ernähren.

Der Riesenhai, ein anderer großer Planktonfresser, wiegt bis zu fünf Tonnen und bringt es auf eine Länge von neun Metern. Er patrouilliert längs der Thermokline von Oberflächengewässern und verschlingt große Mengen winziger Planktonorganismen, indem er mit weit offenem Maul durchs Wasser pflügt.

Fleisch- und Fischfresser

Die großen räuberisch lebenden Haie, wie Weißer Hai *(Carcharodon carcharias)*, Tigerhai *(Galeocerdo cuvier)* und Großer Hammerhai *(Sphyrna mokarran)*, können bis zu sechs Meter lang werden, während Katzenhaie, die am anderen Ende des Spektrums stehen, nur 20 Zentimeter Länge erreichen.

Die meisten Haie leben in warmen, flachen Küstengewässern der Tropen, wo sie reichlich Nahrung finden. Einige Arten, wie Mako- und Hammerhaie, leben im offenen Meer, während wieder andere, wie der Grönlandhai *(Somniosus microcephalus)*, Tiefseebewohner sind.

Der Blauhai *(Prionace glauca)* bewohnt die Meere von den gemäßigten bis in die tropischen Breiten. Tagsüber taucht er durch die Sprungschicht bis in 600 Meter Tiefe und jagt dort seine Lieblingsbeute, Kalmare und Kraken. Er kann jedoch nicht unbegrenzt so weit unten bleiben, sondern muss etwa jede Stunde zur Oberfläche zurückkehren, um sich aufzuwärmen. Nachts hat er leichtes Spiel, weil seine Beute sich im Zuge der täglichen Vertikalwanderung der Oberfläche bis auf 100 Meter nähert.

Rechte Seite, oben: Der Weiße Hai *(Carcharodon carcharias)* zählt zwar zu den gefürchtetsten Meerestieren, doch kommen Angriffe auf Menschen höchst selten vor.

Rechte Seite, unten: Bogenstirn-Hammerhaie *(Sphyrna lewini)* schwimmen häufig in Begleitung kleinerer Fische durch die Meere.

Unten: Ein Karibischer Riffhai *(Carcharhinus perezi)*.

Beute aufstöbern

Haie sind ausgezeichnete Jäger und sehr geschickt darin, Beute aufzuspüren. Dazu steht ihnen eine ganze Palette von Sinnesorganen zur Verfügung. Ihr erstaunlicher Geruchssinn erlaubt es ihnen, den Geruch von einem Teil Blut auf 100 Millionen Teile Wasser zu registrieren. Zudem nehmen sie kleinste Bewegungen von Tieren noch in 100 Meter Entfernung wahr. Auf ihr gutes Sehvermögen verlassen sie sich, wenn sie gezielt ein Beutetier aus vielen herauspicken oder wenn sie im tiefen Wasser lauern, bis sich die Umrisse eines Opfers als Silhouette gegen die Oberfläche abzeichnet. Mithilfe spezieller Elektrorezeptoren, den sogenannten Lorenzinischen Ampullen, spüren Haie die schwachen elektrischen Signale auf, die sämtliche Tiere durch Muskelbewegungen aussenden, selbst wenn sie reglos in einem Versteck ruhen.

Viele Haie ernähren sich vorwiegend von Fisch, verschmähen aber auch Meeresschildkröten, Robben, Vögel und andere Haie nicht. Ihr Magen kann sich um das Mehrfache seiner ursprünglichen Größe ausdehnen, sodass Haie auch große Beutetiere verschlingen können. So wurden im Magen gefangener Haie schon seltsame Dinge gefunden, darunter Dosen, Plastiktüten, Kleider, zerbrochene Uhren und einmal sogar ein Rentier!

Zähne

Form und Größe von Haizähnen variieren je nach Art. Die Zähne großer räuberischer Arten sind dreieckig, am Rand gezackt und außerordentlich scharf. Der Makohai hat beispielsweise lange, spitze Zähne, die an Dolche erinnern, und zusammen mit seiner Schnelligkeit machen diese Gebissmerkmale den Hai zu einem äußerst effizienten Jäger großer Meerestiere. Haizähne wachsen in Reihen, sodass ausgefallene oder stumpfe Zähne sofort durch neue aus der dahinterliegenden Reihe ersetzt werden können. Der Biss eines Hais hinterlässt eine typische halbmondförmige Wunde mit ausgezackten Rändern. Die Arten lassen sich anhand ihrer Bissform und -tiefe leicht voneinander unterscheiden.

Oben: Karibischer Riffhai (Carcharinus perezi).

Rechte Seite: Trotz seiner eindrucksvollen Größe ist der Walhai (Rhincodon typus) ein harmloser Planktonfresser. Er wird oft von Schiffshaltern als bequemes Transportmittel benutzt.

Fortpflanzung

Im Gegensatz zu Knochenfischen paaren sich alle Haie mit einem Partner, und es kommt zur inneren Befruchtung. Die Trächtigkeit kann auf zwei verschiedene Arten ablaufen: Einige Haiarten, darunter auch der Walhai, legen Eier ab, die von einer hornigen, festen Hülle umgeben sind. Jedes Ei enthält einen einzelnen Embryo und ist mit rankenartigen Fortsätzen an Algen oder an Felsvorsprüngen befestigt. Die Jungen schlüpfen je nach Art und Wassertemperatur sieben bis zehn Monate nach der Eiablage.

Bei den meisten pelagischen Haien, darunter Blauhaie und Hammerhaie, schlüpfen die Jungen innerhalb des mütterlichen Körpers aus dem Ei und ernähren sich anschließend vom Dottersack. Bei manchen Arten werden die Jungen sogar über eine plazentaartige Struktur mit Nährstoffen und Sauerstoff versorgt. In beiden Fällen bringen die Weibchen dann lebende Junge zur Welt.

DAS OFFENE MEER

Wale

Wale stammen von Landtieren ab, die vor rund 70 Millionen Jahren ins Meer gingen. Unter ihnen finden sich die größten Meeressäuger und mit dem Blauwal (*Balaenoptera musculus*) das größte Tier, das jemals auf Erden gelebt hat.

Alle Wale haben sich im Lauf ihrer jahrmillionenlangen Evolution perfekt an das Leben im Wasser angepasst. Ihr unbehaarter Körper ist stromlinienförmig und erlaubt ihnen eine zum Teil erstaunlich flinke Fortbewegung. Ihre Vordergliedmaßen sind in Flossen umgewandelt, und die große, waagerechte Schwanzflosse, die Fluke, sorgt für den nötigen Vortrieb. Das Atemloch (Blasloch) liegt ganz oben auf dem Kopf. Als Säuger müssen Wale regelmäßig an die Wasseroberfläche kommen, um zu atmen. Sie stoßen dann verbrauchte Luft, den Blas, wie eine Fontäne aus und atmen durch dieses Atemloch wieder ein.

Alle Wale können tief tauchen und lange unter Wasser bleiben. Der Buckelwal (*Megaptera novaeangliae*) etwa taucht bis zu 200 Meter tief und bis zu 45 Minuten lang. Pottwale können sogar Tiefen von 1000 Metern erreichen und über eine Stunde lang unter Wasser bleiben.

Die Wale werden in zwei Gruppen eingeteilt: Bartenwale, die Planktonfiltrierer sind, und Zahnwale.

Riesige Filtrierer

Zu den Bartenwalen gehören neben dem Blauwal auch Finnwal (*Balaenoptera physalus*), Nördlicher Zwergwal (*B. acutorostrata*), Seiwal (*B. borealis*) und Grauwal (*Eschrichtius robustus*). Trotz ihrer immensen Größe ernähren sich die Säuger von winzigen Planktonorganismen, vorwiegend Krill. Diese Krebstiere werden mit den Barten – haarartig vom Gaumendach herabhängenden Hornplatten – aus dem Wasser gesiebt. Dazu füllt der Wal sein Maul mit Wasser, presst dieses mithilfe der Zunge durch die Barten und schluckt Krill und andere Planktonorganismen, die sich darin verfangen haben.

Der Blauwal

Der Blauwal ist der Gigant unter den Walen. Er bringt es auf eine Körperlänge von 30 Metern und ein Gewicht von 200 Tonnen, was ein erwachsenes Exemplar zu einem wirklich beeindruckenden Anblick macht. Blauwale sind Einzelgänger – man findet höchstens einmal eine Mutter zusammen mit ihrem Kalb – und ernähren sich ausschließlich von Plankton. Von ihren Fortpflanzungsgründen, die in warmen Meeresregionen liegen, unternehmen sie weite Wanderungen bis zu ihren Nahrungsgebieten. Diese befinden sich in gemäßigten und polaren Regionen und sind sehr reich an Plankton.

Gejagt bis an den Rand der Ausrottung

Aufgrund ihres immensen Vorrats an Blubber (Fett) wurden Blauwale in der Vergangenheit vom Menschen bis an den Rand der Ausrottung bejagt. Um 1965 war ihr Bestand derart zurückgegangen, dass die Internationale Walfangkommission sie unter Schutz stellte. Seitdem steigt die Zahl der Blauwale vor der kalifornischen Küste wieder an, während die Populationen im Südpolarmeer bislang keine Anzeichen der Erholung zeigen. Experten fürchten schon, dass die Blauwale vor Alaska völlig verschwunden sein könnten.

Durch den Schutz der Blauwale gerieten andere Wale ins Visier der Jäger. So gab es früher drei Grauwalpopulationen, die heute aufgrund der intensiven Bejagung auf eine einzige Population zusammengeschrumpft sind. Sie lebt in den nährstoffreichen Gewässern des Nordpazifiks vor den Küsten von Ostsibirien und Alaska. In den Wintermonaten zieht sie nach Süden in die warmen Küstengewässer vor Kalifornien. Seit Mitte des 20. Jahrhunderts steht der Grauwal unter Schutz, und die Bestandszahlen beginnen langsam wieder zu steigen.

Kommunikation

Barten- und Zahnwale kommunizieren mithilfe von Lautäußerungen, die manchmal als Gesänge bezeichnet werden. So kennt man etwa die typischen Gesänge der Buckelwale, wenn sie im Frühling von den tropischen Gewässern nach Norden wandern. Vermutlich trägt das Singen dazu bei, die Herde zusammenzuhalten. Wale besitzen keine Stimmbänder; sie erzeugen die Töne, indem sie Luft durch Säcke unter dem Blasloch pressen.

Wie Delfine setzen Wale Echoorientierung ein, um sich zu orientieren und Nahrungsquellen zu finden. Bartenwale verwenden einen tiefen Ton, der um Objekte „herumläuft", während das Sonar von Zahnwalen mit viel höherer Frequenz (Ultraschall) arbeitet und die Schallwellen vom Zielobjekt zurückgeworfen werden.

Zahnwale

Es gibt 75 Arten von Zahnwalen inklusive der Delfine. Der Pottwal ist der größte mit bis zu 50 Tonnen Gewicht und mehr als 20 Meter Länge. Er ernährt sich von Kopffüßern wie Riesenkalmaren und Kraken. Früher wurden Pottwale vor allem wegen ihres Öls, das als Schmiermittel für Maschinen diente, und wegen der Ambra, eines kostbaren, in der Parfümindustrie begehrten Rohstoffs, stark bejagt; heute ist die Art geschützt.

Die meisten Zahnwale unternehmen keine Wanderungen. Da sie Tiere verzehren, die weiter oben in der Nahrungskette stehen, verwerten sie ihre Nahrung weniger effizient als die großen Filtrierer und müssen daher ganzjährig in der Nähe ihrer Beute bleiben. Sie wurden nie so stark bejagt wie Bartenwale. Da sie kleiner und schneller sind, stellten sie für Waljäger ein schwierigeres Ziel dar, und aufgrund ihrer relativ dünnen Blubberschicht war die Jagd auf sie auch nicht so lukrativ.

Alle Walkälber werden mit dem Schwanz voran geboren und dann von ihrer Mutter zur Oberfläche gestupst, um ihren ersten Atemzug zu tun. Die Trächtigkeit eines Blauwals beträgt bis zu zwölf Monate. Das Neugeborene ist etwa sieben Meter lang und wiegt drei Tonnen. Es wird rund sieben Monate lang gesäugt und nimmt in dieser Zeit täglich ungefähr vier Zentimeter an Länge und fast 100 Kilogramm an Gewicht zu.

Links: Buckelwalweibchen mit seinem Kalb. Wie andere Säuger kümmern sich Wale so lange um ihre Jungen, bis diese für sich selbst sorgen können.

Linke Seite: Ein Buckelwal springt aus dem Wasser.

Seite 241: Der Riesenhai ist ein Planktonfresser.

Delfine

Erfolgreiche Jäger

Gesellig, intelligent und manchmal total verspielt – Delfine sind bei vielen die beliebtesten Meeressäuger. Doch diese Sichtweise täuscht über ihre wahre Natur hinweg: Tatsächlich gelten sie als höchst erfolgreiche Jäger.

Alle Delfine gehören zur Ordnung der Waltiere (Cetacea) und zur Unterordnung der Zahnwale (Odontoceti). Ihre Zähne dienen durchaus einem Zweck, denn Delfine sind Fleischfresser, und die pelagischen Jäger unter ihnen – die also im offenen Meer auf die Jagd gehen – stellen einem breiten Spektrum von Meerestieren nach.

Es gibt einige Süßwasserarten, doch die meisten Delfine leben im Salzwasser, und so findet man sie in allen Weltmeeren. Beispiele sind der Große Tümmler *(Tursiops truncatus)*, der vor der Ostküste der USA, im Mittelmeer sowie in den gemäßigten und warmen Gewässern des Pazifiks vorkommt, sowie der Gemeine Delfin *(Delphinus delphis)*, der für seine eleganten Sprünge bekannt ist. Er folgt häufig den Bugwellen großer Schiffe und lebt in warmen und gemäßigten Meeren. Darüber hinaus gibt es noch die Fleckendelfine *(Stenella spec.)*, die man in tiefen, tropischen Meeren findet, sowie den Orca oder Schwertwal *(Orcinus orca)*, der alle Weltmeere bewohnt, von den Polarregionen bis in die Tropen. Der Orca ist trotz seines Zweitnamens ein echter Delfin und der einzige, der auch warmblütige Meerestiere jagt, darunter andere Delfine und Robben. Natürlich verschmäht er auch Fische, Seevögel und Meeresschildkröten nicht.

Schnell und anpassungsfähig

Man weiß relativ wenig über das Wanderverhalten von Delfinen, weil sie sich im offenen Meer nur schwer verfolgen lassen. Immerhin ist bekannt, dass sie rasch weite Entfernungen zurücklegen, um üppige Nahrungsgründe aufzusuchen. Sie sind ausgezeichnet ans Wasserleben angepasst und können Geschwindigkeiten von mehr als 25 Kilometern pro Stunde erreichen und mehr als 300 Meter tief tauchen. Ein Orca ist nachweislich einmal sogar 1000 Meter tief getaucht. Delfine bleiben sechs bis sieben Minuten unter Wasser, bevor sie wieder an die Oberfläche kommen, um zu atmen. Dann können sie mit einem einzigen Atemzug bis zu 80 Prozent der Luft in ihren Lungen austauschen.

Jungtiere

Als Säuger bringen Delfine lebende Junge zur Welt, die je nach Art nach acht bis 16 Monaten unter Wasser geboren werden. Nach der Geburt hilft die Mutter dem Jungen sofort an die Oberfläche, wo es seinen ersten Atemzug tun kann. Das Junge wird bis zu 20 Monate gesäugt und allmählich an eine abwechslungsreiche Kost aus Fisch und Kopffüßern gewöhnt.

Oben: Zügeldelfine *(Stenella frontalis)*. Delfine sind sehr gesellig und leben in Gruppen, die einige wenige Tiere oder in manchen Fällen auch mehrere Tausend Individuen umfassen können.

Unten: Ein Delfinjunges schwimmt neben seiner Mutter.

Echoorientierung

Delfine kommunizieren untereinander mit einer Reihe von Klicklauten und Pfiffen, von denen viele für Menschen unhörbar sind. Darüber hinaus verwenden sie ein raffiniertes Echoortungssystem zur Nahrungssuche und Orientierung. Dabei erzeugt der Delfin einen Klick, der als Schallbündel wie ein Suchscheinwerfer geradeaus durchs Wasser geschickt wird. Trifft dieses Schallbündel auf ein Objekt, wird ein Teil des Schalls reflektiert und vom Delfin als Echo aufgefangen und verarbeitet. Weitere Klicklaute und Echos erlauben ihm, die Entfernung zum Zielobjekt, dessen Position und Größe abzuschätzen

Das Echoortungssystem von Delfinen ist komplex und hochempfindlich. Die Tiere können gleichzeitig Signale aussenden und Echos auffangen sowie zwei Objekte anpeilen. Delfine sind so effizient beim Aufstöbern ihrer Beute, dass ihnen andere Jäger manchmal zu einer ergiebigen Nahrungsquelle folgen, um sich am Mahl zu beteiligen.

Die Meeressäuger arbeiten bei der Jagd im Team und greifen auch koordiniert an. Wenn sie ihre Beute einkeilen und Fischschwärme an die Oberfläche drängen, verwirren ihre Klicks und Pfiffe die Fische und versetzen sie so in Panik, dass sie sich zu einer dichten Kugel zusammenschließen. Erst dann greifen die Delfine an.

Raubfeinde

Zu den Feinden von Delfinen gehören Haie, die gewöhnlich Junge, Kranke, säugende Mütter und Ältere angreifen, sowie Orcas. Auch der Mensch trägt durch Wasserverschmutzung, Überfischung der Meere und Verarbeitung von Delfinfleisch zu Haiködern zum Rückgang ihrer Zahl bei.

Delfinschulen

Delfine leben in Gruppen, die man als Schulen bezeichnet. Diese Schulen können bei in Küstennähe lebenden Arten einige wenige Individuen umfassen, bei pelagischen Arten aber auch mehrere Tausend Tiere. Die Größe der Schule hängt vom Typ der Beute ab, der die Art nachstellt. Der Rundkopfdelfin *(Grampus griseus)* etwa ernährt sich vorwiegend von Kalmaren, die meist in relativ kleiner Stückzahl vorkommen und einen recht geringen Nährwert haben. Daher sind die Jagdgruppen dieser Art eher klein.

Delfine, die Fischschwärme im offenen Meer jagen, können viel größere Schulen bilden, weil das Nahrungsangebot groß und Fisch sehr nahrhaft ist. Daher sind die Jagdverbände von Gemeinen Delfinen, Flecken- und Spinnerdelfinen oft riesig.

Linke Seite und unten: Fleckendelfine *(Stenella attenuata)*. Delfine gelten als sehr intelligent. Sie jagen oft im Team und sind von Natur aus verspielt und neugierig.

Seehunde, Seelöwen und Verwandte

Seehunde und Seelöwen gehören zu einer Gruppe mariner Säuger, die als Robben oder im wörtlichen Sinn als „Flossenfüßer" (Pinnipedia) bezeichnet werden. Dank ihrer perfekten Anpassung ans Wasserleben kommen sie in fast allen Weltmeeren vor, wandern weite Strecken, schwimmen sehr wendig und tauchen tief. Viele Arten konzentrieren sich in und um die Polarregionen, aber man findet Robben auch in gemäßigten, subtropischen und tropischen Breiten.

Tauchvermögen

An Land wirken Robben oft unbeholfen – entweder hieven sie sich schwerfällig über den Boden oder hoppeln auf allen vieren. Im Wasser verwandeln sie sich dank ihres stromlinienförmigen Körpers und ihrer flossenartigen Gliedmaßen in wendige, anmutige Schwimmer, die rasch bis in große Tiefen vordringen können. Beim Tauchen drosseln die Säuger ihren Stoffwechsel dramatisch – ihr Herzschlag verlangsamt sich auf ein Zehntel seiner normalen Rate –, und sie nutzen ihren großen Blutvorrat als Sauerstoffspeicher. Viele Robben können 100 Meter tief tauchen und dabei 20 bis 30 Minuten unter Wasser bleiben. Rekordhalter unter den Robben ist der männliche Nördliche Seeelefant *(Mirounga angustrostris)*, der im offenen Meer bis in 1500 Meter Tiefe hinabschwimmt und bis zu zwei Stunden auf Tauchstation bleiben kann!

Fortpflanzung

Trotz ihrer Anpassung ans Wasserleben müssen alle Robben an Land gehen, um sich fortzupflanzen und ihre Jungen aufzuziehen. Bei manchen Arten verteidigt ein dominantes Männchen ein Revier und einen Harem von bis zu 50 Weibchen, mit denen es sich paart. Die Kämpfe der Männchen um die Weibchen sind heftig und enden oft in blutigen, bisweilen sogar tödlichen Auseinandersetzungen.

In hohen Breiten bringen die meisten Robben ihre Jungen auf Eisschollen zur Welt. In gemäßigten und warmen Regionen finden sie sich dagegen zu Hunderten an traditionellen Fortpflanzungsstätten zusammen. Im Pazifik versammeln sich die Seelöwen beispielsweise bei den Galapagosinseln vor der Küste Ecuadors und jagen dort in den fischreichen Gewässern des Humboldtstroms nach Fischen und Kalmaren. Ebenso gebären sie ihre Jungen vor der kalifornischen Küste und in deutlich geringerer Zahl auf der japanischen Insel Honshu.

Nördliche Seeelefanten pflanzen sich auf den Inseln vor der mexikanischen Küste und auf der Halbinsel Baja California fort. Im Atlantik finden sich Seehunde *(Phoca vitulina)* an den Stränden Europas und an der Ostküste Amerikas zusammen. Kegelrobben *(Halichoerus grypus)* haben erst kürzlich begonnen, ihre Jungen an Land (in Schottland) zur Welt zu bringen – ihr Nachwuchs ist weiß und daher auf Eisschollen besser getarnt als auf Felsen.

Feinde

Zu den natürlichen Feinden von Seehunden und Seelöwen gehören Haie, Orcas und Seeleoparden *(Hydrurga leptonyx)*, aber es ist der Mensch, der viele Arten an den Rand der Ausrottung gedrängt hat. Viele Populationen sind durch die starke Bejagung dezimiert worden, und viele Tiere ertrinken immer noch in Fischernetzen, in denen sie sich verheddern. Schutzmaßnahmen, die im 20. Jahrhundert für einige Arten getroffen wurden, haben jedoch zu einer leichten Erholung vieler Bestände geführt.

Rechts: Ein Kalifornischer Seelöwe *(Zalophus californianus)* verfolgt einen Fischschwarm.

Schelfmeere

Die flachen Meere an den Rändern der Kontinente werden wegen des Kontinentalschelfs, über dem sie liegen, als Schelfmeere bezeichnet. Hier ist das Meeresleben besonders üppig und wird demgemäß seit vielen Jahrhunderten vom Menschen ausgebeutet. Die Mehrheit aller kommerziell gefangenen Fische in Nordamerika und Europa stammt aus diesen Gewässern.

Die Sedimente, die mit Flüssen in die Schelfmeere gespült werden, sind reich an Mineralien und Nährstoffen. Und diese wiederum bieten die Voraussetzungen für den Planktonreichtum, auf dem die marine Nahrungskette basiert. Zudem stellen die organischen Reste von abgestorbenem Plankton und größeren Meeresorganismen, die auf den Boden der Schelfmeere sinken, für die dortige Fauna eine reiche Nahrungsquelle dar.

Formation und Topografie

Während der letzten Eiszeit war der Meeresspiegel niedriger als heute, weil viel Wasser gefroren und in Gletschern gebunden war. Damals bildeten die Schelfmeere von heute einen Teil der kontinentalen Landmasse. Erst seit dem Ende der Eiszeit liegen sie unter Wasser.

Diese Meere erstrecken sich von der Ebbemarke bis zum Rand der Schelfkante. Im Allgemeinen sind sie rund 70 Kilometer breit, können aber deutlich breiter sein – bis zu 900 Kilometer an der nordsibirischen Küste – oder schmaler, wie am Pazifikrand. Vor allem an den Westküsten Südamerikas erreicht der Schelf nur eine Breite von einem Kilometer. Hier stellt er den pazifischen Kontinentalrandtyp dar und geht mit seismischer Aktivität in Form von Vulkanausbrüchen und Erdbeben einher. Der andere Typ, der atlantische Kontinentalrandtyp, ist durch einen breiteren und stabileren, sanft abfallenden Kontinentalhang gekennzeichnet.

An der Schelfkante nimmt das Gefälle des Kontinentalhangs dramatisch zu, sodass er steil zum Meeresboden abfällt. Dies wird als Schelfabbruch bezeichnet. Dort gingen vor vielen Dutzend Millionen Jahren die kontinentalen Landmassen in das Meer über.

Auf den Schelfabbruch folgt der Kontinentalhang, der oft von sehr alten, inzwischen mit Sediment gefüllten Flusstälern durchzogen ist. In dem Bereich, in dem der Kontinentalhang auf die ozeanische Kruste trifft, erstreckt sich manchmal eine sanft abfallende Fläche, die als Kontinentalfuß bezeichnet wird.

Fischfang

Die kommerzielle Fischerei hängt von vielen Fischarten ab, die in den Flachmeeren gedeihen, so etwa in der nördlichen Hemisphäre von Kabeljau *(Gadus morhua)*, Schellfisch *(Melanogrammus aeglefinus)* und Seehecht *(Merlucius merlucius)*. Jedoch führte vielerorts die Überfischung zum drastischen Bestandsrückgang einiger Arten, beispielsweise des Pazifischen Herings *(Clupea pallasi)*. Andere kommerziell wichtige Arten sind Barschfische wie Schnapper und Stachelmakrelen, die in tropischen und subtropischen Meeresregionen heimisch sind.

Am Boden der Schelfmeere existiert eine große Vielfalt an Meeresbewohnern. Schwämme, Seescheiden und Muscheln sitzen am Boden fest und pumpen Wasser durch ihren Körper, um Nahrungspartikel herauszufiltern. Andere Arten graben sich in den sandigen oder schlammigen Boden ein. Dazu gehören Seeanemonen, die mit ihren giftigen Tentakeln vorbeidriftende Nahrungsteilchen einfangen. Räuberische Meeresschnecken mit und ohne Gehäuse sowie eine Vielzahl anderer Wirbelloser, wie Krabben und Hummer, suchen auf dem Boden nach Beute. Unterdessen gleiten Rochen elegant über den Meeresboden und halten Ausschau nach Schnecken und Krebsen.

Rochen

Rochen sind Knorpelfische – also mit Haien verwandt – und bringen lebende Junge zur Welt. Viele Arten halten sich bevorzugt im Flachwasser am Boden auf, während andere, darunter der Riesenmanta *(Manta birostris)*, im offenen Meer zu Hause sind.

Stachelrochen

Stachelrochen, deren Größe zwischen 13 Zentimetern und 1,8 Metern variiert, sind in allen Weltmeeren heimisch. Besonders oft findet man sie in tropischen Küstengewässern, eingegraben im Sand oder Schlamm. Dank ihrer hervorragenden Tarnung kann man sie nur schwer entdecken, weshalb Menschen meist dann von ihnen gestochen werden, wenn sie versehentlich auf die Tiere treten. Eigentlich sind die Tiere völlig harmlos, sofern man sie nicht belästigt. Werden sie jedoch gestört oder gereizt, können sie mit ihrem Stachel an der Schwanzspitze ein starkes Gift injizieren. Beim Angriff wird der gesägte Stachel aufgerichtet und in das Opfer getrieben. Tödliche Angriffe auf Menschen, wie 2006 im Fall des australischen Naturforschers Steve Irwin, sind allerdings außerordentlich selten.

Da ihre Augen auf der Körperoberseite liegen, können Stachelrochen sie nicht gut zum Aufspüren ihrer Beute einsetzen; daher verlassen sie sich auf ihren Geruchssinn und – wie ihre Verwandten, die Haie – auf ihre Elektrorezeptoren. Sie ernähren sich vorwiegend von Weichtieren und Krebstieren, die sie mit ihren kräftigen Zähnen zermalmen.

Riesenmantas

Der Riesenmanta oder Große Teufelsrochen ist die größte aller Rochenarten; er hat eine Spannweite von sieben Metern und wiegt bis zu 1,5 Tonnen. Riesenmantas leben im offenen Meer nahe der Wasseroberfläche und können spektakuläre Luftsprünge vollführen, wobei sie sich mit explosionsartigem Knall ins Wasser zurückfallen lassen.

Typisch für Riesenmantas sind ihre flügelartig ausgezogenen Brustflossen, der abgeflachte, sehr große Körper und die beiden „Teufelshörner" am Kopf. Letztere dienen dazu, Plankton und kleine Fische direkt ins Maul zu lenken.

Friedfertig

Trotz des imposanten Aussehens sind Riesenmantas friedfertig, solange man sie nicht reizt. Nur selten attackieren sie große Meeressäuger oder Menschen. Oft heften sich Schiffshalter an sie an, um sich zur nächsten Nahrungsstätte transportieren zu lassen. Werden Riesenmantas harpuniert oder verfangen sich in Netzen, können ihre Größe und ihr Gewicht zu gefährlichen Situationen führen. So ist etwa bekannt, dass ein harpunierter Manta Leine und Boot mehrere Kilometer hinter sich hergeschleppt hat.

Linke Seite: Stachelrochen *(Dasyatis thetidis)*.

Unten links: Die eindrucksvollen „Flügel" des Riesenmantas *(Manta birostris)*.

Unten rechts: Schiffshalter heften sich oft an Riesenmantas an, schnappen nach Nahrungsbrocken und säubern ihren Wirt auch von Parasiten.

Seevögel

Die Seevögel des offenen Ozeans bilden eine Gruppe, die als Röhrennasen bezeichnet wird und zu der Albatrosse, Sturmtaucher und Sturmvögel gehören. Wie andere Seevögel brüten sie an Land. Sie haben Schwimmfüße und verzehren Fisch, Kopffüßer und Plankton.

Nahrungssuche und Wanderzüge

Diese Jäger, die ihre Nahrung in den oberen Wasserschichten suchen, haben ihre Ernährungsgewohnheiten so an das Leben auf dem offenen Meer angepasst, dass sie dessen Reichtum voll nutzen können. Zu diesem Zweck unternehmen sie oft weite Wanderungen.

Ein gutes Beispiel ist die Buntfuß-Sturmschwalbe *(Oceanites oceanicus)*, die von ihren Brutgebieten in der Antarktis 30 000 Kilometer nach Norden fliegt, um im Kalifornienstrom im Pazifik zu fischen. Hier ernährt sie sich in den Sommermonaten von den großen Fischschwärmen, die ihrerseits der Planktonblüte folgen, die die Strömung mit sich bringt.

Unten: Ein Schwarzbrauenalbatros *(Diomedea melanophris)* fliegt über die Meeresoberfläche.

Tauchkünstler

Sobald eine Nahrungsquelle gefunden ist, tauchen einige Arten, wie die Sturmvögel, nach ihrer Beute und benutzen ihre Schwimmfüße oder ihre Flügel als Antrieb. Andere, wie die Sturmtaucher, stürzen sich aus größerer Höhe ins Wasser, um ihre Beute zu packen. Dabei nutzen sie ihren Schwung, um mit der nötigen Geschwindigkeit durchs Wasser zu schießen. Fregattvögel können Fliegende Fische mitten im Flug schnappen, und Tölpel fangen sie, wenn sie ins Wasser zurückkehren. Fregattvögel greifen auch andere Vögel an, um ihnen ihre Beute abzujagen.

Albatrosse, die man auf allen Weltmeeren findet, sind ebenfalls sehr erfolgreiche Jäger. Wie andere Seevögel können sie mühelos weite Strecken zurücklegen. Ihre schmalen, langen Flügel erlauben ihnen, in den Luftströmungen über der Wasseroberfläche zu gleiten. Der Wanderalbatros *(Diomedea exulans)*, der größte flugfähige Vogel, legt auf der Suche nach Nahrung viele Tausend Kilometer zurück, wobei er sich nachts auf der Wasseroberfläche paddelnd ausruht. Alle Albatrosse bevorzugen die Jagd über dem offenen Meer und setzen beim Beutefang eine Reihe von Techniken ein: Sie sitzen auf dem Wasser und picken Nahrung von der Oberfläche auf, packen Fische im Tiefflug mit ihrem kräftigen Schnabel oder finden sich mit anderen Vögeln zusammen, wenn Fischschwärme von Delfinen an die Oberfläche getrieben werden.

Oben: Zahllose Blaufußtölpel *(Sula nebouxii)* tauchen in den Gewässern um die Galapagosinseln im Sturzflug nach Beutefischen.

DIE TIEFSEE

DIE TIEFSEE

Das Abyssal

Unterhalb von 150 Metern und damit jenseits der lebenssprudelnden, sonnendurchfluteten euphotischen Zone, erstreckt sich der übrige Ozean. Er ist im Durchschnitt rund 5000 Meter tief, kann aber in den tiefsten Gräben bis fast 11 000 Meter hinabreichen. Mit zunehmender Tiefe wird die euphotische Zone von der Dämmerlicht- oder Restlichtzone abgelöst, die bis in etwa 1000 Meter Tiefe vorherrscht. Von dort an versinkt das Zwielicht im tiefen Dunkel des Bathypelagials oder des Abyssals. Unterhalb von 5000 Metern und dem Bett der Tiefseeebenen liegen die Meeresgräben, die auch als Hadal bezeichnet werden. Diese Gebiete sind bislang fast völlig unerforscht und bergen sicherlich noch viele Geheimnisse. Das Abyssal – Synonym für die Tiefsee – kennzeichnen große Kälte, hoher Druck, völlige Finsternis und steter Nahrungsmangel. Doch selbst unter diesen scheinbar lebensfeindlichen Bedingungen können Tiere existieren.

Temperaturschwankungen

Die Wassertemperatur im offenen Meer kann innerhalb der ersten 300 Meter stark variieren und von 20 bis 25 °C in tropischen Breiten auf knapp 4 °C in der Dämmerlichtzone fallen. Unterhalb dieser Zone sind die Temperaturen stabil und liegen zwischen 4 und -1 °C. Alle hier lebenden Tiere sind kaltblütig und richten ihre Körpertemperatur nach der Temperatur des Wassers, das sie umgibt. Infolgedessen bewegen sie sich in der Regel langsamer, brauchen weniger Nahrung, leben länger und werden später geschlechtsreif als Tiere, die wärmere Wasserzonen bevölkern. An einigen Stellen auf dem Meeresboden gibt es jedoch hydrothermale Schlote, aus denen Wasser strömt, das in der Erdkruste aufgeheizt worden ist. Hier gedeiht eine Vielzahl bizarrer Geschöpfe. Sie wachsen rasch, und ihre Ernährung basiert auf chemischen Prozessen, die auf Erden weitgehend einmalig sind.

In Oberflächennähe sind die Druckänderungen relativ am größten; mit zunehmender Tiefe nehmen sie, prozentual gesehen, ab. Unterhalb von 1000 Metern ist der Druck 100-mal so groß wie an der Meeresoberfläche, und in einer Tiefe von 10 000 Metern entspricht er acht Tonnen pro Quadratzentimeter. Die Tiere der Tiefsee ertragen diese Kräfte, da ihre Körpergewebe mit Flüssigkeit gefüllt sind, die denselben Druck wie das umgebende Wasser haben. Wenn man diese Tiere allerdings an die Oberfläche bringt, ändert sich das Druckgleichgewicht zwischen Körper und Umgebung, und sie sterben.

Schwindendes Licht

Vermutlich hat das fehlende Licht in der Tiefsee die dort lebenden Tiere am stärksten geprägt. In den Oberflächengewässern weisen viele Organismen zur Tarnung eine Gegenschattierung auf, sind also an ihrer Körperoberseite dunkler gefärbt als an der Unterseite. Auch einige Arten der Dämmerlichtzone bedienen sich dieser Tarnmethode, während andere transparent sind oder silberne Körper besitzen, die das Restlicht reflektieren. Wenn sich das Licht mit zunehmender Wassertiefe abschwächt, werden viele Tiere bunter, denn die Farben des Sonnenlichts werden in unterschiedlichen Tiefen absorbiert. Rot ist die erste Farbe, die in rund sechs Meter Tiefe verschwindet, gefolgt von Orange, Gelb und Grün. In ungefähr 250 Meter Tiefe lassen sich keine Farben mehr ausmachen. Gewisse Farben sind daher je nach absorbierter Wellenlänge bei Fischen in bestimmten Wassertiefen besonders häufig. So kann man etwa einen roten Fisch in der Dämmerlichtzone nur schwer entdecken, da alles rote Licht ausgefiltert worden ist und der Fisch schmutzig grau oder braun erscheint – kaum mehr als ein Schatten in der Tiefe.

Rechte Seite: Tiefsee-Zooplankton.

Links: Eine Qualle treibt im Abyssal vorbei.

Auf der Suche nach Nahrung

Nahrung ist im Abyssal Mangelware. Weil Licht fehlt, gibt es keine Photosynthese und damit auch kein Pflanzenwachstum. Daher hängt das Leben weitgehend von organischen Resten ab, die von oben herabsinken. Auf dem Meeresboden sind Seesterne, Seegurken und andere Aasfresser fast völlig auf diesen „Segen von oben" angewiesen. Viele Fische, die in diesem dunklen Reich leben, erweisen sich in der Regel als klein und wenig muskulös; sie bewegen sich möglichst sparsam und warten auf Nahrung. Andere unternehmen nächtliche Wanderungen von den oberen Schichten der Dämmerlichtzone in oberflächennahe Gewässer, um sich an der Fülle von Plankton und anderen Kleinlebewesen gütlich zu tun. Es gibt in der Tiefe aber auch furchterregende Raubfische mit riesigen Mäulern und Mägen, die Beutetiere verschlingen können, die größer sind als sie selbst. In einer Welt, wo es schwer ist, an eine Mahlzeit zu gelangen und diese unter Umständen lange vorhalten muss, kann so etwas ein wesentlicher Vorteil sein.

Links: Die Rippenqualle gehört dem Stamm der Ctenophora an und ist damit nur entfernt mit den Echten Quallen vom Stamm der Cnidaria verwandt.

Unten: Die Melonenqualle *(Beroe ovata)* ist unter anderem auch im Mittelmeer verbreitet.

Röhrenaugen

In der Dämmerlichtzone, die fast kein Sonnenlicht mehr durchdringt, haben sich viele Fische an das Sehen in der Düsternis angepasst. Die meisten besitzen extrem empfindliche Augen, manche sogar riesige Röhrenaugen mit zwei Netzhäuten, mit denen sie selbst bei schwachem Licht nahe und ferne Objekte erkennen können. Weiter als rund 1000 Meter kann jedoch kein Lichtstrahl von der Oberfläche vordringen, sodass scharfes Sehen in diesen Tiefen keinen Nutzen mehr bringt. Entsprechend haben die Fische in der Dunkelzone ab 1000 Metern kleinere, schwächere Augen oder sind völlig blind.

Leuchtende Organismen

Eine weitere Anpassung ist die Fähigkeit mancher Tiefseeorganismen, selbst Licht zu produzieren (Biolumineszenz). In der Dämmerlichtzone kann dies ähnlich wie die Gegenschattierung als eine Art Tarnung dienen, während die Biolumineszenz in der Tiefsee, in die kein Lichtstrahl vordringt, einem Beutejäger helfen kann, neugierige Tiere anzulocken, sein Opfer besser zu sehen oder Geschlechtspartner zu identifizieren.

Die Restlichtzone

Jenseits der euphotischen oder sonnenbestrahlten Zone, in einer Tiefe von rund 200 Metern, beginnt die disphotische Zone, die man auch als Mesopelagial, Dämmerungszone oder Restlichtzone bezeichnet – ein Reich des Zwielichts, das sich bis in etwa 1000 Meter Tiefe, bis an den Rand der völligen Dunkelheit in der Tiefsee, erstreckt. Etwas Licht dringt noch bis in die Dämmerungszone vor, aber es reicht nicht zur Photosynthese. Daher fehlt das Phytoplankton, das die Basis der marinen Nahrungskette bildet. Mit Ausnahme einer Rotalge, die noch in Tiefen von mehr als 250 Metern nachgewiesen wurde, gibt es keine lebenden Pflanzen. Daher ist die Produktivität gering und Nahrung knapp. Viele der hier lebenden Tiere müssen entweder zur Oberfläche aufsteigen, um dort zu fressen, oder sich von absinkenden organischen Resten ernähren.

Nahrungsmangel ist jedoch nicht das einzige Problem, dem sich mesopelagische Tiere gegenübersehen. Die Wassertemperatur nimmt bis auf 4 bis 5 °C ab, während der Wasserdruck dramatisch ansteigt. Zudem ist im Wasser sehr viel weniger Sauerstoff gelöst als in der euphotischen Zone.

Dennoch beherbergen die lichtarmen Gewässer der scheinbar so unwirtlichen Dämmerungszone eine breite Palette von Organismen mit einer eindrucksvollen Fülle von Anpassungen, was Nahrungssuche, Partnerfindung und Meiden von Fressfeinden angeht. Biolumineszenz ist nur eine davon.

Rechte Seite, oben: Tiefsee-Kammmuscheln *(Placopecten magellanicus)*.

Rechte Seite, unten: Eine mesopelagische Garnele.

Unten: Ein transparenter Flohkrebs (Ordnung Amphipoda). Viele mobile Wirbellose, wie diese winzigen planktonischen Kleinkrebse, steigen nachts aus der Tiefe zur Wasseroberfläche empor, um dort selbst vom Plankton zu fressen.

Perfekte Anpassungen

Von einfachen Wirbellosen bis hin zu größeren Fischen können viele Organismen, die in der Dämmerungszone leben, in ihrem Körper Licht erzeugen. Dies bezeichnet man als Biolumineszenz. Sie funktioniert auf zweierlei Weise: zum einen auf chemischem Wege, wobei sich eine Substanz namens Luciferin mit dem Enzym Luciferase verbindet, dabei oxidiert und so Licht erzeugt. Dieser Prozess findet in speziellen Leuchtorganen statt, den sogenannten Photophoren. Die zweite Methode besteht darin, die im Körper lebenden symbiotischen Leuchtbakterien mit Sauerstoff zu versorgen, die daraufhin zu leuchten beginnen.

Beute anlocken

Biolumineszenz kann zur Kommunikation zwischen Artgenossen eingesetzt werden, etwa um potenzielle Geschlechtspartner zu finden oder um Mitglieder eines Fischschwarms zusammenzuhalten. Mit ihrer Hilfe lassen sich überdies Beutetiere lokalisieren bzw. anlocken oder Fressfeinde abschrecken.

In manchen Fällen dient sie auch dazu, einen Angreifer zu verwirren oder zu desorientieren. Dies zeigen zum Beispiel einige Krebstiere und Quallen, die bei Berührung aufleuchten. Andere, wie manche Garnelen und Kopffüßer, stoßen zur Abwehr eine Wolke leuchtender Flüssigkeit aus.

Biolumineszenz wird auch zur Tarnung genutzt, um die Körperumrisse verschwimmen zu lassen. Den Arten, die sich dieser Methode bedienen, fehlen meist Leuchtorgane auf dem Rücken, sodass sie – von oben betrachtet – mit dem Dunkel der Tiefe verschmelzen. Sie tragen jedoch oft reihenförmig angeordnete Leuchtorgane auf ihrer Unterseite, die ein grünlich blaues Licht abstrahlen. Dieses tarnt die Tiere – von unten gesehen – gegen das schwache Licht von der Oberfläche. Die Strategie wird als Gegenbeleuchtung bezeichnet und von einigen Krebstieren, aber auch von Fischen, wie Bootsmannfischen und Beilfischen, eingesetzt.

Frei driftende Wirbellose

Eine andere Form der Tarnung, die besonders frei driftende Wirbellose nutzen, ist die Transparenz. Sie macht ein Tier im Wasser fast unsichtbar, ganz gleich, von welcher Seite aus man es betrachtet. Die verschiedenen Quallenarten sind wohl die bekanntesten durchsichtigen Meereswirbellosen, aber auch viel komplexere Organismen, wie Flohkrebse und sogar Kalmare und Kraken, bedienen sich dieser Methode.

Zahlreiche Wirbellose der Dämmerungszone sind jedoch auch leuchtend rot oder orange gefärbt, was zunächst überraschen mag. Doch diese Färbung macht sie nicht etwa auffällig, sondern dient ebenfalls der Tarnung, da rotes Licht mit zunehmender Wassertiefe rasch ausgefiltert wird, sodass das Tier dunkel erscheint.

Reflektion des Lichts

Viele Tiefseefische weisen eine dunkle Färbung auf, während diejenigen, die etwas oben in der Wassersäule leben, oft silbrig sind, um das Restlicht zu reflektieren. Da die Lichtstärke so gering ist, haben einige Bewohner der Dämmerungszone auch vergrößerte Augen, die ihnen helfen, Nahrung zu finden oder Feinden zu entkommen. So nehmen die Augen des Flohkrebses *Cystisoma pellucidum* beispielsweise den größten Teil des Kopfes ein. Die ungewöhnlichsten Augen finden sich jedoch bei einigen Fischarten.

Linke Seite: Ein räuberischer Viperfisch *(Chauliodus spec).*

Oben: Ein mesopelagischer Kalmar.

Links: Quallen sind durchsichtig, verfügen jedoch häufig über Biolumineszenz, die sie spektakulär zur Schau stellen können.

Fische der Restlichtzone

Viele Fische, darunter Beilfische, besitzen große, nach oben gerichtete Augen, mit deren Hilfe sie ihre Beute aufspüren, die über ihnen schwimmt. Zu den Tieren mit den spektakulärsten Augen zählen die Gespensterfische (Familie Opisthoproctidae), zum Beispiel die Art *Winteria telescopa*. Die riesigen Augen verleihen diesen Tiefseefischen ein ausgezeichnetes räumliches Sehvermögen, das es ihnen ermöglicht, ihre Beute im Zwielicht exakt auszumachen.

Einige Arten haben einen teilweise durchsichtigen Kopf, sodass mehr Licht zu den Augen gelangt. Das seitliche Blickfeld dieser Fische ist jedoch stark eingeschränkt, und daher nutzen sie andere Verteidigungsmöglichkeiten, wie Biolumineszenz, um das Risiko zu mindern, Raubfeinden zum Opfer zu fallen. Beilfische etwa sind seitlich stark abgeflacht und damit schwer zu sehen.

Auf Nahrungssuche in der Dämmerungszone

Da Nahrung in der Dämmerungszone relativ knapp ist, verschwenden zahlreiche Beutejäger nicht unnötig Energie zum Jagen, sondern lauern vielmehr auf vorbeischwimmende Beute oder versuchen, diese mit Leuchtködern anzulocken. Viele dieser Jäger sehen furchterregend aus; nicht selten haben sie ausstülpbare Kiefer mit zahllosen nadelscharfen Zähnen, die sicherstellen sollen, dass ihr Opfer, einmal geschnappt, ihnen nicht wieder entfliehen kann. Mehrere Arten besitzen auch einen höchst dehnbaren Magen und können sehr große Beutetiere verschlingen, sodass sie sich, wenn sich die seltene Gelegenheit bietet, im wahrsten Sinne des Wortes „den Bauch voll schlagen" können.

Barten-Drachenfische

Sonderlinge sind auch die Barten-Drachenfische (Familie Stomiidae). Sie weisen einen aalartigen Körper, große Augen, ein riesiges Maul und spitze Zähne auf. Markantes Merkmal vieler Arten, etwa des Tiefsee-Drachenfisches *(Grammatostomias flagellibarba)*, ist ein Köderfaden (Bartel) am Kinn, der mit einer Länge von 1,8 Metern um ein Vielfaches länger als der 15 Zentimeter lange Körper ist. Noch ungewöhnlicher ist, dass erwachsenen männlichen Drachenfischen und eng verwandten Arten oft Köderfaden, Zähne und sogar ein funktionierendes Verdauungssystem fehlen. Einige Arten, wie die zu den Schwarzen Drachenfischen gehörende Art *Idiacanthus antrostomus*, können unter ihren Augen rotes Licht aussenden und damit arglose rote Wirbellose aufspüren.

Fangzahnfische

Rechts: Ein kleiner, aber furchterregend aussehender Fisch ist der Fangzahn *(Anoplogaster cornuta)*. Diese Art erreicht nur eine Körperlänge von etwa 15 Zentimetern, besitzt aber ein im Vergleich zum Körper außerordentlich großes Maul, das – wie der Name schon sagt – mit nadelspitzen Zähnen besetzt ist. Tatsächlich sind die beiden größten Zähne im Unterkiefer so lang, dass der Fisch sie in zwei Hohltaschen im Oberkiefer unterbringen muss, wenn er das Maul schließt. Erwachsene Exemplare dieser Art erbeuten kleine Fische, während sich Jungtiere wahrscheinlich vornehmlich von kleinen Krebstieren ernähren. Die Jungtiere sehen im Übrigen ganz anders aus als ihre Eltern. Sie tragen zahlreiche lange Stacheln auf dem Kopf und wurden anfangs für eine eigene Art gehalten. In ähnlicher Weise weist die Jugendform der verwandten Art *Idiacanthus fasciola* Stielaugen auf, die sich zurückbilden, wenn der Fisch heranwächst.

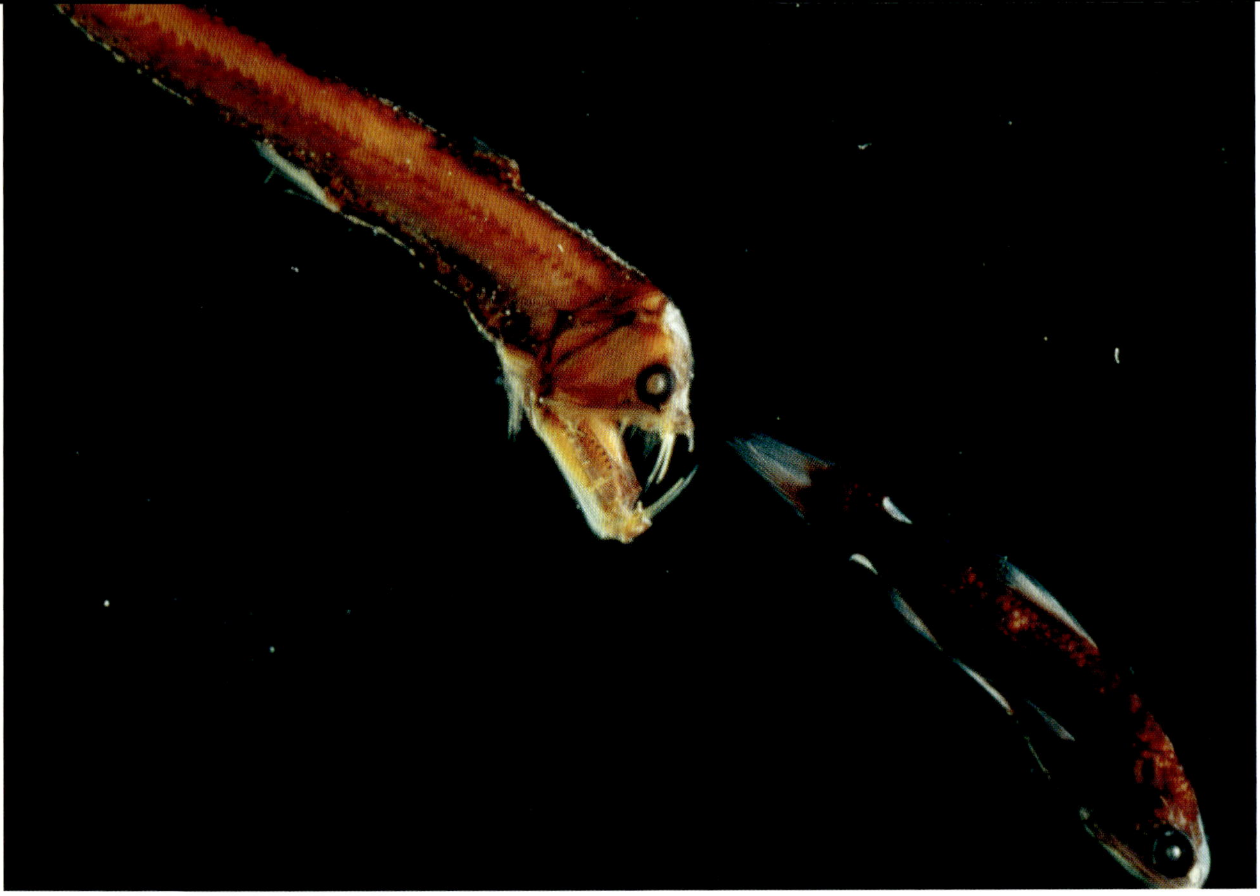

Viperfische
Der Viperfisch *Chauliodus sloani* wird gewöhnlich etwa 30 Zentimeter lang, kann aber Fische verschlingen, die größer sind als er selbst. Er besitzt ein riesiges Maul und außerordentlich lange, gekrümmte Zähne, mit denen er seine Beute sicher packen kann. Die Art verfügt über die Fähigkeit zur Biolumineszenz und hat einen Leuchtköder, der eine Verlängerung der Rückenflosse darstellt. Er dient zum Anlocken von Beute. Außerdem weist der Fisch Leuchtorgane im Maul und längs des Körpers auf.

Quastenflosser

Bis zur Entdeckung eines lebenden Exemplares vor der Küste von Südafrika im Jahr 1938 hatten Wissenschaftler angenommen, der Komoren-Quastenflosser *(Latimeria chalumnae)* sei in der Kreidezeit vor 60 bis 70 Millionen Jahren ausgestorben; ähnliche Arten kannte man nur aus der Fossilgeschichte. Inzwischen fing man aber mehrere dieser urtümlichen Fische, was sogar zur Identifizierung einer zweiten Art, dem Manado-Quastenflosser *(L. menadonensis)*, in indonesischen Gewässern führte.

Quastenflosser stellen eine höchst ungewöhnliche Fischgruppe dar, die sich viele Hundert Millionen Jahre hindurch vermutlich kaum verändert hat und eng mit den Vorfahren landlebender Wirbeltiere (Amphibien, Reptilien, Vögel und Säuger) verwandt ist. Sie haben eine einfach gebaute Chorda dorsalis, ein Gelenk zwischen Vorder- und Hinterschädel, das wahrscheinlich das Verschlingen großer Beute erleichtert, sowie ein Rostralorgan an der Schnauze, das vermutlich der Elektrorezeption dient, sei es zum Aufspüren von Beute oder Geschlechtspartnern. Die Fische gebären lebende Junge. Sie verfügen über ein gutes Sehvermögen. Ihre Augen sind sehr lichtempfindlich, denn hinter ihrer Netzhaut liegt eine lichtreflektierende Schicht, ein sogenanntes Tapetum lucidum.

Quastenflosser können eine Länge von etwa 1,8 Metern erreichen. Sie sind bläulich oder bräunlich gefärbt und tragen raue Schuppen. Sie scheiden Schleim und eine ölige Flüssigkeit ab und können, so wird vermutet, bei Nahrungsmangel in einen winterschlafähnlichen Zustand verfallen.

Beilfische

Während sich Beilfische nachts auf Nahrungssuche zur Meeresoberfläche begeben, bleiben die Vertreter der Gespensterfische vermutlich in der Regel in einer bestimmten Wassertiefe und damit in einer bestimmten Temperaturzone.

Rechts: Dieser Beilfisch präsentiert seine hoch entwickelten Augen, mit denen er das schwache Licht seines Lebensraums optimal nutzen kann.

Linke Seite, oben: Ein Viperfisch verfolgt seine Beute.

Linke Seite, unten: Ein Schnepfenaal *(Nemichthys scolopaceus)*.

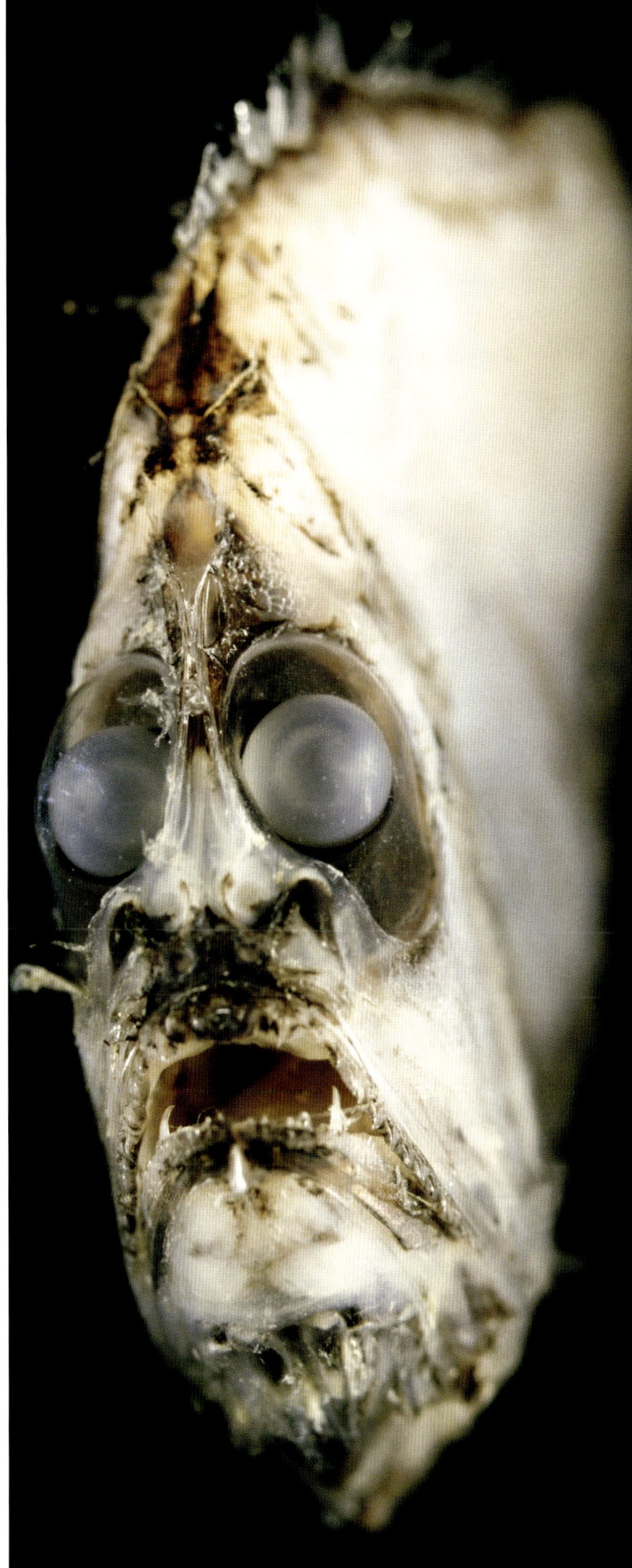

Verschiedene Quallen

Rippenquallen (Ctenophora)

Rippenquallen sind einfach gebaute, gallertartige Organismen, die mit Quallen verwandt sind. Ihren Namen verdanken sie mehreren Reihen kammartiger Wimpernplättchen, die für den nötigen Vortrieb im Wasser sorgen. Sie sind die größten Tiere, die sich per Wimpernschlag fortbewegen. Im Gegensatz zu den echten Quallen (Cnidaria) besitzen Rippenquallen keine Nesselkapseln, um ihre Beute zu fangen; statt dessen versuchen sie, kleine Fische, Krebstiere und andere pelagische Wirbellose mit ihren klebrigen Tentakeln zu umhüllen. Einige Arten haben vergrößerte Mundlappen, die dieselbe Funktion erfüllen, während Melonenquallen (Gattung *Beroe*) einfach andere Rippenquallen in ihre sehr große Mundöffnung saugen. Rippenquallen dienen wiederum größeren Quallen, Fischen und Schildkröten als Nahrung. Die meisten Arten sind zur Biolumineszenz fähig und versuchen, potenzielle Fressfeinde mithilfe von Leuchteffekten zu verwirren oder abzuschrecken.

Rippenquallen kommen in verschiedenen Tiefen vor und machen häufig einen großen Teil des Zooplanktons in der euphotischen Zone aus. Doch auch in der Dämmerungszone können sie sehr zahlreich sein und selbst noch größere Tiefen besiedeln.

Superorganismen

Staatsquallen (Siphonophora) sind ebenfalls mit den echten Quallen verwandt, aber noch ungewöhnlicher als Rippenquallen. Sie bilden ganze Tierkolonien, die jeweils wie ein Einzelorganismus funktionieren. Daher werden sie häufig als Superorganismus bezeichnet, bei dem unterschiedliche Individuen in Arbeitsteilung ganz bestimmte Aufgaben erfüllen. Einige, wie die Wehrpolypen, bilden nesselbestückte Tentakel aus und lähmen ihre Beute, während andere den Schirm bilden (Nectophoren), der zur Fortbewegung dient, Nahrung verdauen (Nährpolypen) oder für die Fortpflanzung sorgen (Geschlechtspolypen). Einige Kolonien, vor allem solche in der Dämmerungszone, können sich aus Ketten von Individuen zusammensetzen, die mehr als 30 Meter lang sind.

Links: Während die meisten Quallen Nesselkapseln besitzen, um ihre Beute zu fangen, hüllen andere Arten ihr Opfer einfach ein.

Rechte Seite: Viele Wale ernähren sich in der euphotischen Zone von Plankton, während andere, wie der Pottwal, tief hinabtauchen, um Kalmare und andere Tiere zu erbeuten.

DIE DUNKELZONE

DIE DUNKELZONE

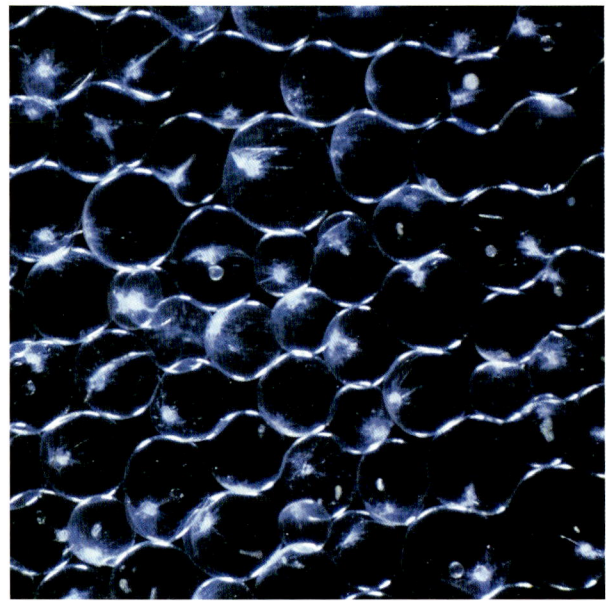

Ständige Finsternis

Unterhalb einer Tiefe von 1000 Metern liegt das Reich ewiger Finsternis, in das kein Sonnenstrahl vordringt und das als aphotische, bathypelagische oder Dunkelzone bezeichnet wird. Diese Zone erstreckt sich bis in eine Tiefe von rund 4000 Metern, wo sie in die abyssale oder abyssopelagische Zone übergeht. Fast 80 Prozent der irdischen Biosphäre liegen unterhalb der oberen Grenze der Dunkelzone, doch weil es vor allem wegen der extremen Druckverhältnisse, die dort herrschen, so schwierig ist, diesen Lebensraum zu erforschen, wissen wir relativ wenig über dieses Habitat und seine Bewohner. Lange wurde angenommen, in einer derart extremen Umwelt könne kein Leben existieren, und erst gegen Ende des 19. Jahrhunderts wandelte sich diese Einstellung. Der riesige Wasserkörper ist tatsächlich nur dünn besiedelt, was kaum verwundert. Dennoch weist er eine überraschende Vielfalt an Lebensformen auf. Selbst wenn dort nur wenig bekannte Arten vorkommen mögen, die zudem weit verteilt sind, glauben Forscher heute, dass in dieser scheinbar leeren Einöde, wo Licht nur von biolumineszierenden Tieren produziert wird oder gelegentlich die Scheinwerfer eines Tauchboots das Dunkel durchdringen, viele faszinierende Lebewesen existieren, deren Entdeckung noch bevorsteht.

Tiefsee-Kopffüßer

Mit hoch entwickelten Augen und leistungsfähigem Nervensystem sind Kopffüßer (Cephalopoden) – Kraken, Kalmare, Sepien und das Perlboot *(Nautilus spec.)* – die komplexesten und wohl auch intelligentesten Wirbellosen. Sie bewohnen sämtliche Weltmeere, vom oberflächennahen Bereich bis in die Tiefsee. Und während die meisten Tiere in der Dunkelzone gezwungen sind, wegen des Nahrungsmangels Energie zu sparen und auf eine vorbeischwimmende Beute zu warten oder sich von der Strömung treiben zu lassen, hat man Cephalopoden dabei beobachtet, wie sie sich in der Tiefsee überraschend schnell fortbewegen. Vermutlich gehen sie selbst hier gezielt auf Jagd und verlassen sich beim Aufspüren von Beute auf ihre wohlentwickelten Sinne.

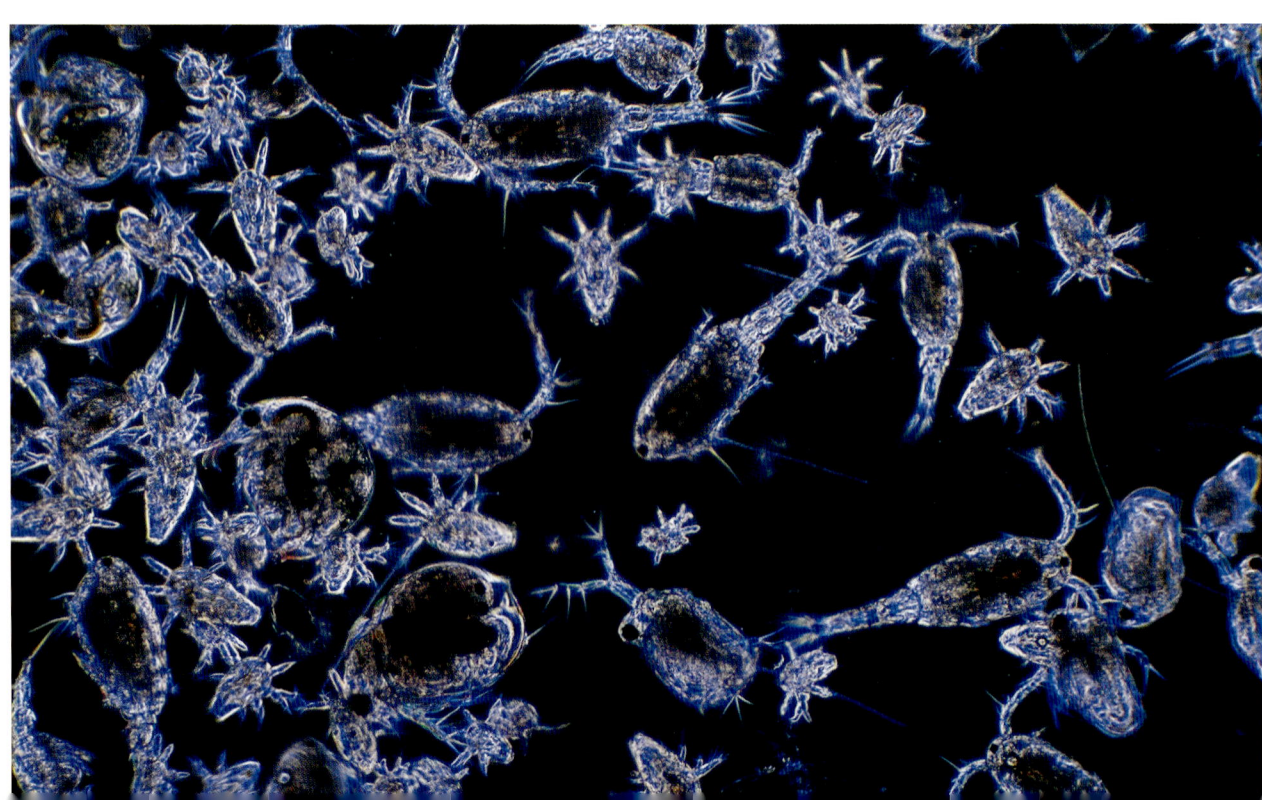

Vampir in der Tiefsee

Lange vermutete man, der Vampirtintenfisch *(Vampyroteuthis infernalis)* – sein lateinischer Name bedeutet „Vampirkalmar aus der Hölle" – ließe sich einfach von der Strömung treiben, bis er zufällig auf eine Nahrungsquelle stößt. Gelegentlich trifft dies wohl auch zu, doch die Tiere können überraschend schnell sprinten. Sie besitzen, relativ zu ihrer Körpergröße betrachtet, die größten Augen im ganzen Tierreich, was ihnen zweifellos zugutekommt, wenn sie nach Beute suchen oder Raubfeinden ausweichen.

Darüber hinaus trägt der Vampirtintenfisch auf seiner gesamten Körperoberfläche Leuchtorgane, die vermutlich ähnlichen Aufgaben dienen. Obgleich er keine Tintenwolke ausstößt, um Angreifer abzuschrecken oder zu verwirren, kann er stattdessen einen leuchtenden Schleim von sich geben. Diese Art gehört zu den ungewöhnlichsten Kopffüßern und nimmt ihrem Körperbau nach eine Art Zwischenstellung zwischen einem Kraken und einem Kalmar ein. Vampirtintenfische weisen eine auffällige Anordnung von Häuten, die sich zwischen ihren Armen spannen, und zwei fadenförmige, als Sinnesorgane dienende „Tentakelfilamente" auf. Taxonomisch werden sie in eine eigene Ordnung, Vampyromorphida, gestellt. Sie sind auch insofern einzigartig unter Kopffüßern, als sie in der extrem sauerstoffarmen Zone zwischen 600 und 10 000 Metern gedeihen: Das gelingt ihnen dank ihrer sehr niedrigen Stoffwechselrate und dem höchst effizienten Atmungssystem.

Ähnlich ungewöhnlich sind die Stauroteuthiden, zwei Arten cirrentragender Tiefseekraken, die wie der Vampirtintenfisch Arme oder Tentakel besitzen, zwischen denen sich Häute spannen. Die beiden Arten, *Stauroteuthis gilchristi* und *S. syrtensis*, wurden dabei beobachtet, wie sie ihre Tentakel eingezogen hatten und die Häute zu einem Ballon aufblähten. Doch es ist ungewiss, ob dieses Verhalten der Nahrungsaufnahme oder der Verteidigung dient. Diese Kraken ernähren sich von kleinen Ruderfußkrebsen und verwenden vermutlich Schleimabsonderungen zum Einfangen ihrer Beute.

Riesenkalmare

Versuche, diese Tiere in ihrem natürlichen Lebensraum zu studieren, haben sich als außerordentlich schwierig erwiesen. Trotz verbesserter Fangtechniken, bei denen der Wasserdruck rundum aufrechterhalten wird, überleben die Kalmare außerhalb ihres Habitats nicht lange. Zu den am schwersten fassbaren und gleichzeitig eindrucksvollsten Tieren gehören die Riesenkalmare. Sie galten lange als Fabelwesen, doch seit Ende des 19. Jahrhunderts wurden mehrere Exemplare an Küsten gespült. 2004 gelangen die ersten Aufnahmen eines lebenden Exemplars. Die riesigen Kopffüßer können eine Körperlänge von 15 Metern erreichen und wiegen dann mehr als eine Tonne. Trotz ihrer Größe sind sie schwer zu finden, und über ihr Verhalten ist so gut wie nichts bekannt. Man weiß jedoch, dass ihnen Pottwale *(Physeter macrocephalus)* nachstellen. Indem man den Wanderungen dieser Wale folgte, konnten einige Riesenkalmare lokalisiert werden. Bisher wurden acht Arten der Gattung *Architeuthis* beschrieben. Wie viele verschiedene Arten es tatsächlich gibt, ist jedoch unbekannt.

Oben: Ein Riesenkalmar frisst einen Thunfisch.

Linke Seite, oben: Ein Schwarm von biolumineszierenden Dinoflagellaten.

Linke Seite, unten: Mikroskopische Dunkelfeldaufnahme von Wasserflöhen (*Dapnia* und *Cyclops*) mit Ruderfußkrebslarven im ersten Stadium, sogenannten Nauplien.

Vorangegangene Doppelseite: Länglicher Borstenmaulfisch (*Gonostoma elongatum*).

Das Perlboot

Im Gegensatz zu Kraken und Kalmaren, denen eine Schale völlig fehlt, sowie Sepien, die stark zurückgebildete innere Schalen enthalten, ist das Perlboot *Nautilus pompilius* einzigartig unter den Kopffüßern: Es besitzt eine äußere Schale und gilt als lebendes Fossil, da es sich seit der Zeit der Ammoniten, die aus viele Hundert Millionen Jahre weit zurückreichenden Fossilfunden bekannt sind, kaum verändert hat. Seine Schale ist spiralig aufgerollt und besteht aus zahlreichen flüssigkeits- und gasgefüllten Kammern, die beim Auftrieb eine Rolle spielen. Das Tier selbst bewohnt die vorderste Kammer. Wächst es aus dieser Kammer heraus, wird eine weitere Kammer angebaut. Ein Sipho zieht vom Körper des Perlboots durch die sich verjüngenden Kammern bis zur Spitze und erlaubt dem Tier, seinen Auftrieb zu regulieren, um sich energiesparend im Wasser auf und ab zu bewegen.

Wie bei anderen Kopffüßern hat sich der Molluskenfuß in Tentakel umgewandelt, die das Perlboot zum Fang von Wirbellosen, wie kleinen Krebstieren, einsetzt. Die Tiere haben relativ große Augen, die jedoch keine Linse besitzen. Vermutlich spürt das Perlboot Beute vorwiegend mithilfe seines Geruchssinns auf.

Es ist bekannt, dass Perlboote in tropischen Gewässern in der Tiefe nach Nahrung suchen, doch findet man sie auch in Oberflächennähe und manchmal zudem in Korallenriffen. *Nautilus pompilius* hat eine kleinere Unterart, *N. p. suluensis*.

Fische der Dunkelzone

In der Dunkelzone ist Nahrung noch knapper als in der darüberliegenden Dämmerungszone, denn ein großer Teil des organischen Materials, das aus der euphotischen Zone herabregnet, ist schon konsumiert worden, bevor es die Tiefsee erreicht. Zudem gibt es hier deutlich weniger Tierarten, die als Beute dienen könnten. Dennoch leben die meisten Tiefseefische räuberisch und zeigen verschiedene Anpassungen, um Beute zu finden und zu verschlingen. Dazu zählen Leuchtköder, beeindruckend lange und scharfe Zähne sowie sehr dehnbare Mägen.

Um mit den extremen Druckverhältnissen in der Dunkelzone fertig zu werden, fehlt den meisten Fischen eine Schwimmblase; ihr wassergefüllter Körper weist ein sehr flexibles Gewebe und eine schwache Muskulatur auf. Die meisten Tiere haben eine dunkle Färbung, was sie praktisch unsichtbar macht. Außerdem sind sie meist recht klein, sodass sie mit verhältnismäßig wenig Nahrung auskommen. Einige Fische besitzen relativ große Augen und können so die Biolumineszenz anderer Organismen wahrnehmen. Bei wieder anderen sind die Augen reduziert, verkümmert oder fehlen ganz.

Linke Seite: Perlboot *(Nautilus pompilius)*.

Unten: Der imposant aussehende Drachenfisch besitzt eine leuchtende Kinnbartel, mit der er Beute anlockt.

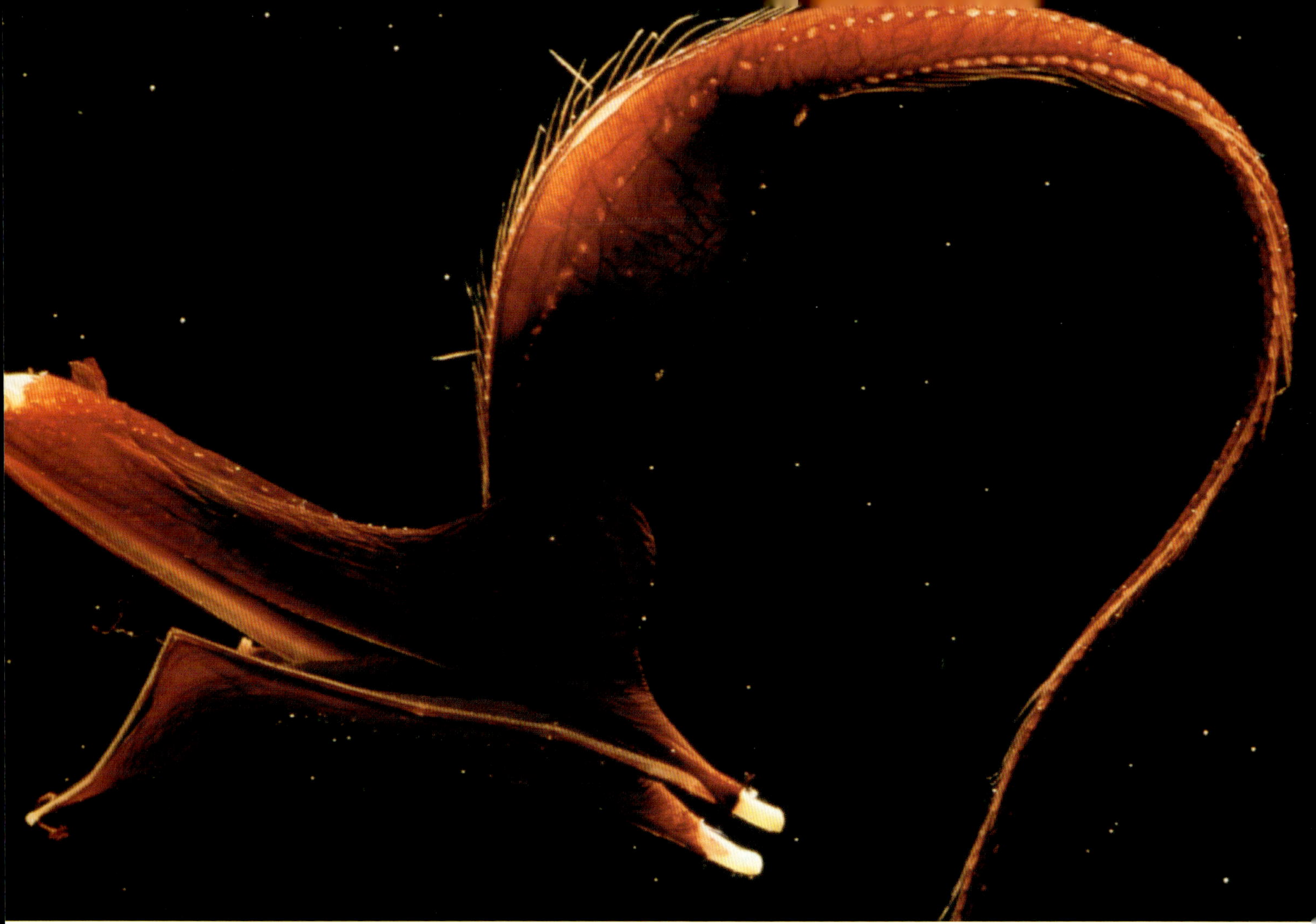

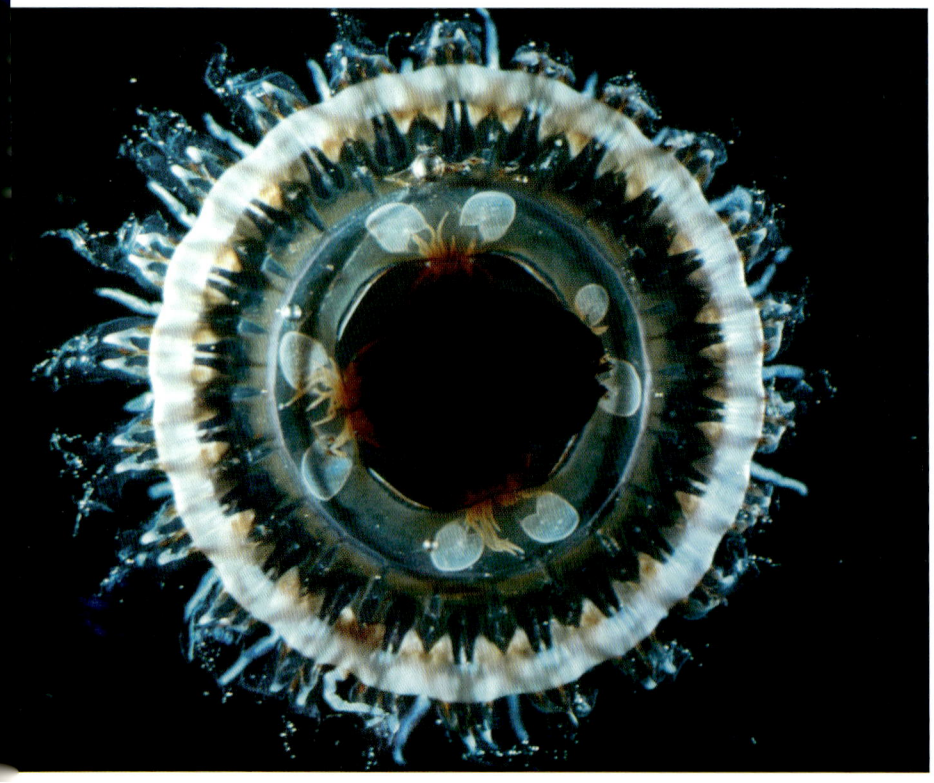

Der Pelikanaal *(Eurypharynx pelecanoides)* besitzt ein riesiges Maul mit einer beutelartigen Membran im Unterkiefer und einen sehr dehnbaren Magen. Diese Körpermerkmale erlauben es ihm, sehr große Beutetiere zu verschlingen.

Oben: Pelikanaal.

Links: Eine Tiefseequalle leuchtet mithilfe von Biolumineszenz. Diese wird zum Anlocken von Beute wie auch zum Abschrecken von Fressfeinden eingesetzt.

Rechte Seite: Ein leuchtender Tiefsee-Beilfisch.

Der Echte Pelikanaal

Die Kiefer des Pelikanaals *(Eurypharynx pelecanoides)* sind äußerst beeindruckend. Diese Art besitzt ein riesiges, gelenkiges Maul mit einer beutelartigen Membran im Unterkiefer, das sie vermutlich wie ein Fangnetz benutzt. Pelikanaale haben auch einen höchst dehnbaren Magen, sodass sie Beute verschlingen, die größer als sie selbst ist. Vermutlich fressen sie andere Fische und Wirbellose wie Kopffüßer, die sie mit einem Leuchtköder am Ende ihres langen, dünnen Schwanzes anlocken. Beim Verzehr ihrer Beute gehen diese Fische ähnlich wie Bartenwale vor, indem sie einen gewaltigen Schluck Wasser ins Maul nehmen und die Beute einfach aussieben. Die Art wird in der Regel rund 80 Zentimeter lang; besonders große Exemplare können es jedoch auf 1,8 Meter bringen.

Der Pelikanaal ist der einzige Vertreter der Familie Eurypharyngidae (Echte Pelikanaale). Er gilt als eng verwandt mit den Einkieferaalen (Familie Monognathidae), darunter *Monognathus alstromi*, und den Schlingern der Familie Chiasmodontidae, darunter der Schwarze Schlinger *(Chiasmodon niger)*.

Die Einkieferaale verdanken ihren Namen der Tatsache, dass ihnen die normalen Oberkieferknochen fehlen und sie stattdessen einen gebogenen Fangzahn besitzen, mit dessen Hilfe sie ihre Beute vermutlich vergiften. Die Schwarzen Schlinger, die nur 25 Zentimeter lang werden, haben dagegen einen besonders dehnbaren Magen, sodass sie Beute verschlingen können, die bis zu einem Drittel länger ist als sie selbst.

Der Schnepfenaal *(Nemichthys scolopaceus)* ist eine weitere, höchst ungewöhnliche Fischart mit einem lang gestreckten, bandartigen Körper. Er kann über 90 Zentimeter lang werden und besitzt einen langen, vogelartigen „Schnabel", der mit zahllosen kleinen Zähnen ausgestattet ist. Beide Kieferhälften sind an der Spitze nach außen gebogen und treffen daher nicht aufeinander, wenn der Fisch sein Maul schließt. Man vermutet jedoch, dass diese körperliche Besonderheit seine Fähigkeit erhöht, Beute zu entdecken und zu fangen.

Borstenmäuler

Borstenmäuler wie *Gonostoma bathyphilum* besitzen ebenfalls viele Reihen sehr feiner Zähne, die ihnen zu ihrem Namen verhalfen. Sie zählen vermutlich zu den häufigsten Fischen in der Dunkelzone. Einige Wissenschaftler gehen sogar davon aus, dass sie zu den häufigsten Wirbeltieren weltweit gehören.

Borstenmäuler sind relativ klein. Die größten Arten unter ihnen werden nur etwa 7,5 Zentimeter lang. Wahrscheinlich stellen sie eine der wichtigsten Nahrungsquellen für viele räuberische Fische in der Dunkelzone dar.

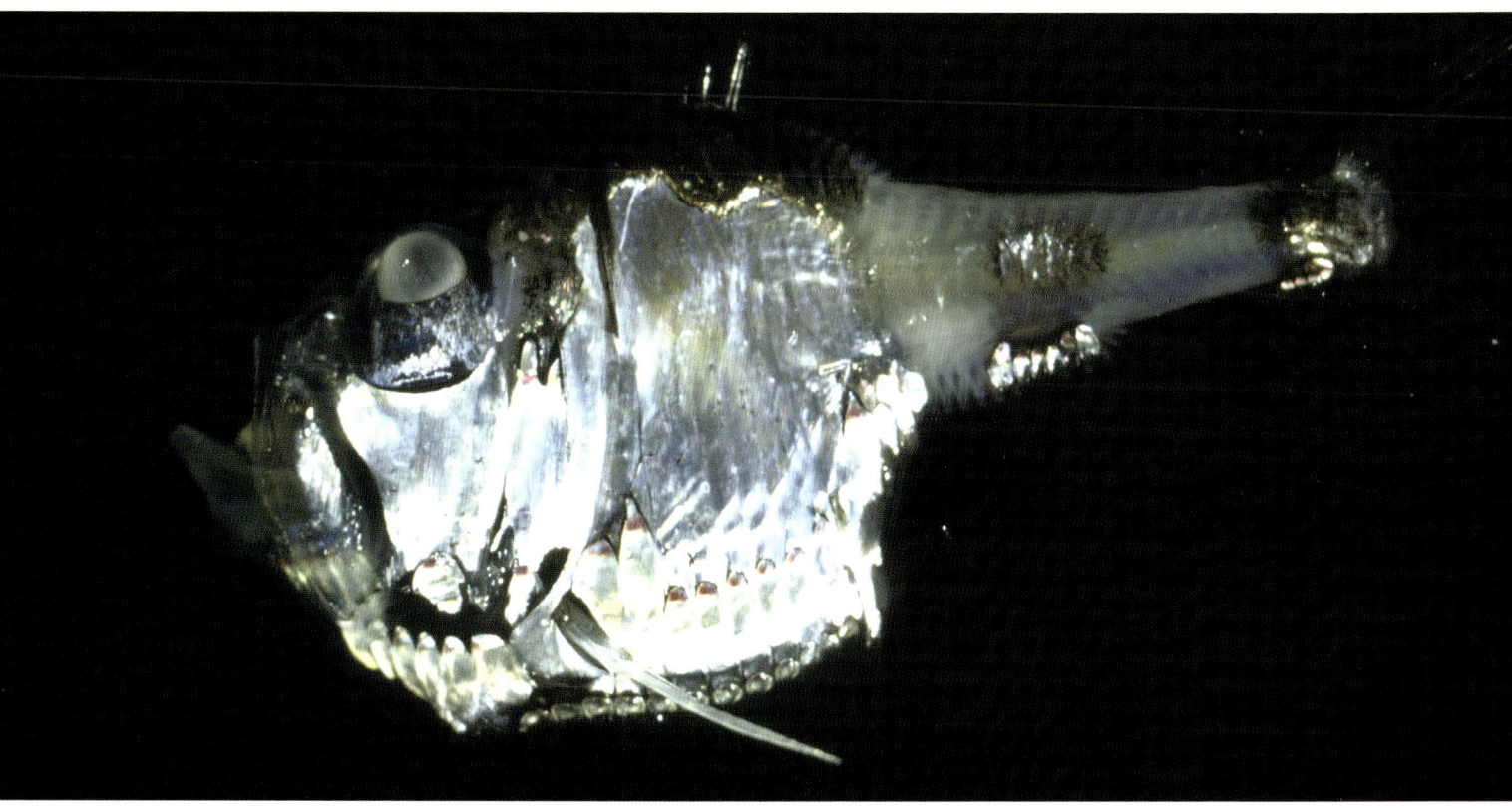

Fortpflanzung

In der dunklen Tiefsee einen Geschlechtspartner zu finden, bereitet den Bewohnern einige Schwierigkeiten. So haben sie verschiedene Anpassungen entwickelt, um dieses Problem zu lösen. Fische können Geschlechtspartner mithilfe von Biolumineszenz oder Pheromonen anlocken. Um ihren Fortpflanzungserfolg zu erhöhen, sind viele Arten Zwitter und besitzen sowohl weibliche als auch männliche Geschlechtsorgane.

Anglerfische

Das ungewöhnlichste Fortpflanzungsverhalten zeigen vermutlich einige Tiefsee-Anglerfische. Bei allen der rund 100 bekannten Arten sind die Männchen im Vergleich zu den Weibchen wahre Zwerge und in vielerlei Hinsicht unterentwickelt. Im Fall des Rutenanglers ist das Männchen beispielsweise nur rund 15 Zentimeter lang, während das Weibchen mit einer Körperlänge von bis zu 90 Zentimetern wahrscheinlich der größte Vertreter der Tiefsee-Anglerfische ist.

Die Männchen von Arten wie dem Schwarzangler *Melanocetus johnsoni*, den Tiefsee-Anglern *Haplophryne mollis* und *Cryptopsaras couesi* sowie dem Rutenangler *Ceratias holboelli* besitzen relativ gut entwickelte Augen und Nasenöffnungen, um nach einem Weibchen zu suchen. Sobald ein Männchen fündig geworden ist, wandelt es sich zu einem parasitischen Anhängsel des Weibchens. Es verankert sich mit den Zähnen in dessen hinterem Körperbereich und ernährt sich von dessen Blut. Mit der Zeit verwächst das Männchen völlig mit dem Weibchen. Beide Kreislaufsysteme verschmelzen miteinander, die meisten Organsysteme des Männchens werden rückgebildet, bis nur noch die spermienproduzierenden Hoden arbeiten. Auf diese Weise steht dem Weibchen bei Bedarf stets ein genügend großer Spermienvorrat zur Verfügung. In manchen Fällen können sogar mehrere Männchen mit einem Weibchen verwachsen sein.

Anglerfische verdanken ihren Namen der Art der Nahrungsbeschaffung. Sie locken ihre Beute, ob Fische oder Wirbellose, mit angelartigen Anhängen, die an Kopf, Rückenflossen oder wie beim Laternenangler *Linophryne arborifera*) am Kinn sitzen. Der Anglerfisch *Thaumatichthys axeli* trägt sogar eine leuchtende Bartel im Maul. Die Spitze dieser Köder enthält symbiotische Leuchtbakterien, deren Licht Beute anlockt, die der Anglerfisch dann blitzschnell packt.

Rechts: Ein weiblicher Anglerfisch (*Edriolychnus schmidti*) mit zwei angehefteten parasitischen Männchen.

Der Tiefseeboden

Wenn man sich weg vom Kontinentalschelf ins tiefere Wasser bewegt, stößt man in etwa 3000 Meter Tiefe erstmals auf den Kontinentalfuß. Dieser besteht aus Sediment, das von den Flüssen ins Meer transportiert wurde, und ist aufgrund der Strömung den Kontinentalhang hinabgerutscht. In einer Tiefe von rund 4000 Metern beginnt die abyssale Zone oder Tiefsee-Ebene. Die riesige, weitgehend ebene Fläche aus Ton- und Siltablagerungen ist der größte Lebensraum der Erde und dennoch kaum erforscht. Sie erstreckt sich vorwiegend vom Kontinentalfuß bis zu den gewaltigen Gebirgsketten der mittelozeanischen Rücken.

Unterbrochen wird die Eintönigkeit der Ebenen von isoliert stehenden unterseeischen Vulkanen und Gräben, die nach dem griechischen Begriff für Unterwelt – Hades – auch als Hadalzonen bezeichnet werden. Der tiefste dieser Gräben ist der Marianengraben im Pazifik, der in der Challenger Deep rund 11 000 Meter erreicht. Bemerkenswerterweise gedeihen selbst dort, in den eisigen, finsteren Abgründen, wo der Druck 1000-mal größer ist als an der Oberfläche, blühende Gemeinschaften von Organismen.

Mariner Schnee

Zusammen mit anorganischem Sediment, das in die Tiefsee-Ebenen gelangt, rieseln auch organische Abfallstoffe und Überreste aus den darüberliegenden Wasserschichten hinab, darunter auch die Kadaver großer Tiere, die rasch von Tiefseefischen und Wirbellosen bis auf die Knochen abgefressen werden. Der größte Teil der Nahrung, die in die Tiefe sinkt, besteht jedoch vermutlich aus diversen Partikeln, darunter winzigen toten oder absterbenden Planktonorganismen und Fäkalstoffen, die als Flocken wie Schnee in die Tiefe trudeln.

Ein Großteil dieser Partikel gelangt nie in die tiefsten Meeresschichten, sondern wird bereits konsumiert oder zersetzt, während er noch durch die euphotische und die Dämmerungszone nach unten sinkt. Immerhin stellt aber jener Teil, der unten ankommt, eine wichtige Nahrungsquelle für die am Boden lebenden Bewohner des Abyssals und der Gräben dar, die sich vom biogenen Schlick ernähren, der sich auf dem Meeresboden bildet. Früher nahm man an, dieser marine Schnee falle ununterbrochen und kontinuierlich wie ein Dauerregen, doch inzwischen ist bekannt, dass die Niederschlagsrate saisonal und geografisch variiert, je nach Stärke und Ort der Planktonblüte in der darüberliegenden euphotischen Zone. Und die benthische Fauna macht sich diesen plötzlichen Nahrungsüberfluss rasch zunutze.

Rechte Seite: Tiefsee-Schlangensterne. Diese Tiere versammeln sich gemeinsam mit Seesternen in großer Zahl, wenn es gilt, eine ergiebige Nahrungsquelle auszubeuten.

Unten: Rund um einen hydrothermalen Schlot, 2600 Meter unter dem Meeresspiegel vor der Küste von Mazatlan (Mexiko). Hydrothermale Schlote sind unterseeische heiße Quellen, die typischerweise längs der ozeanischen Rücken auftreten.

Viele unentdeckte Arten

Bis vor Kurzem ging man davon aus, die Tiefsee-Ebenen seien eine Wüste und vielleicht sogar völlig ohne Leben. Die wenigen bisher erforschten Bereiche und die Zahl zuvor unbekannter Arten, auf die man dort stieß, sprechen jedoch dafür, dass es möglicherweise einige, wenn nicht gar hundert Millionen noch unentdeckter Arten gibt, die das Sediment der Tiefsee-Ebenen und die tiefsten unterseeischen Gräben besiedeln.

Wie in flacheren Gewässerzonen mit sandigem oder schlammigem Boden findet man hier eine Vielzahl im Sediment lebender Tiere (auch Infauna genannt), beispielsweise verschiedene Arten von Würmern. Ebenso gibt es zahlreiche, meist größere Tiere, die auf dem Boden leben (Epifauna genannt), wie etwa Muscheln und Asseln. Die größere Oberflächenfauna wird offenbar von Stachelhäutern dominiert. Dazu zählen Haarsterne, Seesterne, Schlangensterne, Seeigel sowie Seegurken.

Tatsächlich ist der Tiefseeboden an manchen Stellen übersät von den Spuren der Seegurken, die aus dem Sediment organisches Material herausfiltern. Einige Arten, wie *Oneirophanta mutabilis*, laufen auf ihren Röhrenfüßchen, während andere die obersten Sedimentschichten durchpflügen oder weitgehend eingegraben bleiben. Wiederum andere, wie die abgeplattete *Paelopatides grisea*, wandern mit wellenförmigen Bewegungen über den Meeresboden. Manche Seegurken schwimmen auf diese Weise. Erstaunlicherweise findet man die Tiere bisweilen in großen Ansammlungen in den Tiefseegräben. Der Grund dafür ist unbekannt; möglicherweise hängen diese „Versammlungen" mit der Fortpflanzung oder Futtersuche zusammen. In den Tiefseegräben ist das Nahrungsangebot tatsächlich oft reichhaltiger als in den Ebenen, weil die Gräben in der Nähe von Landmassen auftreten und sich dort organisches Material aus den Küstenregionen ansammelt. Vor allem erhalten sie mehr absterbendes Plankton, weil das Plankton in Küstengewässern meist in seiner dichtesten Form auftritt.

Bewohner der Tiefsee-Ebenen

Auf den Tiefsee-Ebenen leben Seegurken und ihre Verwandten in der Regel weiter verstreut, obgleich die hier verbreiteten Schlangensterne und Seesterne mobil sind und auch in großer Zahl auftreten können. Dies trifft vor allem zu, wenn sie ergiebige Nahrungsquellen ausbeuten, wie den Kadaver eines großen Fisches oder Wals.

Sesshafte Stachelhäuter wie Seelilien oder Haarsterne findet man oft weit voneinander entfernt. Diese Tiere, die mit einem Stiel am Meeresboden oder auf einer felsigen Ausbuchtung festsitzen, fangen mit ihren zahlreichen gefiederten Armen Teilchen des herabsinkenden marinen Schnees auf.

Nahrungspartikel in der Strömung

Ebenfalls in der Tiefsee finden sich Seefedern, die mit Quallen, Korallen und Seeanemonen verwandt sind. Ihre Polypen filtern vorbeidriftende Nahrungspartikel aus der Strömung. Auch Korallen und Seeanemonen siedeln unterhalb von 1000 Metern, zum Beispiel Tiefsee-Korallen wie die solitären Pilzkorallen und die erst kürzlich entdeckte Kaltwasserkoralle der Gattung *Lophelia*. Selbst wenn diesen die symbiotischen Algen oder Zooxanthellen fehlen, die typisch für die riffbildenden Korallen des tropischen Flachwassers sind, bilden die sehr langsam wachsenden Kaltwasserkorallen große Riffe. Das tiefste bekannte Riff liegt 3000 Meter unter der Meeresoberfläche.

Zu anderen Wirbellosen, die man dort unten findet, gehören das höchst ungewöhnliche, räuberisch lebende Tiefsee-Manteltier *Megalodicopia hians*, das seinen Sipho zu einer Art Maul vergrößert hat, sowie röhrenbewohnende Borstenwürmer und Tiefsee-Schwämme. Letztere bieten anderen Tieren oft Halt und Schutz. Gleiches gilt für eine andere Gruppe ungewöhnlicher Tiere, die früher für Schwämme gehalten wurden, die Xenophyophoren. Dabei handelt es sich um einzellige Organismen, die einen Durchmesser von bis zu maximal 25 Zentimetern erreichen können. Ihr Gewebe verteilt sich um die sogenannte Testa (Schale), ein Netzwerk verzweigter Röhren, das aus Sediment und den Kalkskeletten planktonischer Tiere besteht. Dieses Röhrenwerk hilft dem Tier, Nahrungspartikel einzufangen, und bietet gleichzeitig Stachelhäutern, Würmern und Krebstieren einen sicheren Unterschlupf. Die meisten Xenophyophoren leben – manchmal in großer Zahl – auf dem Meeresboden (Epifauna), obgleich man mittlerweile auch eine Art, *Occultammina profunda*, entdeckt hat, die im Bodensediment gedeiht (Infauna).

Infauna

Die Infauna wird in der Regel von viel kleineren Einzellern dominiert, den sogenannten Porentierchen (Foraminiferen). Daneben leben im Sediment auch zahlreiche Würmer, vor allem Fadenwürmer (Nematoden) und Borstenwürmer (Polychäten): Diese treten in vielen Formen und Arten auf, von winzigen Detritus- und Bakterienfressern bis hin zu großen räuberischen Arten und sesshaften Röhrenbewohnern, die ihre Nahrung aus dem Wasser filtern. Ebenso gibt es Igelwürmer (Echiuriden), die in u-förmigen Röhren wohnen und mit ihrem bis zu 36 Zentimeter langen Rüssel Sediment einsaugen.

Tiefsee-Muscheln verwenden häufig eine ähnliche Strategie und sammeln – im Gegensatz zu ihren sich per Sipho ernährenden Verwandten – im Flachwasser organische Überreste mit einem empfindlichen Taster. Andere Muscheln sind aktive Räuber und durchwühlen das Sediment auf der Suche nach garnelenartigen Flohkrebsen und Ruderfußkrebsen, die ebenfalls im Schlick des Tiefseebodens leben.

Auf dem Meeresgrund kann man auf noch ungewöhnlichere Krebstiere und Mollusken treffen, wie etwa Tiefsee-Muschelkrebse, die ihren Namen ihrem runden, muschelartigen Panzer verdanken. Auch Kalmare leben dort unten, doch ihre systematische Einordnung und ihre verwandtschaftlichen Beziehungen sind noch unklar, wenn auch der Gattungsname *Magnapinna* („Großflosser") vorgeschlagen wurde. Dazu gehört eine Art, die den Spitznamen „große Flosse" erhalten hat, weil sie sich mithilfe großer, flossenartiger Anhänge fortbewegt, statt durch das Ausstoßen von Wasser. Zudem besitzt diese Art riesige Tentakel von über acht Meter Länge.

Foraminiferen

Unten: Verschiedene Foraminiferen. Diese vielfältigen, oft mikroskopisch kleinen Einzeller sind durch eine Schale geschützt, die aus Kalk oder wie bei den Xenophyophoren aus winzigen Sedimentpartikeln bestehen kann. Sie besitzen zudem Auswüchse, sogenannte Pseudopodien, die fingerförmig oder verzweigt und fadenförmig sein können. Diese benutzen sie zur Fortbewegung und zur Nahrungsaufnahme. Foraminiferen ernähren sich in der Regel von organischem Detritus und Bakterien.

Riesenarthropoden

Während die meisten Wirbellosen, die sich in den tiefsten Meeresregionen finden, aufgrund der Nahrungsknappheit und des damit einhergehenden Energiemangels relativ klein sind, gibt es dort auch wahre Riesen. Sie wachsen vermutlich nur sehr langsam, sind dafür aber auch sehr langlebig. Zu diesen „Giganten" gehören Riesenseespinnen, die mit Pfeilschwanzkrebsen und entfernt auch mit landlebenden Spinnentieren wie Milben, Spinnen und Skorpionen verwandt sind, sowie Riesenasseln. Letztere ähneln im Aussehen sehr ihren engen Verwandten, den Landasseln.

Seespinnen (Asselspinnen)
Seespinnen – oder zoologisch korrekt Asselspinnen – gehören zur Klasse Pycnogonida, die rund 500 Arten umfasst. Diese sind in allen Weltmeeren verbreitet und bewohnen eine Vielzahl von Habitaten, von sandigen Küstengewässern bis zum Tiefseeboden. Diejenigen Arten, die in warmen, flachen Gewässern leben, sind meist recht klein, zum Teil weniger als einen Zentimeter lang, während einige Asselspinnen der Tiefsee, vor allem in den Polargebieten, eine Körperlänge von fünf Zentimetern aufweisen. Ihre Beine werden bis zu zehn Zentimeter lang.

Asselspinnen leben räuberisch und saugen mithilfe ihres verlängerten Rüssels kleine, weichhäutige Wirbellose auf. Da ihr Körper so klein ist, reichen ihre inneren Organe, einschließlich des Verdauungstrakts, oft bis in die langen Schreitbeine. Die Eier werden an einem speziellen Beinpaar (Oviger) befestigt, mit dessen Hilfe sich das Tier auch säubern kann. Zudem besitzen Asselspinnen ein Paar Cheliceren sowie ein Paar mit Sinnesanhängen ausgestattete Palpen. Frisch geschlüpfte Asselspinnen haben nur diese drei Extremitätenpaare, während sich die bis zu sechs größeren Schreitbeinpaare später im Lauf mehrerer Häutungen entwickeln. Das spricht für eine Verwandtschaft mit Spinnentieren, weil sich Milben auf ähnliche Weise entwickeln.

Opportunistische Aasfresser
Bisher sind rund neun Riesenasseln beschrieben worden, darunter die Art *Bathynomus giganteus*, die zu den größten Krebstieren gehört und eine Körperlänge von fast 50 Zentimetern erreicht. Diese Tiere leben in Tiefen von mehr als 200 Metern und ernähren sich von lebender Beute, wie Würmern, Stachelhäutern, kleineren Krebstieren und vielleicht sogar bodenlebenden Fischen. Vermutlich verzehren sie gelegentlich auch Aas. Sie haben sieben Paar Beine, von denen das erste in Maxillipeden umgewandelt ist; damit handhaben sie ihre Nahrung und führen sie zu den Mundwerkzeugen. Diese bestehen aus vier Paar Kiefern, mit denen sie Nahrung zerquetschen und zerteilen.

Da Nahrung auf dem Tiefseeboden mitunter knapp ist, können Riesenasseln lange hungern. Wenn sich dann allerdings einmal die Gelegenheit bietet, neigen sie dazu, so viel zu fressen, dass ihre Beweglichkeit leidet oder die Weibchen sogar einen Teil ihrer Eier verlieren. Diese Eier sind die größten, die von einem marinen Wirbellosen erzeugt werden. Das Weibchen trägt sie in einem Brutbeutel, den es aus den Brutplatten an seinen Schwimmbeinen bildet. Die jungen Asseln schlüpfen voll entwickelt und durchlaufen kein Larvenstadium.

Oben: Seeanemonen und Korallen gedeihen selbst noch in großen Tiefen auf dem Meeresboden.

Bodenlebende Fische

Neben ungewöhnlichen Wirbellosen lebt eine ganze Reihe höchst bizarrer Fische auf dem Tiefseeboden. Aufgrund des immensen Wasserdrucks haben einige von ihnen Muskeln und Skelett zurückgebildet, sind aber dennoch oft recht widerstandsfähig. Viele weisen einen aalförmigen Körper mit einem langen Schwanz auf; das wird als Anpassung an die Nahrungsknappheit gedeutet. Zudem verfügen diese Fische über gut entwickelte Seitenlinienorgane, mit deren Hilfe sie die Druckwellen, die von anderen Tieren ausgehen, wahrnehmen können. Überraschenderweise besitzen viele bodenlebende Fische eine Schwimmblase, sodass sie ohne Energieverbrauch dicht über dem Meeresboden schweben können. Im Gegensatz zu den Schwimmblasen der meisten Oberflächenfische sind die der Tiefseebewohner jedoch nicht mit Gas, sondern mit einer Flüssigkeit oder einer Gas-Flüssigkeits-Emulsion gefüllt, die sich nur schwer zusammendrücken lässt. Mehrere Arten weisen auch Fettablagerungen in der Leber auf, die eine ähnliche Funktion ausüben.

Grenadierfische

Am häufigsten kommen in der Tiefsee die Grenadierfische oder Rattenschwänze vor. Wie ihr Name schon vermuten lässt, haben sie einen langen, spitz zulaufenden Schwanz; Kopf und Rumpf sind jedoch muskulös und bullig, was ihnen ein kaulquappenartiges Aussehen verleiht. Rattenschwänze sind eng mit Dorsch, Leng und Seehecht verwandt, obgleich sie zu einer eigenen Familie (Macrouridae) gehören, die fast 400 Arten umfasst. Ihre Körperlänge reicht von zehn Zentimeter bis 1,8 Meter, die der Riesen-Grenadier (*Albatrossia pectoralis*) erreicht. Einige Arten halten sich in Tiefen von nur wenigen Hundert Metern auf, während andere, wie *Coryphaenoides filicauda*, in mehr als 6000 Meter Tiefe gefunden wurden. Ein naher Verwandter, *C. guentheri*, lebt im Atlantik in einer Tiefe von bis zu 3000 Metern, und *C. armatus* kommt sogar in Tiefen von mehr als 4000 Metern vor.

Eingeweidefische

Eng verwandt mit den Rattenschwänzen sind die Eingeweidefische (Ordnung Ophidiiformes), von denen eine Art, *Abyssobrotula galatheae*, den Tiefenrekord aller Fische hält: Sie wurde im Puerto-Rico-Graben in mehr als 8000 Meter Tiefe gefunden und damit tiefer als jeder andere Fisch auf Erden. Ebenfalls bis in 7000 Meter Tiefe gehen einige Arten der gallertartigen, aalförmigen Schlangenfische, die nahe mit den Eingeweidefischen verwandt sind und mit ihrem dicken Kopf und dem dünnen Schwanz den Rattenschwänzen ähnlich sehen.

Zu den weiteren aalförmigen Bewohnern der Tiefsee zählen die Tiefsee-Aalmuttern, die mit Schleimfischen (Gattung *Blennius*) verwandt sind, der primitive Dornrückenaal *Notacanthus sexspinis* sowie Tiefsee-Schleimaale. Dornrückenaale sind vermutlich mit echten Aalen verwandt, weil sie ein ähnliches Larvenstadium wie diese durchmachen und sich während des Heranwachsens von der Strömung verdriften lassen. Als erwachsene Tiere ernähren sie sich jedoch von Würmern und Krebstieren, die der Fisch vom Boden aufliest, und wahrscheinlich auch von sesshaften koloniebildenden Wirbellosen, wie etwa Seefedern und anderen weichen Tiefseekorallen.

Rattenschwänze

Das Maul von Rattenschwänzen, die ihre Nahrung meist am Boden suchen, liegt gewöhnlich auf der Unterseite. Sie ernähren sich vermutlich vorwiegend von Seegurken, Krebstieren und anderen benthischen Wirbellosen, vor allem wenn sie noch jung sind. Als erwachsene Fische erbeuten sie auch andere Fische und fressen an den zu Boden gesunkenen Kadavern größerer Tiere. Rattenschwänze schwimmen langsam, um Energie zu sparen. Während man früher vermutete, sie lauerten vorwiegend auf vorbeikommende Beute oder eine Mahlzeit von oben, nimmt man inzwischen an, dass sie fast ständig auf Nahrungssuche sind und dabei eine ganze Reihe sensorischer Anpassungen einsetzen. Dazu gehören Barteln unter dem Kinn, die auf mechanische und chemische Reize reagieren, sowie akustische Sensoren am Kopf, die Schallschwankungen wahrnehmen.

Oben links: Die Seeratte *(Chimaera monstrosa)* gehört zu den Kurznasen-Chimären. Die primitiveren Vertreter aus der Gruppe der Seekatzen kommen in größeren Meerestiefen vor. Sie sehen manchmal haiähnlich aus, haben aber keine scharfen, spitzen Zähne, sondern Kauplatten. Viele Arten, darunter die Langnasen-Chimären *Harriotta haeckeli* und *H. raleighana* sowie die Rüsselchimäre *Rhinochimaera pacifica*, besitzen eine stark verlängerte, spitz zulaufende Schnauze sowie einen giftigen, aufrichtbaren Stachel am Vorderrand der ersten Rückenflosse.

Oben rechts: Schleimaale besitzen eine Chorda dorsalis und ein Knorpelskelett, doch fehlen ihnen Wirbel und Kiefer. Ihr Maul besteht aus einer Raspelscheibe, mit deren Hilfe die Tiere Fleisch aus Kadavern oder langsam schwimmenden Beutetieren reißen. Sie fressen aber auch kleine Wirbellose, wie Würmer. Die Kiefertragenden Knorpelfische haben sich vermutlich aus Tieren wie den Schleimaalen entwickelt. Sie werden in zwei Hauptgruppen eingeteilt: Elasmobranchier, zu denen Haie und Rochen gehören, und Holocephali, zu denen Seekatzen zählen.

Schleimaale

Die Schleimaale, die zur Überklasse Agnatha (Kieferlose) gezählt werden, gelten als primitivste Tiefseefische und primitivste Fische überhaupt. Es ist sogar umstritten, ob man sie überhaupt als Fische oder selbst als Wirbeltiere ansehen sollte. Manchmal werden sie als Vor-Wirbeltiere klassifiziert, und sie könnten ein Bindeglied zwischen Wirbellosen und Wirbeltieren darstellen.

Haie in der Tiefe

Die Haie, die eine weitgehend pelagische Lebensweise entwickelt haben, treten im Abyssal nur selten auf, obgleich es Ausnahmen wie den Zigarrenhai *(Isistius brasiliensis)* und den Portugiesenhai *(Centroscymnus coelopsis)* gibt, die in 3500 bzw. 3800 Meter Tiefe vorkommen. In 4100 Metern kann man auch auf eine Rochenart, *Rajella bigelowi*, stoßen.

Blinde Bewohner des Abyssals

Während die meisten Bodenbewohner im Allgemeinen als ziemlich unattraktiv gelten, gibt es doch einige elegante Vertreter, wie den Dreistelzenfisch *(Bathypterois grallator)* und die eng mit ihm verwandten Spinnenfischarten *B. longifilis* und *B. longipes*. Sie alle besitzen stark verlängerte Flossenstrahlen, die von den Bauch- und Afterflossen ausgehen. Mit deren Hilfe staksen sie über den Tiefseeboden und nehmen Schwingungen wahr, die von potenziellen Beutetieren oder Fressfeinden erzeugt werden. Ähnlich weisen auch die Brustflossen häufig lange Flossenstrahlen auf, die seitwärts ins Wasser gestreckt werden, um Wasserbewegungen auszumachen. Die meisten dieser Fische haben nur winzige Augen und sind vermutlich fast völlig blind. Doch es gibt auch Arten mit großen Augen, die möglicherweise Biolumineszenz wahrnehmen. Der Dreistelzenfisch lebt in Tiefen bis zu 3500 Metern, während man einige Spinnenfische noch in 5000 Meter Tiefe gefunden hat. Diese Fische richten sich in der Regel gegen die Strömung aus und warten auf vorbeikommende Nahrung, seien es Wirbellose oder kleine Fische.

Wie so viele Tiefseefische verbessert der Dreistelzenfisch seine Fortpflanzungschancen dadurch, dass er als Zwitter sowohl Eizellen wie auch Spermien produzieren kann. Ungewöhnlich ist jedoch, dass er tatsächlich zur Selbstbefruchtung in der Lage ist und dies wohl auch ausnutzt, wenn er keinen Paarungspartner findet.

Heiße und kalte Oasen

Hydrothermale Schlote und kalte Quellen gehören zu den aufregendsten Entdeckungen, die Forscher im Meer je gemacht haben. Sie fanden heraus, dass in deren Umfeld Lebensgemeinschaften gedeihen, die fast völlig unabhängig von der Sonnenenergie sind.

Von seltenen Ausnahmen abgesehen, basieren sämtliche Nahrungsketten und damit alles Leben auf Erden direkt oder indirekt auf dem Prozess der Photosynthese in Pflanzen. Das gilt selbst für den Tiefseeboden, der von oben durch den marinen Schnee versorgt wird. In den außergewöhnlichen Mikrohabitaten, die hydrothermale Schlote und kalte Quellen schaffen, ersetzt die Chemosynthese die Prozesse der Photosynthese. Dabei werden anorganische Moleküle von Bakterien in lebenserhaltende Kohlenhydrate und Eiweiße umgewandelt. Die Energie für diesen Prozess stammt nicht von der Sonne, sondern tief aus dem Inneren der Erde.

Heiße und kalte Raucher

Hydrothermale Schlote sind eigentlich nichts anderes als heiße unterseeische Quellen, die in der Regel entlang der mittelozeanischen Rücken auftreten. Dort führt die Bewegung der Erdkruste zu tiefen Rissen, in die Meerwasser eindringt. Dieses wird vom Magma auf Temperaturen bis rund 400 °C aufgeheizt, bevor es wieder nach oben schießt. Da es dabei mit chemischen Verbindungen und Mineralien angereichert ist, treten die Fontänen als dicke schwarze oder weiße Rauchwolken aus. Daher heißen die Schlote auch „schwarze" oder „weiße Raucher". Erstere sind heiß und enthalten Eisen und Sulfid, das beim Abkühlen als schwarze Monosulfidpartikel ausfällt; Letztere sind kühl und enthalten weiße Materialien, wie Kalzium, Silizium und Barium.

Organismengemeinschaften an den Schloten

Sulfidoxidierende Bakterien und andere primitive Mikroorganismen, sogenannte Archaebakterien, die ihre eigenen Nährstoffe ohne Sonnenlicht herstellen, wurden bereits im Watt, in Mangrovensümpfen und in heißen Quellen auf dem Festland nachgewiesen. Niemand vermutete jedoch bislang, dass sie die Primärproduzenten sein könnten, die die Basis der Nahrungskette bilden und eine ganze Palette anderer Organismen unterhalten. Aber genau das ist bei den hydrothermalen Schloten der Fall.

Die Schlotgemeinschaften umfassen in der Regel eine Reihe von Tieren, von Würmern über Muscheln, Seeanemonen, Garnelen, weiße Krabben, Bärenkrebse bis hin zu Kraken und sogar Fischen, die der Wissenschaft bis dato meist unbekannt waren und die nur in diesen extremen Lebensräumen zu finden sind. Seit Entdeckung der Schlote tauchten einige neue Arten mit überraschender Geschwindigkeit auf, darunter Organismen wie der Pompeji-Wurm *(Alvinella pompejana)*. Diese Würmer können sehr hohe Temperaturen sowie stärkere Temperaturschwankungen, höhere Säurekonzentra-

Hydrothermale Schlote

Das Wasser in den Schloten würde normalerweise Wasserdampf bilden, aber wegen des gewaltigen Drucks in der Tiefsee bleibt es flüssig. Sobald es austritt, wird es vom umgebenden Wasser fast augenblicklich abgekühlt, sodass die Mineralteilchen ausfallen, die es mit sich führt. Diese bilden Kamine, von denen einige unglaublich hoch werden können, bevor sie schließlich zusammenbrechen. Der höchste bekannte Kamin, der den Spitznamen „Godzilla" erhielt, erreichte eine Höhe von mehr als 40 Metern, bevor er kippte. Die Wachstumsrate eines Kamins kann ebenfalls beträchtlich sein, bis zu 50 Zentimeter in einem Monat.

Die Existenz der Schlote vermutete man schon lange, bevor man sie auf einem Tauchbootgang 1977 entdeckte. Die komplexen Lebensgemeinschaften, deren Basis sie bilden, waren jedoch völlig unerwartet.

tionen und höhere Dosen an giftigen chemischen Verbindungen tolerieren als sonst eine Art auf Erden.

All diese Tiere verdanken ihr Dasein den Mikroorganismen, die sie direkt als Nahrung aufnehmen, sei es, indem sie sie aus dem Wasser filtern oder von den Bakterienmatten abweiden, die sich auf dem Felsgestein rund um die Schlote bilden. Fische nehmen die Organismen indirekt auf, wenn sie andere Schlotbewohner, etwa Würmer oder Krebstiere, fressen.

Man stößt an den Schloten aber auch auf ungewöhnlichere Nahrungsketten. Riesen-Bartwürmer der Art *Riftia pachyptila*, die fast 1,8 Meter lang werden, enthalten große Mengen an Bakterien, besitzen aber weder eine Mundöffnung noch ein Verdauungssystem. Wie Untersuchungen gezeigt haben, leben die Bakterien symbiotisch in besonderen Kammern der Würmer, wo sie die chemischen Verbindungen erhalten, die sie für ihr Wachstum benötigen. Im Gegenzug wandeln sie potenziell giftige Verbindungen in Nährstoffe für die Würmer um. Ähnlich findet man bei Schlotmuscheln, wie *Calyptogena magnifica*, *Bathymodiolus elongatus* und *B. thermophilus*, große Mengen dieser Bakterien in den Kiemen, was vielleicht ihr üppiges Wachstum erklärt. Die stattlichen Muscheln erreichen eine Länge von 30 Zentimetern und werden damit deutlich größer als andere Tiefseebewohner.

Hydrothermale Schlote im Mittelatlantik

Einige Schlote unterhalten nur eine geringe Zahl von Arten. Dies gilt zum Beispiel für die im Mittelatlantik entdeckten Schlote, an denen Garnelenarten wie *Rimicaris exoculata* dominieren. Die Vertreter dieser Art ernähren sich ebenfalls von Schwefelbakterien und treten zu Tausenden auf.

Obgleich solche Schlote üppige Lebensgemeinschaften unterhalten, ist bekannt, dass sie nur rund 20 bis 30 Jahre existieren, bevor sie durch die ständige Spreizung des Meeresbodens wieder geschlossen werden. Wie es den Schlotorganismen gelingt, neue Schlote zu besiedeln, bleibt ein Rätsel. Man nimmt an, dass diese Tiere häufig Planktonlarven in großer Zahl produzieren, die dann mit der Strömung verdriftet werden, um einen geeigneten Platz zur Besiedlung zu finden. Ebenso denkbar ist, dass verrottende Walkadaver ähnliche Lebensbedingungen bieten und einen vorübergehenden Hafen für einige Arten darstellen könnten.

Auch wenn die Lebensdauer eines Schlots recht gering ist, nimmt man an, dass diese Oasen der Tiefsee seit Hunderten Millionen Jahren existieren und sich das erste Leben auf Erden unter ähnlichen Bedingungen und in ähnlichen Lebensräumen entwickelt hat.

Kalte Quellen

In den 1980er-Jahren entdeckte man ähnlich vielfältige und produktive Tiefsee-Ökosysteme in Gegenden, in denen es keine hydrothermalen Schlote gibt, stattdessen aber kalte Quellen. Es handelt sich dabei um Regionen, wo Methangas, Schwefelwasserstoff und andere Kohlenwasserstoffverbindungen aus Rissen im Meeresboden sickern, in denen die gleiche Temperatur wie im umgebenden Meerwasser herrscht. Diese Verbindungen könnten von Archaebakterien und Bakterien freigesetzt werden, die tief unter dem Meeresboden organisches Material abbauen, das aus Öllagerstätten stammt oder durch geologische Bewegungen verfügbar wird. Wie bei den hydrothermalen Schloten gibt es dort Chemosynthese betreibende Mikroorganismen, darunter Bakterien, die die Basis dieses Ökosystems bilden. Sie wandeln Methan und andere Verbindungen in Nährstoffe für eine Reihe höherer Organismen um, darunter Muscheln und Röhrenwürmer. Wie bei den Schloten leben diese Mikroorganismen oft symbiotisch mit Muscheln und Würmern zusammen. Weiter oben in der Nahrungskette finden sich auch Krebstiere und Fische.

Oben: Riesen-Bartwürmer *(Riftia pachyptila)* können rund 1,8 Meter lang werden.

DER MENSCH UND DAS MEER

Herausforderung Meer

1998 entdeckte man auf der indonesischen Insel Flores primitive Werkzeuge, die nur mit dem urzeitlichen *Homo erectus* hierher gelangt sein können. Sie belegten, dass bereits vor etwa 700 000 Jahren Menschen über das Meer gefahren sind – 650 000 Jahre früher, als bislang angenommen. Vor diesem Fund ging man davon aus, dass die Vorfahren der heutigen Aborigines erstmals vor ca. 50 000 Jahren von Indonesien nach Australien reisten.

Erste Reisen

Wer sich damals aufs Meer hinauswagte, fuhr geradewegs in eine unbekannte Welt voller Gefahren, und dennoch wurden solche Reisen unternommen. Niemand weiß genau, warum – vielleicht wegen Nahrungsknappheit oder um kriegerische Auseinandersetzungen zu vermeiden, vielleicht aber auch aus purer Abenteuerlust. Es gibt Belege für mehrere sehr frühe Reisen über große Entfernungen. Vor rund 50 000 Jahren brachen Polynesier von den Philippinen und Neuguinea zu einer Fahrt über den Pazifik auf und umrundeten auf der Suche nach neuen Ländereien fast den halben Erdball. Mehrere Indiostämme gelangten von Südamerika bis in die Karibik, man weiß allerdings nicht genau, wann. Jedenfalls folgten auf die Ciboney die Arawaks, die später beinahe vollständig von den kriegerischen Kariben ausgelöscht wurden. Letztere kamen Ende des 14. Jahrhunderts in die Gegend, also rund ein Jahrhundert vor Christoph Kolumbus.

Handelsrouten

Bereits um 1500 v. Chr. führten die Ägypter regelmäßige Handelsexpeditionen im Mittelmeerraum durch. Die Phönizier gingen noch einen Schritt weiter und segelten bis zum heutigen Großbritannien, nach Westafrika und um die Spitze Südafrikas herum bis nach Indien. Die Phönizier waren keine Nation, sondern ein Verbund unabhängiger Stadtstaaten, von denen die meisten im sechsten Jahrhundert v. Chr. von den Armeen der Babylonier vernichtet wurden. Die Stadt Tyros existierte weiter, fiel aber 332 v. Chr. an Alexander den Großen. Zu diesem Zeitpunkt beherrschten längst die Griechen die wichtigsten Handelsrouten im Mittelmeerraum. Dann erstarkte das Römische Reich und übernahm die Herrschaft über die griechischen Stadtstaaten, doch der Handel griechischer Kaufleute blühte weiter. Die Römer richteten ebenfalls Seehandelsrouten ein. Sie exportierten Glas, Textilien, Metalle und Tonwaren und importierten Weihrauch aus Arabien, Seide aus China, Edelsteine aus Indien sowie Gewürze aus Ostasien und Ostafrika.

Im Norden überquerten im neunten Jahrhundert die Wikinger von Schweden aus in Drachenbooten den Nordatlantik. In die Geschichte gingen sie als Plünderer ein, die Überraschungsangriffe auf Küstenorte verübten, doch sie waren zweifellos große Seefahrer, besiedelten Island und Grönland und erreichten 500 Jahre vor den Spaniern Neufundland. Möglicherweise fuhren sie auch südwärts bis in den Mittelmeerraum und um das Kap der Guten Hoffnung herum bis in den Indischen Ozean.

Seefahrernationen

Natürlich waren die Europäer nicht die Einzigen, die das Meer als schnelle Handelsverbindung nutzten. Etwa zu der Zeit, als die Vorherrschaft der Phönizier im Mittelmeerraum zu schwinden begann, trieben die Chinesen verstärkt Handel im Fernen Osten. Im 15. Jahrhundert galten chinesische Seeleute als besonders mutig und geschickt. Ihre Schiffe durchfuhren den Indischen und den Pazifischen Ozean. Auch die Araber gehörten zu den Seefahrernationen. Sie trieben vor allem an der Nordwestküste Indiens und vor den Küsten Somalias und Äthiopiens Handel.

Unten: Jahrhundertelang war die Dau das typische Schiff des Indischen Ozeans. Es existierten verschiedene Typen, doch alle waren mit Dreiecks- oder Lateinersegeln ausgerüstet. Dies unterschied sie von den mit Vierecksegeln ausgestatteten Schiffen des Mittelmeerraums.

Frühe Schiffe

Die Polynesier segelten auf dem Pazifik in Schiffen mit Doppelrumpf, die bis zu 100 Personen fassten. Die Ciboney verwendeten dagegen Einbäume oder Flöße aus leichtem Balsaholz und nutzten Segel aus Palmwedeln. Man weiß nur wenig über diese Schiffe, wenngleich Forscher versucht haben, sie zu rekonstruieren.

Schiffsentwicklung

Um 1500 v. Chr. bauten die Ägypter ein Schiff mit Mittelkiel, der das Fahrzeug auf der gesamten Länge verstärkte. Ähnliche Erfindungen machte man zur gleichen Zeit auf Kreta, in Griechenland und Phönizien. Die Römer übernahmen die Bauweise der Griechen und Phönizier und entwickelten sie weiter. Die Trireme war eine schmale Kriegsgaleere, die für Seegefechte zusätzlich Ruder besaß und dann mit drei Reihen von Ruderern angetrieben wurde. Als schnellstes Schiff der Antike konnte sie einen Gegner mit einer Geschwindigkeit von zehn Knoten verfolgen. In der Seeschlacht von Salamis, 480 v. Chr., besaßen die Griechen nur 380 Schiffe, davon etwa zur Hälfte Triremen, konnten damit aber die persische Streitmacht von 600 Schiffen besiegen. Der Rumpf bestand aus leichtem Holz, etwa Kiefer, und wurde mit Zapfenverbindungen zusammengefügt.

Zu Handelszwecken verwendeten die Römer die Corbita, ein Lastschiff mit einem breiten Rumpf, der mehr Ladung fasste. Auch hier arbeitete man mit einem Zapfensystem, außerdem gab es Masten mit Vierecksegeln und zwei miteinander verbundene Steuerruder.

Die Wikinger

Die Drachenboote der Wikinger, die zwischen dem 8. und 13. Jahrhundert konstruiert wurden, markierten eine weitere Etappe im Schiffbau. Die Bretter des Rumpfes waren mit eisernen Nieten zusammengefügt. Die Schiffe besaßen einen Mast mit Vierecksegel, doch bei Flaute konnte man das Fahrzeug mit Rudern bewegen. Auf der Steuerbordseite befand sich ein einzelnes Ruder. Auch die Wikinger verwendeten für Schlachten schmale Schiffe, die schnell fuhren und sich leicht manövrieren ließen, während breitere Schiffe Lasten trugen.

Die Chinesen entwickelten das Zentralruder, wasserdichte Kajüten und Segel, die von Deck aus ausgerichtet wurden – technische Errungenschaften, die die Europäer übernahmen, als die chinesischen Schiffe ab dem 15. Jahrhundert bis ins Abendland segelten.

In jener Zeit war im Westen die Karacke ein verbreiteter Schiffstyp. Diese große, kopflastige, schwimmende Festung besaß einen hohen Bug und ein Achterkastell, von dem aus man Feinde am Entern hindern und von oben angreifen konnte. Zudem war die Karacke auf jeder Seite mit Geschützen ausgerüstet. Ihr verwandt war die heute besser bekannte Galeone, die jedoch einen flacheren Rumpf besaß. Er machte sie stromlinienförmiger und ließ sie weniger schnell kentern. Galeonen setzte man während des gesamten 16. Jahrhunderts sowohl für Entdeckungsfahrten als auch zu Handelszwecken ein. Später baute man sie zu Zweideck-Kriegsschiffen um.

Klipper

Das wohl bekannteste Handelsschiff war der berühmte Klipper, der um 1850 erstmals in den Vereinigten Staaten konstruiert wurde. Klipper konnten nicht viel Ladung fassen, waren dafür aber schnell und beherrschten schon bald den Teehandel zwischen China und England. Im amerikanischen Bürgerkrieg entwickelten die Briten speziell für den Teehandel eine eigene Version des Klippers. Diese Schiffe fuhren mit hoher Geschwindigkeit, um die frische Teeernte auszuliefern – die durchschnittliche Reisezeit von China nach England lag zunächst bei 111, um 1866 jedoch nur noch bei 99 Tagen.

Doch bald gewann das Dampfschiff als Frachter an Bedeutung, und nach der Eröffnung des Suezkanals 1869 war der Niedergang der Segelschifffahrt besiegelt.

Unten: Seit 8000 v. Chr. verwendete man Einbäume aus Holz, um Flüsse und Küstengewässer zu erkunden. Besonders fortschrittlich waren sie in Nordamerika, wo eine Bretterschicht den Leichtholzrahmen von der äußeren Borkenummantelung trennte.

Entdeckungsreisen

Die meisten frühen Reisen über das Meer waren alles andere als romantische Expeditionen zur Erkundung neuer Ländereien. Nachdem die Türken 1453 Konstantinopel eingenommen und den Landweg nach Osten abgeschnitten hatten, wollte man zunächst vor allem neue Seehandelsrouten erschließen. Heinrich von Portugal gehörte zu den Pionieren der Seefahrt und der Erforschung der Ozeane. Er begriff früh, dass der Wasserweg eine gute Alternative zum Landweg nach Osten bot, und richtete ein Zentrum ein, in dem Gelehrte sich an seiner Seite mit Navigation und nautischen Wissenschaften beschäftigten. Alle portugiesischen Kapitäne waren gehalten, genaue Karten von ihren Reisen anzufertigen. Auch rüstete man Expeditionen aus, die den Handel mit Westafrika begründeten. 1487 blies ein Sturm Bartolomeu Diaz um das Kap der Guten Hoffnung. Damit war der Beweis erbracht, dass ein Seeweg nach Osten im Süden Afrikas existierte. Ein Jahr später erreichte Vasco da Gama auf dieser Strecke Indien.

Christoph Kolumbus

All diese frühen Reisen verfolgten das Ziel, Afrika im Süden zu umrunden, um auf der Ostroute nach Indien zu gelangen. 1492 lichtete jedoch der Italiener Christoph Kolumbus die Anker, um eine ganz neue Theorie zu belegen. Er glaubte, man könne Asien auch erreichen, wenn man immer nach Westen segle, und überzeugte die spanischen Könige davon, Schiffe für ihn auszurüsten. Er überquerte den Atlantik, doch zu diesem Zeitpunkt wusste niemand, wie groß die Erde war und dass zwischen Europa und Asien Amerika lag. Als Kolumbus Land sichtete, meinte er deshalb, er habe die Küste Asiens erreicht, während er sich in Wirklichkeit in der heutigen Karibik befand. Fünf Jahre später segelte Jean Cabot von England aus nach Neufundland, und 1497 entdeckte Amerigo Vespucci Südamerika. 1507 war der neue Kontinent erstmals auf einer Landkarte zu sehen.

Magellans lange Reise

1519 brach Ferdinand Magellan zu einer Reise auf, die ihn als ersten Menschen rund um den Globus führen sollte. Er brauchte ein Jahr, bis ihm die Durchfahrt an der Südspitze Amerikas gelang, und danach dehnte sich der Pazifik viel weiter aus als angenommen. Erst 1521 erreichten die erschöpften Seeleute die Insel Guam. Kurze Zeit später wurde Magellan bei einem Streit von Einheimischen getötet. Einer seiner Kapitäne traf 1522 wieder in Spanien ein – von fünf Schiffen und 230 Mann Besatzung kehrte ein Schiff mit 18 Seeleuten zurück.

Im 16. Jahrhundert folgten weitere Entdeckungsfahrten durch unbekannte Gewässer in weit entfernte Gegenden. Die Karten wurden immer weiter verfeinert. 1569 entwickelte Gerhard Mercator die nach ihm benannte Kartenprojektion, die bis heute verwendet wird. Zu den größten Problemen der frühen Seefahrer gehörte es gleichwohl, die genaue Position auf See festzustellen, und ohne diese konnte man Reiserouten und -zeiten nur ungenau berechnen.

Rechts: Generationen von Schulkindern lernten, Christoph Kolumbus habe Amerika gesucht und gefunden. Tatsächlich suchte er einen Seeweg nach Asien, als er 1492 mit seiner Flotte in der Neuen Welt landete. Die zufällige Entdeckung änderte den Lauf der Weltgeschichte und machte Kolumbus zum berühmtesten Seefahrer aller Zeiten. Er hatte zunächst die Herrscher verschiedener Länder um Unterstützung seiner Expedition gebeten. Schließlich rüsteten die Katholischen Könige Ferdinand und Isabella von Spanien drei Schiffe aus, darunter die Santa Maria, die am 3. August 1492 zu ihrer Fahrt über den Atlantik aufbrachen. Das Bild zeigt Ferdinand, Isabella und Kolumbus vor der Abreise am Pier von Palos.

Navigation

Vor ca. 50 000 Jahren fuhren die Polynesier über das Meer, wobei sie sich nach dem Lauf der Sterne richteten und mithilfe von Bambusstäben und Muscheln primitive Karten anfertigten.

Die Einteilung in Längen- und Breitengrade geht auf Eratosthenes zurück, der im dritten Jahrhundert v. Chr. die Bibliothek von Alexandria in Ägypten leitete. Der griechische Seefahrer Pytheas orientierte sich am Polarstern und entwickelte eine Methode, um den Breitengrad festzustellen. Um 400 v. Chr. gab es in China bereits Magnetkompasse. Den Breitengrad konnte man auf See dank der Position der Sterne relativ leicht bestimmen, doch der Längengrad ließ sich nur schwer berechnen. 1714 schrieb die britische Regierung die für damalige Zeiten unvorstellbar hohe Summe von 36 000 Pfund für denjenigen aus, der eine einfache Methode zur Bestimmung des Längengrades auf See vorlegen würde. Die Antwort war das Chronometer – eine extrem genaue Uhr mit Kardanaufhängung und Hemmungsmechanismus, die zu jeder Zeit und unter allen Witterungsbedingungen präzise ging. Mithilfe dieses Geräts konnte der Seefahrer ablesen, wie spät es in seiner Heimat war, dann am Stand der Sonne errechnen, wie spät es an seiner derzeitigen Position war, und schließlich durch Vergleich beider Zeiten den exakten Längengrad bestimmen. Der Uhrmacher John Harrison hatte sein gesamtes Leben mit der Entwicklung des Chronometers verbracht und erhielt das Preisgeld schließlich 1761 im Alter von 80 Jahren.

Mitte des 18. Jahrhunderts erfanden John Hadley in England und Thomas Godfrey in Amerika den Sextanten, der eine bis auf 0,01 Grad genaue Festlegung des Breitengrads durch ein System von Spiegeln erleichterte. Durch sie lässt sich die Höhe der Sonne über dem Horizont und damit der Breitengrad ablesen.

Rechts: Alte Weltkarten mit Navigationsinstrumenten, darunter ein Kompass. Dieser besteht aus einem magnetisierten Zeiger, der sich exakt nach dem Erdmagnetfeld ausrichtet. Die Erfindung wurde vermutlich während der Qin-Dynastie in China gemacht. Zheng He (1371–1435) verwendete als Erster nachweislich einen Kompass zum Navigieren. Der Seefahrer stammte aus der chinesischen Provinz Yunnan und unternahm zwischen 1405 und 1433 sieben Reisen über den Ozean.

Oben: Mit einem Sextanten kann man den Winkelabstand eines Gestirns über dem Horizont messen. Dazu muss man das Gestirn genau anpeilen. Aus dem Winkel und der Zeit, zu der er gemessen wurde, lässt sich die Position auf einer nautischen oder aeronautischen Karte berechnen. Ein übliches Verfahren, um den Breitengrad zu bestimmen, ist die Anpeilung der Sonne mit dem Sextanten zur Mittagszeit.

Kolonisierung Australiens

Im 17. Jahrhundert lag der Seehandel in den Händen der Niederländer. 1602 wurde die Niederländisch-Ostindische Kompanie gegründet. Sie verfolgte zwar nicht das Ziel, neue Ländereien zu erwerben, suchte aber wohl nach Möglichkeiten für neue Handelsposten. 1642 machte sich der niederländische Seefahrer Abel Janszoon Tasman auf die Suche nach dem legendären Südland, dem heutigen Australien. Mehrere niederländische Schiffe hatten in der Region bereits eine Landmasse gesichtet, doch niemand wusste, ob sie zu einem größeren Kontinent, der *Terra Australis Incognita*, gehörte. Tasman umsegelte Australien und entdeckte dabei auch Tasmanien. Er nannte es Van Diemens Land, doch wurde es 1825 auf Tasmans Namen umgetauft.

Reise mit der *Endeavour*

Da man die *Terra Australis Incognita* für größer hielt als das entdeckte Land, wurde ihre Existenz zunächst weder bestätigt noch dementiert. 1768 stach der Leutnant der British Royal Navy, James Cook, auf einem umgebauten Kohlenschiff namens *Endeavour* in See. Er wollte zunächst im Juni 1769 von Tahiti aus den Lauf des Planeten Venus studieren und dann auf Entdeckungsreise gehen. Cook umsegelte Neuseeland und landete an der Südostküste Australiens, kehrte jedoch ohne einen Beweis für die Existenz des sagenumwobenen Kontinents nach England zurück. Im darauffolgenden Jahr fuhr er erneut in das Gebiet, diesmal unterstützt von Harrisons neu entwickeltem Chronometer. Nachdem er eine Zeit lang den Südpazifik durchkreuzt hatte, schloss er, dass es keine *Terra Australis Incognita* geben könne und außer dem Land, das die Niederländer entdeckt und Neu-Holland getauft hatten, nichts in der Region zu finden sei.

1770 erhoben die Briten Anspruch auf die Osthälfte Australiens, und am 26. Januar 1788 wurde in Port Jackson die erste Strafkolonie eingerichtet. Fortan hieß der britische Teil des Kontinents offiziell New South Wales. Besiedelt wurde er mit verurteilten Schwerverbrechern aus England, die man auf Schiffe verlud und dort warten ließ, bis die Ladung komplett war. Diese Schiffe waren nicht auf den Transport von Sträflingen eingerichtet, sodass schreckliche Bedingungen herrschten: Die „Passagiere" mussten ohne Betten und bei karger Nahrung unter Deck ausharren. Die Reise selbst dauerte acht Monate, davon sechs auf See und zwei in Häfen, in denen man Proviant aufnahm und Reparaturen durchführte. Viele Sträflinge starben unterwegs oder erkrankten an Skorbut, Ruhr oder Tropenfieber. Wer lebend ankam, musste entweder für die Regierung im Straßen- oder Bergbau oder als unbezahlter Arbeiter für Privatleute arbeiten. Frauen dienten als Hausmädchen und Mägde. Insgesamt wurden über 160 000 Gefangene nach Australien verschifft – es gab mehr Sträflinge als Siedler. Hatten die Verurteilten ihre Strafe abgebüßt oder verhielten sich untadelig, konnten sie begnadigt werden. Im günstigsten Fall erhielten sie die Erlaubnis, nach England zurückzukehren. Bei einer Teilbegnadigung war man frei, musste aber in Australien bleiben. Um 1828 bestand die Hälfte der Bevölkerung aus begnadigten Sträflingen.

Das Ende der Transporte

1829 machten die Briten ihren Anspruch auf Westaustralien geltend. Teile von New South Wales wurden eigene Kolonien: 1836 gründete man South Australia, 1851 Victoria und 1859 Queensland. Western Australia, Victoria und South Australia waren freie Kolonien, doch nahm Western Australia später, als es an Arbeitskräften mangelte, Sträflinge auf, und in Victoria lebten Strafgefangene aus Tasmanien. Das Northern Territory wurde 1863 gegründet. Zwischen 1840 und 1868 stellte England die Transporte nach Australien ein, 1901 entstand der Australische Bund.

1768 reiste eine Expedition nach Tahiti, um den gesamten Lauf der Venus über die Scheibe der Sonne zu beobachten. Kapitän James Cook erhielt den Oberbefehl über die *Endeavour*, die die Wissenschaftler beförderte. Während der Reise um die Welt, die von 1768 bis 1771 dauerte, erkundete und kartografierte Cook die Küste Neuseelands und die Ostküste Australiens. Er nahm die Ländereien für die britische Krone in Besitz und nannte eine Bucht wegen ihres Pflanzenreichtums „Botany Bay".

Entwicklung der Ozeanografie

Die Menschen standen bereits auf dem Mond, und im Rahmen groß angelegter Weltraumprogramme werden weit entfernte Planeten in Augenschein genommen. Doch auf der Erde gibt es noch viele unerforschte Gebiete, vor allem unter Wasser. Meere, die über 70 Prozent unseres Planeten bedecken, harren ihrer Erkundung. Das Meer birgt wegen seiner enormen Kräfte und seines Einflusses auf die Witterungsbedingungen viele Gefahren. So untersuchen Wissenschaftler nicht nur, wie sich die Schätze der Ozeane nutzen lassen, sondern auch, wie klimatische Veränderungen sich auf die Meere und das angrenzende Festland auswirken könnten.

Die moderne Ozeanografie reicht in ihren Ursprüngen bis zu den Griechen zurück, doch erst im vergangenen Jahrhundert verzeichnete sie große Fortschritte. James Cook gehört zu ihren Wegbereitern. Zwischen 1768 und 1780 unternahm er drei Reisen über den Pazifik und den Atlantik, auf denen er zahlreiche Daten über Geografie und Geologie der Ozeane, Strömungen, Gezeiten, Wassertemperaturen usw. sammelte. 1807 gründete Thomas Jefferson die US Coast and Geodetic Survey, eine Behörde zur Vermessung der US-amerikanischen Küsten. Später entstanden meeresbiologische Forschungsstationen, um neu entdeckte Arten zu untersuchen. Die britischen Wissenschaftler Sir John Ross und Sir James Clark Ross reisten in die Arktis und Antarktis und entwickelten neue Methoden, um Tiefen auszuloten und Proben von Sedimenten, Organismen und Wasser aus der Tiefsee zu gewinnen.

Die Reise der *Beagle*

Charles Darwin, bekannt vor allem als Begründer der Evolutionstheorie, gehört zu den frühen Meereskundlern. Zwischen 1831 und 1836 nahm der Naturforscher an einer Fahrt der HMS *Beagle* teil, die den Auftrag hatte, die Küste Südamerikas zu kartografieren. Darwin untersuchte nicht nur lebende Arten und Fossilien, sondern verfasste auch wegweisende Schriften zur Entwicklung von Atollen und Korallenriffen.

Die Grundlagen der Ozeanografie gehen auf zwei britische Biologen, W. B. Carpenter und C. Wyville Thomson, zurück. Sie durchkreuzten auf der HMS *Challenger* zwischen 1872 und 1876 die Weltmeere, um Salzgehalt, Temperatur und Wasserdichte zu prüfen, Tiefenmessungen durchzuführen, Bodenproben zu entnehmen und mit Schleppnetzen den Artenreichtum zu erkunden. Das Schiff kehrte mit Tonnen von Material für weitere Forschungen zurück. Man entdeckte über 4700 neue Arten und konnte erstmals Sedimente des Meeresbodens dokumentieren. Auch bewiesen die Wissenschaftler die Existenz des Meereskreislaufs, der allerdings erst viel später kartografiert wurde.

Am 27. Dezember 1831 brach Charles Darwin an Bord der HMS *Beagle* zu einer fünfjährigen Reise auf. Am wichtigsten für Darwins Forschungen waren die Erkenntnisse, die er während des mehrwöchigen Aufenthalts auf den Galapagosinseln gewann. Sie legten den Grundstein für Darwins Theorien über die natürliche Auslese und sein berühmtes Buch *Über die Entstehung der Arten*.

Als Kapitän Scott und sein Forschungsteam in der Antarktis eintrafen, fanden sie vermutlich nur wenige Spuren pflanzlichen und tierischen Lebens vor. Es gab Flechten und Moose sowie einige schwimmende Pflanzen. Die meisten Vögel waren Pinguine, einige lebten auf Treibeis, andere auf dem Festland. Kaiser- und Adeliepinguine brüten in Küstennähe.

Darwin untersuchte nicht nur die Pflanzen und Tiere der Region, sondern interessierte sich auch für Korallenriffe. Als einer der Ersten stellte er eine Theorie zu ihrer Entstehung auf, die sich in der Folge als relativ korrekt erwies. Rund um die Galapagosinseln gibt es nur wenige Korallenriffe, dafür aber erkaltete unterseeische Lavaströme, die ihrerseits zahllosen Wirbellosen und Fischen einen idealen Lebensraum bieten.

Die Meeresströme

310 v. Chr. warf der griechische Philosoph Theophrastos Flaschen ins Mittelmeer, um zu beweisen, dass es durch Wasser aus dem Atlantik entstanden war. Zwar irrte er sich in mancherlei Hinsicht, doch immerhin hatte er eine seit jener Zeit vielfach kopierte Methode entwickelt, um Strömungen zu untersuchen. Bis Mitte des 20. Jahrhunderts maß man Strömungen, indem man die Fahrt von Schiffen sowie schwimmendes Treibgut im Meer beobachtete. Um 1770 warf der amerikanische Wissenschaftler Benjamin Franklin die Frage auf, warum die Post schneller aus den USA nach Großbritannien gelangte als umgekehrt, und verglich die Fahrpläne der Schiffe, die den Atlantik in beide Richtungen überquerten. So kam er schließlich zu einer ersten Karte des Golfstroms, der schnellsten Meeresströmung der Erde.

Heute gehört es sich nicht mehr, Treibgut ins Meer zu werfen, doch wenn Schiffe Ladung verlieren, wenn etwa ein Container im Sturm über Bord geht, kann man aus der Verteilung der schwimmenden Fracht immer noch Daten über Strömungen gewinnen. Aber natürlich gibt es längst differenziertere Messgeräte für die Stärke und Geschwindigkeit von Meeresströmen. Man hängt die Strömungsmesser entweder in einer bestimmten Tiefe an ein fixiertes Seil oder lässt sie treiben und zeichnet die Signale auf, die sie aussenden.

Proben aus der Tiefsee

Die meisten frühen meereskundlichen Forschungen wurden in Küstengewässern dicht unter der Wasseroberfläche durchgeführt, zum einen, weil diese Bereiche leichter zugänglich waren, zum anderen, weil man zunächst davon ausging, unterhalb von 600 Meter Tiefe könne kein Leben existieren. 1868 konnten Carpenter und Wyville Thomson diese These widerlegen. Nun wollte man die Topografie des Meeresgrunds erschließen, doch gelangte man mit den zunächst durchgeführten einzelnen Tiefenecholotmessungen nur zu ungenauen Ergebnissen. Später wurden größere Schiffe routinemäßig mit Echoloten ausgestattet, sodass nach und nach genauere Karten des Meeresgrunds entstanden.

In jüngerer Zeit gelang es, mithilfe von Computerprogrammen die Exaktheit der Karten weiter zu verfeinern. Einige hochmoderne Forschungsschiffe können heute sogar Bohrungen in der Tiefsee durchführen, um die Erdkruste in diesem Bereich zu erforschen.

Plattentektonik

Seit den 1960er-Jahren gilt die Theorie der Plattentektonik als gesichert. Demnach besteht die Erdoberfläche aus mehreren großen, starren Platten, die sehr langsam aufeinander zu- oder voneinander wegdriften und im Lauf der Zeit ihre Größe und Form verändern. An einigen Stellen berühren Platten einander oder streifen dicht aneinander vorbei. An divergenten Grenzen bewegen sie sich voneinander weg, sodass hier geschmolzene Gesteinsmassen aus den Tiefen der Erde aufsteigen können. An konvergenten Grenzen wird dagegen altes Gesteinsmaterial verbraucht, wenn die Platten sich übereinanderschieben und eine Platte unter die andere gezogen wird. Beide Vorgänge gehen so langsam vonstatten, dass man in der Regel nichts davon merkt.

Links: In Strömungen zu tauchen kann sehr gefährlich sein. Mit zunehmender Tiefe verändern sich diese nämlich erheblich. In der Regel kommen sie entweder durch Wind oder die Gezeiten oder aber die Kombination von beiden zustande. Es ist daher unerlässlich, sich vor dem Tauchen genau über mögliche Wetteränderungen und den Stand der Gezeiten zu informieren.

Rechte Seite: Rote Seeanemonen auf dem Meeresgrund. Dank der Entwicklung von Taucheranzügen und Unterwasserfahrzeugen können Menschen heute tief ins Meer vordringen und die Vielfalt der dort lebenden Arten aus nächster Nähe erkunden.

Diverse Tauchgeräte

Der alte Traum von einem Leben unter Wasser ist bis heute nicht realisierbar. Doch viele Menschen steigen hinab in die Tiefen, um das Meer zu erkunden oder Schätze zu bergen. In Japan gibt es Frauen, die ohne Tauchgerät nach Perlen oder Meeresfrüchten tauchen. Sie können die Luft ein paar Minuten lang anhalten und maximal 30 Meter tief tauchen.

Edmond Halley
Der britische Astronom Edmond Halley, nach dem der berühmte Komet benannt wurde, erfand 1690 den ersten Vorläufer der modernen Taucherglocke. Halley entwarf und baute einen hölzernen Kegel von 1,5 Meter Durchmesser am offenen Boden und einem Meter Durchmesser am geschlossenen oberen Ende. Er wurde mit Blei beschwert und vorsichtig ins Wasser gelassen, sodass er beim Eintauchen mit Luft gefüllt blieb. Am oberen Ende war eine Glasscheibe, durch die Licht fiel und durch die der Taucher sehen konnte. Außerdem gab es eine Art Hahn, durch den man die verbrauchte Atemluft ablassen konnte. Etwa einen Meter unter dem offenen Ende der Glocke befand sich eine Plattform, die an drei mit Gewichten versehenen Seilen hing. Die Luft wurde aus zwei großen Fässern nachgefüllt, die man mit Blei beschwerte, damit sie unter das Niveau der Glocke sanken. Durch ein Spundloch konnte man Wasser ein- und auslassen, wenn man das Fass wieder nach oben zog. Oben auf dem Fass gab es ein weiteres Spundloch, an dem ein mit Bienenwachs und Öl präparierter Schlauch befestigt war. Das Ende des Schlauchs befand sich in der Glocke. Durch den Druck des Wassers, das durch das untere Spundloch in das Fass strömte, wurde die Luft durch den Schlauch in die Glocke gepresst. Mit einer Umlenkrolle senkte und hob man die Fässer, um sie an der Wasseroberfläche nachzufüllen, und sorgte so für stetige Frischluftzufuhr in der Glocke. Mit dieser Technik gelang es Halley angeblich, zusammen mit vier weiteren Tauchern eineinhalb Stunden in 18 Meter Tiefe zu verbringen.

Moderne Taucherglocken
Ein volles Jahrhundert füllte man Taucherglocken über Fässer mit Luft. 1788 konstruierte dann der britische Ingenieur John Smeaton die erste moderne Taucherglocke. Smeaton, der auch den dritten Leuchtturm von Eddystone baute, verwendete ein System aus Pumpen und Schläuchen, wobei die Pumpe auf dem Dach der Glocke befestigt war, die man vollständig ins Wasser hinunterlassen konnte. Die Glocke selbst bestand aus einem rechteckigen Kasten aus Schmiedeeisen, der Platz für zwei Taucher bot. Besonders ausgeklügelt war der Zwischenbehälter, der sicherstellte, dass ein Fehler im Pumpensystem dem Taucher nicht die Luftzufuhr abschnitt. Außerdem gab es ein Rückschlagventil, das verhinderte, dass Luft in die falsche Richtung durch den Schlauch strömen konnte. Diese Taucherglocke wurde unter anderem beim Bau der Pfeiler der Hexham Bridge in England eingesetzt.

Taucheranzüge

Allen technischen Raffinessen zum Trotz blieb die Mobilität der Taucher in der Taucherglocke eingeschränkt. 1819 setzte Augustus Siebe mit der Erfindung des ersten Taucheranzugs einen Meilenstein. Durch einen Schlauch wurde Luft in den Helm gepumpt, und durch einen Schlitz an der Taille des Anzugs trat sie wieder aus. Bei ungünstigen Bewegungen konnte der Helm jedoch leicht voll Wasser laufen, sodass der Taucher ertrank. Deshalb wurden Helm und Anzug um 1830 zu einer komplett geschlossenen Einheit umgearbeitet, mit der Taucher in bis zu 20 Meter Tiefe hinuntersteigen konnten.

1943 gingen der französische Meeresforscher Jacques-Yves Cousteau und der Ingenieur Emile Gagnan noch einen Schritt weiter und entwickelten ein Atemgerät, das die Welt des Tauchens revolutionierte. Der Taucher trug nun Flaschen mit Pressluft auf dem Rücken, die über einen automatischen Atemregler und ein Mundstück in den Mund des Tauchers geleitet wurde. Erstmals konnten Menschen unter Wasser ungehindert schwimmen.

Cousteau widmete sein Leben der Erforschung der Meere und baute sogar eine Forschungsstation unter Wasser, um zu testen, wie Menschen dort leben und arbeiten konnten. Diese Station, *Conshelf II* genannt, wurde in neun Meter Tiefe im Roten Meer verankert. Fünf Männer lebten einen Monat lang in ihr und verließen sie täglich, um Experimente durchzuführen.

Oben: Die erste SCUBA- (Self-Contained Unterwater Breathing Apparatus)Ausrüstung hieß noch Aqualunge. Sie wurde 1943 von Emile Gagnan und Jacques-Yves Cousteau entwickelt und bestand aus Pressluftflaschen und einem Atemregler, der den Taucher über ein Ventil mit Atemluft versorgte.

Unterwasserfahrzeuge

1620 baute der Holländer Cornelius Drebbel ein Tauchboot aus Holz, das mit gefettetem Leder umhüllt war, damit kein Wasser eindringen konnte. Es wurde von zwölf Ruderern angetrieben und fuhr in ca. 4,5 Meter Tiefe die Themse hinauf und hinunter. Die Passagiere atmeten durch Schläuche, die an der Wasseroberfläche auf Flößen befestigt waren. Das erste echte U-Boot war die H.L. *Hunley*, das die Konföderierten im amerikanischen Bürgerkrieg konstruierten, um sich Vorteile gegenüber der überlegenen Flotte der Unionstruppen zu verschaffen. Es bestand aus einem alten Dampfkessel und wurde von acht Männern angetrieben, die im Innern eine Kurbel drehten. Der Kapitän saß vorn und steuerte. Das Fahrzeug konnte sich nur dicht unter der Wasseroberfläche bewegen. Es besaß kein Periskop. Eines Nachts im Jahr 1864 fuhr es bis zur im Hafen von Charleston vor Anker liegenden USS *Housatonic* und rammte dem Schiff eine explosive Ladung in den Rumpf, die an einem Holzschlegel befestigt war. Die *Housatonic* sank rasch, doch die Druckwelle erfasste die Einstiegsluke der *Hunley* und flutete das U-Boot, sodass deren Mannschaft ebenfalls ertrank.

Moderne U-Boote

1900 konstruierte John P. Holland das erste moderne U-Boot. Bereits 25 Jahre zuvor hatte er ein Ein-Mann-Boot entworfen, das durch Pedale angetrieben wurde. Mit der *Holland VI* erzielte er dann aber den Durchbruch. Erstmals waren alle wichtigen Komponenten im Unterwasserfahrzeug vereint: ein duales Antriebssystem, ein stabiler Gewichtsschwerpunkt, getrennte Trimmtanks und Auftriebsreserven, eine fortschrittliche hydrodynamische Rumpfform und moderne Waffen. Die US Navy erkannte die Möglichkeiten und kaufte das U-Boot.

Der technische Fortschritt ging weiter und gipfelte in den heutigen Nuklear-U-Booten. Diese müssen nie auftauchen, um Batterien aufzuladen, und können bis zu 200 000 Kilometer fahren, ohne aufzutanken. Sie fassen bis zu 150 Mann Besatzung und tauchen bis 300 Meter tief – monatelang, ohne jemals einen Hafen anzulaufen.

Unten: Das kommerzielle Passagier-U-Boot *Atlantis* vor Hawaii.

Ressourcen des Meeres

Die Menschen, die in der Nähe von Meeren lebten, nutzten diese stets als reiche Nahrungsquelle. Zunächst sammelten sie Seetang und Meeresfrüchte an den Küsten, später jagten sie Robben und Seevögel, dann erst bauten sie Boote, um zum Fischen auszufahren. 15 Prozent des tierischen Eiweißes, das die Weltbevölkerung heute verbraucht, stammen von Fisch und Meerestieren.

In den Meeren leben Millionen von Tieren, darunter mit dem bis zu 30 Meter langen Blauwal nicht nur die größten der Erde, sondern auch mikroskopisch kleine wie die Ruderfußkrebse (Copepoda). Seit Jahrhunderten fangen Menschen Fische aus dem Meer, mitunter auch heute noch mit traditionellen Techniken. In grauer Vorzeit wateten sie einfach ins seichte Wasser und spießten vorbeiflitzende Fische mit dem Speer auf. Später warfen sie Netze vom Strand aus ins Wasser oder stellten Fallen auf. Auch das Angeln mit Rute und Schnur sowie Federn, Muscheln, später auch mit Würmern oder Fischstückchen als Köder gehört zu den ältesten Fangmethoden.

Doch früher lebte man in engem Kontakt zur Natur, wusste genau über die Lebensbedingungen, die Gewohnheiten und den Lebensraum von Beutetieren Bescheid und konnte dies zum eigenen Vorteil nutzen. Die Menschen bemerkten zum Beispiel, dass manche Gerüche Fische anlockten, und legten deshalb stark riechende Substanzen am Ufer aus. Genau wie an Land nutzte man auch auf dem Wasser andere Tiere, etwa Vögel, für die Jagd. Die Japaner richteten Kormorane zum Fischfang ab, indem sie den Tieren einen Ring um den Hals legten, der sie daran hinderte, ihre Beute hinunterzuschlucken. Chinesische Fischer dressierten Fischotter, die Fische unter Wasser in die Netze trieben.

Kommerzialisierung des Handels

Die Fangmethoden waren erfolgreich und lieferten oft genug Nahrung, um ein ganzes Inselvolk zu versorgen. Die Fischbestände wurden dadurch kaum beeinträchtigt, denn man fing stets nur so viel, wie man für den eigenen Bedarf benötigte. Als jedoch die Bevölkerung wuchs und man mehr Nahrung brauchte, fuhren kleine Fischereiflotten hinaus aufs Meer und blieben dort einen Tag oder länger. Sie folgten den Schwärmen und fingen sie in großen Schleppnetzen, die sie hinter den Booten herzogen. Auch dadurch litt der Fischbestand insgesamt wenig Schaden, denn das Fassungsvermögen eines solchen Bootes war begrenzt, und wenn die Fischer genug gefangen hatten, kehrten sie an Land zurück.

Je mehr die Bevölkerung zunahm und je größere Fortschritte man im technischen Bereich, etwa durch die Erfindung des Dampf- und Dieselantriebs, machte, umso größer wurden die Schiffe, die man für den Fischfang baute. Einige Flotten bestehen heute aus Hunderten von kleineren Schiffen und einem oder mehreren Fabrikschiffen, in denen der Fang direkt auf See verarbeitet wird. Die Fangboote verwenden offene Schleppnetze, die sie dicht über dem Meeresboden entlangziehen, oder beutelartige Netze, die hinter den Schiffen hergezogen werden und sich um den Fang schließen. Mit Langleinen, an denen mit Ködern besetzte Haken befestigt sind, fängt man größere Arten wie etwa Thunfisch. Die Fischindustrie verwendete früher auch Treibnetze, die großen Vorhängen ähnelten und sich manchmal über 60 Kilometer ausdehnten. Diese riesigen Netze wurden tagelang ausgelegt, und so verfingen sich in ihnen nicht nur kommerziell nutzbare Arten, sondern auch bedrohte Tiere wie Wale, Delfine, Meeresschildkröten, Robben und Seevögel. Einmal im Netz, gab es für sie kein Entrinnen mehr – sie ertranken qualvoll. 1992 verbot die UNO deshalb diese Fangmethode.

Rechte Seite: Einige Arten von Thunfisch werden so stark überfischt, dass man um ihre Existenz fürchtet. Mittlerweile setzt man verstärkt auf Fischfarmen, um der wachsenden Nachfrage Herr zu werden und die bedrohten Arten zu schützen. Das Bild zeigt Thunfische einer Farm vor der Küste von Baja California. Der meiste Thunfisch wird in Japan zur Herstellung von Sushi verwendet.

Unten: Seit Jahrtausenden sind die Meere Einkommens- und Nahrungsquelle der Küstenbewohner. In den Ozeanen leben zahlreiche Pflanzen- und Tierarten. Winzige Pflanzen bilden die Grundlage der Nahrungskette im Meer.

Ausgefeilte Technik

Die riesigen Fischereiflotten sind mit neuester Technik ausgerüstet – Sonargeräte orten große Fischschwärme, und über Satellit werden Informationen über Regionen mit großen Mengen an Phytoplankton, von dem Fische sich ernähren, empfangen. Die Flotten bleiben Wochen oder sogar Monate auf hoher See, denn dank der Fabrikschiffe müssen sie nicht regelmäßig an Land zurückkehren, um die Ladung zu löschen. Innerhalb eines einzigen Tages verarbeitet ein Fabrikschiff Hunderte Tonnen Hering zu Filets, friert 100 Tonnen Plattfisch ein und macht aus verschiedenen Fischsorten Fischmehl und Fischöl. Diese Form der Fischerei vernichtet nicht nur die Bestände in großem Maßstab, sondern produziert auch Unmengen von Müll. Mindestens ein Fünftel des Fangs landet wieder im Wasser, weil die Fische zu klein oder kommerziell nicht nutzbar sind. Zu den Beifängen gehören unbeliebte Arten, Wirbellose, die sich nicht vermarkten lassen, etwa Seeigel und Schlangensterne, sowie Seevögel und Meeressäuger wie Seehunde und Delfine. In der Regel sind die Tiere, wenn sie ins Wasser zurückgeworfen werden, entweder tot oder verletzt und so schwach, dass sie leicht Raubfischen zum Opfer fallen.

Fangquoten

Das Problem der Beifänge hat sich verschärft, seit für kommerziell interessante Arten minimale Größen und maximale Quoten festgelegt wurden. Laut Gesetz müssen die Fische bestimmter Arten eine minimale Länge erreicht haben, damit ihr Bestand erhalten bleibt. Da man aber die Größe eines Fisches nicht feststellen kann, bevor er ins Netz gegangen ist, werden auch kleinere Fische gefangen und dann – in vielen Fällen tot – ins Meer zurückgeworfen. Für viele Arten gelten Fangquoten, die ebenfalls die Bestände schützen sollen. Ist die Quote erreicht, wandern alle übrigen Fische dieser Art ins Meer zurück – tot oder lebendig. Da aber im gleichen Gebiet noch andere Arten leben, geht der Fischfang weiter, und natürlich landen auch solche Exemplare im Netz, die dort laut Quote nicht sein dürfen. Weltweit werden jährlich 60 bis 80 Millionen Tonnen Fisch gefangen. Es gibt ca. 20 000 Arten, davon werden 9000 Arten regelmäßig, jedoch nur 22 in großen Mengen gefangen. Fünf Gruppen von Fischen machen die Hälfte des Jahresfangs aus: Heringe, Kabeljau, Thunfisch, Lachs und Makrelen.

Traditionelle Fanggründe

Früher glaubte man, Meere bergen Nahrung in unbegrenzter Menge und bieten damit eine unerschöpfliche Lebensgrundlage für die Weltbevölkerung. Dieser Gedanke erwies sich jedoch als falsch, denn die Zahl der Menschen wächst rasant, während die Bestände der Meerestiere vor allem wegen massiver Überfischung sinken. Die Hälfte des weltweiten Jahresfangs wird im Nordpazifik, im Nordatlantik und vor der Westküste Südamerikas eingebracht.

Walfang

Wale werden schon seit über 1000 Jahren gejagt, doch die heutigen Methoden sind so effektiv, dass viele Arten kurz vor dem Aussterben stehen. Aufgrund neuer Technologien können die Walfänger immer mehr Tiere fangen und töten. Da ein Bestand nach dem anderen zusammenbricht, setzen sich viele Länder der Erde für den Schutz der Arten ein. 1946 wurde ein Abkommen für Fangquoten geschlossen, das den Erhalt der Meeressäuger sichern sollte.

1972 betrug die erlaubte Fangmenge in der Antarktis weniger als 25 Prozent der ursprünglich von der Internationalen Walfangkommission (IWC) vereinbarten Zahl. Blau- und Buckelwale wurden auf die Liste der bedrohten Arten gesetzt, wenig später kamen Finnwale dazu. Der Rückgang der Bestände und sinkende Tranpreise führten in der Folge dazu, dass die meisten Länder den Walfang einstellten. 1969 gingen nur noch Japaner und Russen auf Walfang – in Japan war Walfleisch nach wie vor äußerst begehrt. In den Jahren 1973/74 wurden insgesamt etwa 32000 Wale gefangen, einige Jahre später waren es nur noch 22000. In den 1980er-Jahren erfolgte ein vollständiger Stopp für den Walfang, doch einige Nationen halten sich nicht daran. 1993 begannen die Norweger erstmals wieder Wale zu jagen, und auch Island und Japan fangen Wale, angeblich nur zu wissenschaftlichen Zwecken. In Wirklichkeit landet der größte Teil des Fangs auf den heimischen Tischen.

Trotz dieser Entwicklung erholen sich die Bestände langsam, zumal in der Antarktis und im Indischen Ozean umfangreiche Walschutzgebiete eingerichtet wurden. Alljährlich nehmen schätzungsweise rund neun Millionen Menschen an Walbeobachtungstouren teil, und selbst einige der Länder, die Wale fangen, bieten solche Fahrten an. Es bleibt zu hoffen, dass in absehbarer Zeit lebendige Wale überall mehr wert sind als tote.

Oben: Der Taschenkrebs (Cancer pagarus) hat einen Durchmesser von bis zu 23 Zentimetern und wird bis zu drei Kilogramm schwer. Er lebt im Nordatlantik, der Nordsee und im Mittelmeer und wird in großen Mengen gefangen.

Schalentiere

In den vergangenen 20 Jahren haben viele Menschen die Vorzüge einer fettarmen Ernährung erkannt. Schalentiere haben einen geringen Fettanteil und gewinnen daher an Popularität. Zudem sind sie reich an Vitaminen und Mineralien und enthalten genau wie Fisch mehrfach ungesättigte Fettsäuren, die der Körper nicht selbst herstellen kann. Zu den Schalentieren werden sowohl Krebstiere mit Panzern, wie Hummer oder Krebse, als auch Weichtiere, wie Muscheln, Schnecken und Cephalopoden, gerechnet. Bei den Letztgenannten handelt es sich um Tintenfische und Kraken. Den größten Marktanteil haben Austern, Mies-, Herz- und Kammmuscheln, Hummer, Krebse, Shrimps, Garnelen, Flusskrebse, Sepien und Tintenfische.

Garnelen gehören im Westen zu den beliebtesten Schalentieren. Man verwendet sie in vielen gebratenen und gekochten Gerichten. Viele Schalentiere – etwa Nordseekrabben – werden in Küstengewässern gefangen und auf einheimischen Märkten angeboten. Tiefseegarnelen stammen aus den Gewässern vor Island, Grönland, Norwegen und Kanada, und tropische Garnelen kommen aus Thailand, China, Indien und Ecuador. Die Bestände werden derzeit in vielen Gebieten bis an die Grenzen ausgebeutet und mancherorts überfischt. Da sie in naher Zukunft bedroht sein dürften, hat man eine Kombination aus strikten technischen Kontrollen eingerichtet, um die Bestände auf gleichbleibendem Niveau zu halten. So benötigt man in manchen Ländern eine Erlaubnis für den Schalentierfang.

Die Bewirtschaftung des Meeres

Werden Fische und Schalentiere schneller und in größeren Mengen gefangen, als sie nachwachsen, sinken die Bestände. Wenn eine bestimmte Art aus ihrem angestammten Lebensraum verschwindet, gerät außerdem die Nahrungskette aus dem Gleichgewicht, und dadurch verändert sich das gesamte Ökosystem. Einige Arten, beispielsweise manche Wale, sind bereits bedroht.

Eine Lösung des Problems besteht darin, Fische und Schalentiere zu züchten, wie es die Chinesen bereits seit über 4000 Jahren erfolgreich praktizieren. In anderen Teilen Asiens züchtet man seit Jahrhunderten Fische, indem man an der Küste Gruben aushebt und wartet, bis sie sich bei Flut mit Salzwasser füllen. Hier setzt man Fischeier aus. Die geschlüpften Fische ernähren sich von Larven und Plankton, während sie heranwachsen. Zu den erfolgreichsten Zuchtarten gehören Lachse, Austern und Miesmuscheln, die alle eine lange Zuchtgeschichte haben. Mit exotischen Arten wie Tiger Prawns und Seeigeln erzielt man mittlerweile gute Gewinne, aber auch andere Arten wie Kammmuscheln, Garnelen, Shrimps, Hummer und Plattfische werden gezüchtet.

Für die Zucht bestimmter Arten benötigt man künstliche Riffe, die rasch von Schalentieren und kleinen Fischen besiedelt werden. Diese können dann wiederum größere Arten anlocken. Miesmuscheln, Austern, Hummer, Seeigel und Seeohren werden neben Seetang an solchen künstlichen Riffen bereits erfolgreich gezüchtet. Die Riffe können aus Abfall bestehen, etwa alten Autoreifen, die Jahr für Jahr zu Millionen weggeworfen werden. Es wurden auch schon alte Bohrplattformen verwendet, die entweder versenkt oder ins seichte Wasser geschleppt und dort verankert werden. Dadurch entstehen neue Fischgründe und zugleich sinnvolle Verwendungsmöglichkeiten für Abfallprodukte.

Nicht nur Fisch und Schalentiere sind begehrt, sondern auch Seetang. Im Osten, in Südostasien, Indien, Afrika und Lateinamerika werden pro Jahr über sechs Millionen Kubiktonnen geerntet. Vielerorts ist die Seetangzucht alleinige Sache der Frauen. Sie verdienen damit mehr als ihre Männer mit dem Fischfang.

Links: In Manihi, Französisch-Polynesien, inspiziert ein Taucher Perlenaustern. Diese Region ist für ihre schwarzen Perlen berühmt. Sie waren früher hochbegehrt und äußerst selten, doch das hat sich geändert. Austern produzieren Perlen, wenn Fremdkörper, beispielsweise Sandkörner, in ihre Schale geraten und mit Perlmuttschichten umhüllt werden. So entsteht nach und nach eine Perle.

Medizin aus dem Meer

Zurzeit wird rund die Hälfte der weltweit verbrauchten Medikamente aus natürlichen Stoffen hergestellt, darunter viele neue Produkte gegen Infektionen und Krebs, die in den vergangenen 20 Jahren entwickelt wurden. Die meisten basieren auf Extrakten von Pflanzen, die an Land wachsen, doch mittlerweile nimmt auch die Zahl der Medikamente aus Meeresorganismen zu. Die Idee ist nicht neu – in China, Japan und Taiwan heilt man seit Jahrhunderten Potenzprobleme, Atemwegs- und Kreislauferkrankungen, Leber- und Nierenprobleme sowie viele andere Krankheiten mit Seepferdchen.

In Tieren, Pilzen, Algen und Bakterien aus dem Meer hat man chemische Substanzen mit verschiedenen antibakteriellen, gerinnungsfördernden und virentötenden Wirkungen entdeckt. Mittlerweile wurden ein Medikament auf Algenbasis für die Krebstherapie und ein Schmerzhemmer auf der Grundlage von Giften einer Meeresschnecke entwickelt. Aus einem Schwamm, der an Korallenriffen in der Karibik wächst, gewinnt man Medikamente gegen Viruskrankheiten und Krebs, und mit einem Arzneimittel aus Extrakten einer Seehasenart aus dem Indischen Ozean werden klinische Versuche zur Brustkrebs-, Tumor- und Leukämietherapie durchgeführt.

Meeresorganismen

Zunächst sammelte man Meeresorganismen willkürlich, in großen Mengen und unspezifisch, in der Hoffnung, daraus nützliche Substanzen zu gewinnen. Der Nachteil dieser Methode liegt darin, dass man riesige Mengen an Material verbraucht, um winzige Mengen an Stoffen für weitere Untersuchungen zu gewinnen. Die Gentechnik hat die Suche nach neuen Arzneiwirkstoffen wesentlich umweltfreundlicher gemacht. Heute nimmt man nur noch kleine Mengen lebenden Materials, extrahiert die DNA und klont diese in Bakterienzellen, aus denen man im Labor große Mengen einer Substanz züchten kann. Dies bedeutet, dass der endgültige Wirkstoff im Labor erzeugt wird und nicht mehr jedes Mal auf dem Meeresgrund beschafft werden muss.

Ganz offenkundig warten unter Wasser genau wie an Land eine Fülle heilender Stoffe auf ihre Entdeckung – manchmal an Stellen, an denen man sie kaum erwarten würde. Weite Teile des Meeres sind von Menschen noch unberührt, und die Chancen stehen gut, dass man im Meer noch viele Wirkstoffe gegen Krankheiten findet, die uns an Land Sorge bereiten.

Unten: Seesterne sollen medizinische Wirkstoffe enthalten. In Bolivien werden sie deshalb auf Märkten verkauft.

Mineralien

Als die Wissenschaftler der HMS *Challenger* zwischen 1872 und 1876 auf einer Weltreise die Ozeane erforschten, stellten sie überrascht fest, dass in 4500 Meter Tiefe Mangan in hohen Konzentrationen vorlag. Etwa zehn Millionen Jahre alte, kartoffelgroße Manganknollen liegen dort über den Meeresgrund verstreut, und bis heute weiß man nicht genau, wodurch sie entstanden sind. Die Knollen bestehen überwiegend aus Mangan, Eisen, Kupfer, Nickel und Kobalt, enthalten überdies aber auch Spuren von Zink, Blei, Titanium und Vanadium. Diese Elemente sind heute von weitaus höherem Wert als Mangan und Eisen. Zwar konnte man die wertvollen Stoffe bislang nicht in größerem Maßstab fördern, doch allein ihre Existenz lässt vermuten, dass der Ozean Reichtümer birgt, die die hohen Förderkosten lohnend machen würden.

Wertvolle Metalle

In den 1960er-Jahren entdeckte man am Rand einer Kontinentalplatte im Roten Meer Metalle wie Silber, Kupfer und Kadmium. Bald darauf fand man sie auch an anderen Stellen, etwa an Hydrothermalschloten in der Tiefsee. Doch nicht nur dort lagern Bodenschätze. In einigen Regionen der Erde wird an Stränden nach Gold, Chrom, Titanium, Wolfram und Diamanten gegraben.

Der gewöhnlichste und am leichtesten zu gewinnende Stoff aus dem Meer ist natürlich Natriumchlorid – Kochsalz. Es wird seit Jahrtausenden aus Salzwasser gewonnen, und zwar nach derselben Methode: Man lässt Salzwasser verdampfen und behält die Salzkristalle zurück. Mindestens ein Drittel des weltweit verbrauchten Salzes wird mit diesem Verfahren hergestellt. In Trockenregionen gewinnt man durch Zusatz bestimmter Pflanzen sogar Süßwasser als wertvolles Nebenprodukt.

Öl und Erdgas

Öl und Gas gehören zu den fossilen Brennstoffen. Sie bestehen aus den organischen Überresten abgestorbener Pflanzen, die tief unter der Erde in Schichten lagern. Etwa 90 Prozent der fossilen Brennstoffe sind im Lauf der Zeit auf natürliche Weise aus ihren Lagerstätten gesickert. Die übrigen zehn Prozent liegen unter undurchdringlichen Gesteinsschichten, in natürlichen Reservoirs tief unter der Erde oder dem Meer. Zwar weiß man seit Beginn des 20. Jahrhunderts, dass Öl- und Gasfelder unter dem Meer existieren, doch die umfangreichen Quellen, die man bis dato entdeckt hatte, ließen kostspielige Bohrungen vor der Küste zunächst überflüssig erscheinen. Mittlerweile verbrauchen wir pro Jahr aber so viel Energie, wie die Erde laut Berechnungen in einer Million Jahren auf natürliche Weise erzeugt – und der Verbrauch nimmt weiter zu. Deshalb mussten längst neue Öl- und Gasfelder gefunden werden, um die Nachfrage zu befriedigen.

Erdgas unter der Nordsee

Mitte des 19. Jahrhunderts entdeckte man große Erdgasvorkommen unter der Nordsee. Bis heute liegt hier eines der größten Erdgasfelder der Erde. Einige Jahre später stieß man auf Öl. Heute kennt man Erdgas- und Ölfelder in vielen Meeren, etwa im Indischen Ozean, vor den Ostküsten Nord- und Südamerikas, der Westküste Afrikas sowie im Mittelmeer und Nordpolarmeer.

Um die Vorkommen auszubeuten, sind großflächige Bohrungen nötig. Probebohrungen verschlingen Millionen und führen nicht immer zum Erfolg. Kommerzielle Bohrungen reichen bis in 3000 Meter Tiefe. Sie werden von Plattformen aus durchgeführt, die auf dem Wasser schwimmen oder von Schiffen an Ort und Stelle geschleppt und dort für Monate oder Jahre verankert werden. Die Bohrungen selbst sind gefährlich: 1988 geriet die Plattform *Piper Alpha* in der Nordsee nach zwei Explosionen in Brand, was 167 Menschen das Leben kostete.

Unten: Die Ölplattform Beryl Alpha. Ölplattformen sind riesige Komplexe, die bis zu 300 Menschen Platz bieten. Ihre Unterhaltung ist teuer, weil sie vom Festland aus versorgt werden und auch die Mannschaft ständig hin und her reist. Die Aufbauten müssen schweren Stürmen und anderen Widrigkeiten standhalten.

Die Kraft der Wellen

Könnte man die Kraft der Wellen effizient und ökonomisch nutzen, wäre das Problem der weltweiten Energieversorgung weitgehend gelöst. Man hätte eine saubere, sichere und erneuerbare Energiequelle. Menschen nutzen Wasser seit Jahrhunderten so: als Antrieb für die ersten Flöße, auf denen sie sich treiben ließen, oder – an Flüssen und Bächen – für Mühlen, die Korn zerkleinerten. Fortgeschrittener ist die Technik von Staudämmen, an denen durch die Kraft des herabstürzenden Wassers Strom erzeugt wird.

Gezeitenkraft

An vielen Orten mit starker Gezeitenwirkung gab es früher Gezeitenmühlen. Man nutzte sie Hunderte von Jahren, doch dann begriff man, dass das Prinzip auch in viel größerem Maßstab funktioniert. Gezeitenkraftwerke arbeiten ähnlich wie ein Staudamm. Das steigende oder fallende Wasser wird an einer Flussmündung mithilfe einer Sperre gestaut und dann durch eine Reihe von Turbinen geleitet, sodass sowohl bei Ebbe als auch bei Flut Strom produziert wird.

Das erste große Gezeitenkraftwerk entstand 1967 an der Rance-Mündung in der französischen Bretagne. Die Flussmündung dient dabei als Rückhaltebecken, und auf dem durch das aufgestaute Wasser entstandenen künstlichen See tummeln sich heute Sportler. Die Schaufeln der 24 Turbinen bestehen aus einer Chrom-Nickel-Stahl Legierung, damit das Salzwasser sie nicht angreifen kann.

Die Kraft der Wellen

Genau wie die Gezeiten sind auch die Wellen selbst eine mögliche Energiequelle. Allerdings hat man noch keinen optimalen Weg gefunden, um ihre Kraft kontrolliert zu nutzen. Ein kleines Wellenkraftwerk vor der schottischen Küste funktionierte zwar, wurde aber von einem Sturm zerstört. Bei Wellenkraftwerken wird die Welle in eine unterirdische Kammer geleitet und drückt dort Luft durch eine Turbine. Bei einem anderen Typus schwimmen riesige, wippenartige Schwinghebel an der Wasseroberfläche und schwingen durch die Kraft der Wellen hin und her. Dabei wird Wasser durch einen Schacht nach innen geleitet und treibt eine Turbine an. Zurzeit gibt es nur wenige funktionstüchtige Wellenkraftwerke, doch ist die Zeit reif für weitere Entwicklungen.

Andere Kraftwerke

Theoretisch könnte man die Kraft des Ozeans auch nutzen, indem man an strategisch günstigen Stellen unter Wasser Turbinen anbringt, etwa in Meerengen oder rund um Landzungen. Auch hierfür existieren Pilotprojekte, die jedoch noch nicht ausgereift genug sind, um sie in großem Maßstab umzusetzen.

Recht auf Bergelohn

Das Recht auf Bergelohn hat eine lange Tradition. Es will in erster Linie dazu ermuntern, in Seenot geratenen Schiffen zu helfen und die Ladung aus Wracks für den Eigentümer zu sichern. Eine Besatzung, die auf See nach einem Schiffbruch hilft, kann bestimmte Rechte für sich in Anspruch nehmen, sofern sie dem in Seenot geratenen Schiff freiwillig zu Hilfe kommt, die Besatzung des in Not geratenen Schiffes dieses verlassen hat und die Rettungsaktion der erfolgreichen Bergung der Fracht und/oder des Schiffes dient. Zwar können die Retter keine Eigentumsansprüche auf Schiff oder Ladung geltend machen, doch haben sie Anrecht auf eine großzügige Belohnung.

Links: Auf hoher See hebt und senkt sich das Wasser wellenförmig. Schaumkronen haben die Wellen nur bei Sturm. Am Ufer türmen sie sich aber hoch. Riesenwellen können Häfen, Kais, Häuser und Äcker an der Küste schwer beschädigen.

Seerecht

Das Seerecht ist ein komplexes Thema. Einige Regelungen wurden eingeführt, um Reisende auf See zu schützen, andere sollen das Meer und seine Bewohner vor Schaden bewahren.

Territorialgrenzen

Anfang des 17. Jahrhunderts stellte der niederländische Seefahrer Hugo Grotius in seinem Buch *Mare liberum* die Theorie auf, das Meer sei internationales Territorium und dürfe daher von allen Nationen im Rahmen internationaler Handelsgeschäfte genutzt werden. Die Niederländer, damals eine der wichtigsten Seefahrernationen, rechtfertigten auf diese Weise ihre Versuche, bestehende Handelsmonopole aufzubrechen und eigene Kontore und Niederlassungen zu etablieren. England wehrte sich dagegen – die Gewässer rund um die Britischen Inseln, so die Behauptung, gehörten zum Hoheitsraum der Krone. 1635 verfocht John Selden in seinem Werk *Mare clausum* die Ansicht, eine Nation könne auf das Meer genauso Anspruch erheben wie auf Festlandgebiete. Da sich die Konflikte häuften, einigten sich die Meeresanrainer schließlich darauf, dass die Hoheitsgewässer sich auf einen bestimmten Bereich vor der Küste erstreckten. 1702 schrieb Cornelius Bynkershoek in *De domino maris* die Grenze der Hoheitsgewässer auf drei Seemeilen fest.

Diese Dreimeilenzone blieb bis in die 1950er-Jahre gültig. Mittlerweile kämpften die Fischer mit sinkenden Fischbeständen, und man hatte unter dem Meeresboden Energiequellen entdeckt. Als Island seine Fischereigrenzen 1958 auf zwölf Meilen und 1972 schließlich auf 50 Meilen ausdehnte, eskalierte der Konflikt. Während des vierjährigen Kabeljaukriegs mit Großbritannien wurden die britischen Fischgründe von isländischen Flotten ausgebeutet. Es dauerte lange, bis sich beide Länder auf ein Abkommen einigten. Erst das 1982 angenommene Seerechtsübereinkommen der Vereinten Nationen (UNCLOS), das 1994 in Kraft trat, regelte das internationale Seerecht. Seitdem unterscheidet man zwischen dem Küstenmeer (zwölf Seemeilen), der Anschlusszone (bis max. 24 Seemeilen), der Ausschließlichen Wirtschaftszone (AWZ, bis max. 200 Seemeilen), dem Festlandsockel und dem Internationalen Meeresboden.

Küstenanrainer haben Hoheitsrechte im Bereich bis zu zwölf Meilen vor ihrer Küste. Hier können sie Aktivitäten aller Art kontrollieren, Schiffen aus anderen Ländern ist nur die Durchfahrt erlaubt. In der Anschlusszone kann der Anrainerstaat Regelungen für Zölle, Steuern, Einwanderung und Hygiene treffen. In der Ausschließlichen Wirtschaftszone verfügt der Anrainer ausschließlich über die dort vorkommenden natürlichen, lebenden und nicht lebenden Ressourcen und bestimmt, wie diese und das darüber befindliche Wasser genutzt werden. Er ist aber zugleich für den Umweltschutz in diesem Gebiet zuständig. Jenseits der AWZ besitzt kein einzelnes Land Hoheitsbefugnisse.

Freie Durchfahrt

Schiffe und Flugzeuge aller Länder dürfen die Hoheitsgebiete durchqueren, sofern dies nicht in feindlicher Absicht, zu Spionagezwecken oder zur Ausbeutung fremder Ressourcen geschieht. Dasselbe gilt für international genutzte Meeresstraßen. Die Länder zu beiden Seiten dieser Straßen können den Schiffsverkehr und andere wichtige Aspekte in der Meerenge regeln. Menschen und Waren aus Ländern ohne eigene Küsten müssen freien Zugang zum und vom Meer erhalten und dafür die zwischen ihren Grenzen und dem Meer liegenden Länder ohne Behinderung durchqueren können. In und jenseits der AWZ dürfen sich alle Länder frei und ohne Einschränkungen zu Wasser und in der Luft bewegen, doch müssen sie sich dabei an geltende Gesetze zum Schutz natürlicher Ressourcen halten.

Oben: Das Seerecht legt fest, dass ein motorgetriebenes Wasserfahrzeug einem Segelschiff weichen muss, ebenso einem Schiff, dessen Besatzung mit Fischen beschäftigt und daher nur eingeschränkt manövrierfähig ist, und natürlich auch einem Schiff ohne Kommando, das möglicherweise in Seenot geraten ist.

Kabel und Pipelines

1858 wurde die erste transatlantische Telegrafenleitung verlegt. Heute ziehen sich auf dem Grund vieler Meere etliche Kommunikationsleitungen sowie Öl- und Gaspipelines entlang – die meisten im Atlantik zwischen Nordamerika und Europa. Doch auch im Pazifik und im Indischen Ozean wächst ihre Zahl. Alle Länder, ganz gleich ob Küstenanrainer oder nicht, dürfen in der AWZ und jenseits dieser Zone ohne Einschränkungen Unterwasserkabel und Pipelines verlegen.

Wracks

1984 entdeckte man vor der türkischen Küste bei Uluburun das älteste bis heute gefundene Wrack. Es sank vor über 3000 Jahren, um 1316 v. Chr., und hatte Kupfer, Zinn, Glas, Goldschmuck und Parfümkrüge geladen. Versunkene Schätze üben einen großen Reiz aus, und deshalb versuchen viele Taucher sie zu bergen. Das Recht auf Bergelohn bezieht sich nicht auf Wracks. Diese gelten vielmehr als Unterwasser-Kulturerbe und unterliegen seit 2001 eigenen Regelungen.

Die Konvention zum Schutz des Kulturerbes unter Wasser (UCZ) bezieht sich auf Wracks, die mehr als 100 Jahre alt sind. Schiffe aus den beiden Weltkriegen und selbst die *Titanic* sind daher momentan nicht eingeschlossen. In erster Linie geht es darum, die Wracks vor Ort als archäologische Fundstätten zu schützen und zu erhalten. Viele Unterwasserfundstätten sind erstaunlich gut erhalten, doch wenn die stabilen Bedingungen gestört werden, können sie rasch zerfallen. Taucher, die ein Wrack entdecken, das vermutlich mehr als 100 Jahre alt ist, müssen es intakt lassen und die Behörden am nächstgelegenen Ort über ihren Fund informieren. Nur ausgebildete Archäologen dürfen an dem Wrack arbeiten. Entfernt werden darf ein versunkenes Schiff bzw. sein Inhalt nur, wenn es – zum Beispiel bei der Verlegung unterseeischer Leitungen – beschädigt werden könnte und eine geeignete Konservierungsalternative besteht.

Viele Länder sind mit bestimmten Regelungen der Konvention nicht einverstanden. Die USA, Großbritannien und Russland möchten Hoheitsrechte für gesunkene Schiffe geltend machen, und Großbritannien will nur historisch, archäologisch oder kunsthistorisch bedeutende Wracks schützen. Taucher weisen darauf hin, wie schwierig es ist, herauszufinden, ob ein Schiff unbekannt und unbedeutend ist und aus welcher Zeit es genau stammt. Sie bemängeln auch, dass das derzeit geltende Recht es ihnen verbietet, erforschte Wracks zu besichtigen, nur weil diese über 100 Jahre alt sind.

Unten: Die *Titanic* legte am 10. April 1912 in Southampton zu ihrer Jungfernfahrt nach New York ab. Vier Tage später streifte sie 400 Meilen vor der Küste Neufundlands einen Eisberg und versank innerhalb weniger Stunden im Meer. 1985 ortete der Ozeanograf und Meeresbiologe Dr. Robert Ballard die Wrackteile. Das Bild zeigt die Reling der *Titanic*, die sich vor dem Hintergrund des Unterwasserfahrzeugs *Mir2* abhebt. Dieses befindet sich über dem Ankerkran auf dem Vordeck des Schiffes.

Einflüsse des Menschen

Die Meere sind für das Weiterbestehen unseres Planeten von höchster Bedeutung – immerhin entstand alles Leben ursprünglich im Meer. Heute bestimmen die Ozeane unser Klima mit und liefern uns große Mengen an Nahrung. Meere sind nicht nur wichtige Ressourcen, sondern auch wunderschön und sowohl für Freizeitaktivitäten als auch zur bloßen Entspannung bei den Menschen beliebt. Das empfindliche Ökosystem der Ozeane ist allerdings seit langer Zeit und auf vielfache Weise in Gefahr. Verschmutzung, globale Erwärmung, Überfischung und zu starke Nutzung bedrohen die Meere auf der Erde. Die Menschheit muss neue, ökologisch verträgliche Konzepte entwickeln, bevor es zu spät ist.

Umweltverschmutzung

Die Meere werden auf vielfältige Weise verunreinigt. Große Mengen an Müll, die auf dem Festland verursacht werden, wandern ins Meer. Dazu kommt Abfall, der von Schiffen ins Wasser verklappt wird. Die Ölindustrie schafft es nicht, zu verhindern, dass Erdöl ins Wasser gelangt, und die Industrie produziert Giftstoffe, die ebenfalls oft im Wasser landen.

Müll

Etwa 150000 Tonnen Plastiknetze und andere Fischereiutensilien gehen schätzungsweise im Meer verloren oder werden hineingeworfen. Sie bedrohen Tiere, die sich in Netzen verheddern und qualvoll ertrinken oder ersticken. Jeder Haushalt der westlichen Welt verbraucht durchschnittlich 300 Plastiktüten pro Jahr – das sind insgesamt sieben Milliarden Plastikbeutel!

Große Mengen an Abfall verrotten im Lauf der Zeit durch die Einwirkung von Sonnenlicht und Bakterien. Das gilt jedoch nicht für Haushaltsverpackungen aus Plastik, die im Wasser landen. Wenn sie nicht entsorgt werden, zerstören sie die Schönheit der natürlichen Lebensräume unweit von Städten für Hunderte von Jahren. Die meisten dieser Verpackungen sind leicht und treiben auf dem Wasser. Sie geraten so an die entlegensten Orte und verschandeln unberührte Gegenden. In einem Fall fand man an den Ufern einer Insel, die 500 Kilometer vom nächsten bewohnten Ort und über 3000 Seemeilen vom nächsten Kontinent entfernt war, insgesamt 950 Trümmer Abfall. Zum Glück wächst in den meisten Staaten das Umweltbewusstsein. Abfall wird recycelt, damit weniger Müll entsteht, und die Anrainerstaaten von Meeren arbeiten zusammen, um die Umwelt sauber zu halten.

Unten: Pazifik, Atlantik, Indischer Ozean, Nordpolarmeer und die antarktischen Meeresgebiete bilden eine einzige, riesige Wasserfläche, die alles Leben beeinflusst. Die Meere bestimmen das Klima mit und verhindern, dass die Erde zu heiß wird. Sie sorgen dafür, dass genügend Sauerstoff zum Atmen zur Verfügung steht, und bergen große Mengen an Nahrung und Mineralien.

Ölverschmutzungen

Natürliche Stoffe wie Öl und Gas sind in geringen Mengen schon immer in die Umwelt gelangt und wurden ohne größere Probleme absorbiert. Seit Anfang des 20. Jahrhunderts steigt ihre Menge aber stetig. Schiffe verlieren beim Laden und Entladen Öl, und auch vom Festland gelangt Öl aus Fahrzeugen und der Schwerindustrie in den Wasserkreislauf. Leider verteilen sich diese Ölaustritte nicht über die ganze Welt, sondern konzentrieren sich auf kleine Regionen in der Nähe von Raffinerien, an stark genutzten Küstenabschnitten und entlang der großen Schifffahrtsrouten. Die Verschmutzung mag gering erscheinen, doch im Lauf der Zeit schadet sie den Meereslebewesen in diesen Gebieten trotzdem enorm.

Unten: 1989 lief die *Exxon Valdez* bei Bligh Island vor Alaska auf Grund. 40 Millionen Tonnen Rohöl flossen ins Meer. In der Folge starben mindestens 250 000 Seevögel, 2800 Seeotter, 300 Robben, 250 Weißkopfseeadler und Milliarden von Lachs- und Heringseiern.

Zu den schlimmsten Katastrophen gehören Havarien von Öltankern, bei denen riesige Mengen Rohöl ins Meer fließen. 1967 lief die *Torrey Canyon* bei Land's End im Ärmelkanal auf Grund. 143 Millionen Liter Rohöl flossen ins Meer. Nur elf Jahre später lief die *Amoco Cadiz* vor der bretonischen Küste nach einem Ruderbruch auf Felsen. Diesmal traten 250 Millionen Tonnen Rohöl aus und legten sich als schwarzer, schmieriger Teppich über ein 25×120 Kilometer großes Gebiet. 20 000 Seevögel starben qualvoll, ungezählte Fische und Meereslebewesen wurden über Wochen hinweg tot an die französische und englische Küste gespült. Auf der anderen Seite der Erde kollidierte 1979 vor Tobago die *Atlantic Empress* mit der *Aegean Captain*. 174 Millionen Tonnen Öl ergossen sich ins Karibische Meer.

Zu Verschmutzung durch Öl kann es auch kommen, wenn bei Bohrungen unter dem Meeresboden plötzlich mit hohem Druck Öl aus dem Reservoir schießt. Manchmal dauert es lange, bis der Austritt gestoppt wird – beim schlimmsten Unfall dieser Art 1979, an der Bohrplattform *Ixtoc I* im Golf von Mexiko, vergingen neun Monate, bis man den Ölfluss unter Kontrolle brachte. Während dieser Zeit gelangten 530 Millionen Liter Rohöl ins Meer.

Nicht immer handelt es sich um Unfälle. Nachdem der Irak 1991 in Kuwait einmarschiert war, wurden Raffinerien an der Golfküste angegriffen. 900 Millionen Tonnen Öl flossen ins Meer und verursachten eine verheerende Naturkatastrophe. Der Ölteppich war größer als alle vorherigen. Zudem standen 600 Bohrtürme in Flammen, schwarzer Rauch stieg in die Luft, und ein Ruß- und Fettfilm legte sich über ein riesiges Gebiet.

Beim Verbrennen von Öl und Erdgas gerät überdies das Treibhausgas Kohlendioxid in die Erdatmosphäre, wodurch sich das Klima wahrscheinlich unwiderruflich verändert.

Abwasser

Bis vor kurzer Zeit flossen aus den meisten Küstenorten Millionen Tonnen Abwasser ungehindert und ungefiltert ins Meer. Abwasser enthält unter anderem organische Bestandteile, Ammoniak und Stickstoff und zieht Bakterien, Parasiten und Viren an. Bis zu einem gewissen Grad vermögen natürliche Prozesse diesen Effekt auszugleichen. Manche Küstenanrainer pumpen ihr Abwasser nach wie vor in Flüsse oder das Meer und behaupten, die Natur regle die entstehenden Probleme allein. Ab einer bestimmten Konzentration und Menge gelingt dies allerdings nicht mehr, und dieser Punkt ist gerade bei Binnenmeeren mit vielen Anrainern wie der Nordsee oder dem Mittelmeer längst erreicht.

Die Auswirkungen können dramatisch sein: Der hohe Nährstoffgehalt des Abwassers fördert das Wachstum vieler Organismen. Dadurch wird Sauerstoff verbraucht, bestimmte Pflanzen wachsen besonders stark, während die Vielfalt der Arten abnimmt. Schalentiere werden vergiftet, und giftiges Phytoplankton blüht. Bei dieser sogenannten „roten Tide" gelangen Giftstoffe ins Wasser, die Meereslebewesen töten und das Wachstum von Krankheitserregern begünstigen. Diese Krankheiten können aber durchaus auch Menschen betreffen, die sich mit Hepatitis, Typhus, Ruhr, Enteritis oder Cholera infizieren.

In Asien sind neue Formen einiger dieser Krankheiten aufgetaucht, die man direkt mit der Gewohnheit vieler Menschen in Verbindung bringt, Abwasser ungefiltert ins Meer zu leiten. 1988 bildete sich ein zehn Meter dicker Teppich aus giftigem Phytoplankton an den Verbindungswegen zwischen Nord- und Ostsee. Millionen Fische wurden tot an die Strände gespült, und ekliger Schleim bedeckte die Strände. Rote Tiden waren früher selten, inzwischen kommen sie aber in Gegenden mit jahrelanger chronischer Verschmutzung häufiger vor.

Giftmüll
Meerwasser enthielt schon immer Spuren von Metallen, Mineralien und sogar von Schwermetallen, die für die meisten Organismen giftig sind. Sie gelangten auf natürliche Weise durch Vulkanausbrüche oder Spalten an den Rändern tektonischer Platten ins Wasser. In geringen Konzentrationen schaden sie niemandem, doch wenn ihre Menge zunimmt, können sich daraus Probleme entwickeln. Bei vielen industriellen Abläufen entstehen unerwünschte und oftmals gefährliche Nebenprodukte. Einige können leicht und effizient entsorgt werden, andere haben langwierige Auswirkungen.

Doch nicht nur Industriemüll landet im Meer. Nach dem Zweiten Weltkrieg wurden fast sämtliche chemischen Waffen Deutschlands versenkt – davon allein mindestens 35000 Tonnen in der Ostsee. Hunderttausende Tonnen chemischer Waffen aus der Sowjetunion, Großbritannien und den USA wurden im Nordatlantik, der Nordsee und anderen Meeren verklappt. Zu diesen Giftwaffen, darunter Senfgas, Phosphor, Nervengas und andere hochtoxische Chemikalien, kommen Hunderte Tonnen an Bomben, Minen und Granaten.

Auch durch Abwasserrohre, Niederschläge und Lecks gelangen immer wieder gefährliche Substanzen ins Meer. Schwermetalle wie Quecksilber und Blei sowie radioaktive Stoffe vergiften die Lebewesen im Meer und gelangen über sie in die Nahrungskette, wo sie Krankheiten und Unfruchtbarkeit auslösen. Giftstoffe aus dem Meer bereiten einigen Küstenorten große Sorgen – am bekanntesten ist wohl der Fall von Minamata in Japan. In den 1950er-Jahren begannen die dort lebenden Fischer und ihre Familien unter Taubheit, Sprach-, Seh- und Gleichgewichtsstörungen zu leiden. Die Symptome wurden auf eine fortschreitende Degenerierung der Hirnzellen zurückgeführt. Zwischen 1953 und 1960 starben über 600 Menschen, Tausende litten unter bleibenden Schäden, bevor man der wahren Ursache auf die Spur kam: Eine nahe gelegene Fabrik hatte Methylquecksilber in die Bucht geleitet, die Chemikalien hatten die dort heimischen Schalentiere und in der Folge die Menschen vergiftet, die sie aßen. Zum Glück nimmt die Zahl solcher extremen Katastrophen mittlerweile ab.

Unten: Überall auf der Welt werden Abwässer ins Meer geleitet. Sie ernähren Bakterien, die sich vermehren und anderen Lebewesen Sauerstoff rauben. Ebenso enthält das Abwasser Keime, die zu Krankheiten führen können. In Entwicklungsländern mit geringen Kontrollen und niedrigerem Umweltbewusstsein treten häufiger Probleme dieser Art auf.

Chemische Bedrohung

Zwei Sorten von Chemikalien bedrohen die Meere in besonderer Weise: DDT (Dichlordiphenyltrichlorethan) und PCB (Polychlorierte Biphenyle). DDT wurde in den 1950er-Jahren als Pflanzenschutzmittel eingeführt und zunächst wegen seiner positiven Eigenschaften geschätzt. Die Polychlorierten Biphenyle kamen etwa zur gleichen Zeit auf und wurden unter anderem zur Herstellung von Farben, Kunststoffen, Klebern und Sprays benutzt. DDT wanderte oft von Feldern in den Wasserkreislauf und weiter in die Meere. DDT und PCB stiegen auch in die Atmosphäre auf und gelangten von dort mit Niederschlägen ins Meer.

In den 1970er-Jahren wurde DDT in der westlichen Welt verboten, doch in vielen Entwicklungsländern ist es nach wie vor in Gebrauch. PCB verwendet man inzwischen deutlich seltener als früher, doch noch immer in zahlreichen Ländern der Erde.

Statt aus der Vergangenheit zu lernen, preist die chemische Industrie immer neue Wunderprodukte an, die samt und sonders in die Natur gelangen, bevor man ihre Langzeiteffekte ermessen kann. Über 1000 neue Chemikalien kommen jährlich auf den Markt, und mindestens die Hälfte von ihnen gilt als gefährlich oder potenziell schädlich für Mensch und Tier.

Hitze und Lärm

Die großflächigen Verunreinigungen sind jedoch nicht die einzigen Beeinträchtigungen, mit denen die Meere fertig werden müssen. Heißes Wasser aus Industrieanlagen und Kühlfabriken in Küstennähe verändern das

Klima der Meere zumindest lokal und kurzfristig. Echolote, die den Meeresboden vermessen, Detonationen, die von U-Booten ausgehen, und Bohrungen unter Wasser verursachen Lärm. Er kann Wale und Delfine negativ beeinflussen, die sich auf ähnlichen Wellenlängen miteinander verständigen. Umweltschützer versuchen in jüngster Zeit, den Einsatz von Echoloten in der Nähe von Wanderrouten der Meeressäuger und Laichgründen von Fischen verbieten zu lassen.

Früher füllte man radioaktiven Müll und giftige Chemikalien häufig in Fässer, versiegelte diese und versenkte sie im Meer. Inzwischen ist diese Praxis heftig umstritten. Die Behälter können beschädigt werden oder sich öffnen. Dann verursachen die ausströmenden Stoffe schwere Schäden.

Leider erkannte man die schädlichen Auswirkungen von DDT und PCB nicht gleich. Anders als natürliche Kohlenwasserstoffverbindungen zerfallen diese Stoffe nicht ohne Weiteres durch biologische oder chemische Reaktionen und lagern sich im Fettgewebe lebender Organismen ab. So gelangen sie in die Nahrungskette, wobei ihre Konzentration von Ebene zu Ebene zunimmt. Bei höheren Tieren können sie Wachstum und Fruchtbarkeit negativ beeinflussen. Gefährlich hohe Rückstände wurden bei Robben, Eisbären, Pinguinen und Tiefseefischen entdeckt.

Umweltbelastung

Weite Flächen der riesigen Ozeane sind von Menschen nahezu unberührt, während gerade die Küstenbereiche oft dicht besiedelt und stark genutzt werden. Rund 70 Prozent der Weltbevölkerung leben in der Nähe von Meeren. Seit der zweiten Hälfte des 20. Jahrhunderts hat überdies der Tourismus in diesen Regionen durch Pauschalreiseangebote und Billigflüge zugenommen.

Auch Veränderungen im Inland können die Küsten betreffen. Nimmt etwa durch die Rodung großer Waldflächen zu Bauzwecken die Bodenerosion zu, erhöht sich die Menge an Sedimenten, die vom Land ins Wasser gespült werden. Die hohen Sedimentkonzentrationen im Wasser können in der Folge die Kiemen der Fische verstopfen und diese töten. Verdrecktes Wasser bedroht nicht nur die Meereslebewesen, sondern vernichtet auch die Mangroven und andere Feuchtgebiete. Werden umkehrt im Landesinneren Dämme gebaut, die die natürliche Sedimentierung stark hemmen, beschleunigt dies die Küstenerosion, weil die regelmäßig von den Wellen abgetragenen Partikel nicht ersetzt werden.

Faszinierende Korallenriffe

Korallenriffe bestehen aus den Skeletten Milliarden winziger Lebewesen, den Polypen. Sie sind nicht nur wunderschön anzusehen, sondern bieten auch unzähligen tropischen Tieren einen Lebensraum. Damit sind sie ein wichtiger Teil des marinen Ökosystems. Zudem schützen sie die Küsten vor Erosion, indem sie etwa zahlreiche Inseln mit einem schützenden Wall umgeben.

Riffe können sich über viele Kilometer ausdehnen. Das größte von ihnen, das Great Barrier Reef vor Australien, ist 2000 Kilometer lang und bedeckt eine Fläche von etwa 200 000 Quadratkilometern. Einige Riffe existieren seit über 500 Millionen Jahren, doch leiden sie heute zunehmend unter den Aktivitäten der Menschen.

Die größten Probleme verursacht der Tourismus, der die Riffe vielerorts massiv zerstört – zum einen durch die Urlauberboote, die die Gewässer in verstärktem Maße durchkreuzen, zum anderen aber auch, weil der Riffkalk als Baustoff für die benötigte Infrastruktur verwendet wird. Rodungen zugunsten touristischer Einrichtungen führen außerdem dazu, dass Sedimentpartikel in hohen Konzentrationen ins Wasser gelangen und sich auf den Riffen ablagern. Diese töten nicht nur die Tiere im Wasser, sondern auch die riffbildenden Arten. Das steigende Tourismusaufkommen erhöht die direkten Kontakte von Menschen mit dem Ökosystem: Taucher schwimmen umher, jagen Fische und nehmen Muscheln, Perlen und Korallenstücke als Souvenirs mit. Die Riffe haben kaum noch Zeit, sich vom Ansturm der Besucher während der Hochsaison zu erholen.

Auch auf dem Festland verzeichnet man mancherorts ähnliche Auswirkungen auf die Natur und Umwelt. Dort gewinnt der Ökotourismus zunehmend an Bedeutung. Er versucht, Erholung so zu organisieren, dass sie im Einklang und zum Wohl der Natur geschieht. Ob dies gelingt, bleibt abzuwarten. Im Idealfall müsste man die Zahl der Touristen in vielen Gebieten streng begrenzen und reglementieren, doch die Anbieter solcher Touren setzen natürlich auf Profit und sind bereit, dafür gewisse Abstriche zu machen.

Korallenriffe leiden auch unter der globalen Klimaerwärmung, da die Polypen empfindlich auf Veränderungen der Wassertemperatur reagieren. Steigt diese zu rasch an, stoßen die Polypen die symbiotischen Algen ab, die in ihren Geweben leben und die Korallen einerseits mit Nahrung versorgen, ihnen andererseits aber auch Farbe verleihen. Dann „bleichen" die Korallen scheinbar aus und sterben schließlich.

Rechts: Wenn sich die Zerstörung der Korallenriffe fortsetzt wie bisher, werden in 50 Jahren etwa 70 Prozent aller Riffe weltweit verschwunden sein – eine wirtschaftliche Katastrophe für die Völker, die in ihrer Nähe leben, und ein Trauerspiel für die übrige Welt, denn Lebewesen wie diese wunderschönen orangefarbenen Becherkorallen wären für immer verloren.

Globale Erwärmung

Heute ist die Durchschnittstemperatur weltweit höher als in den letzten 750 Jahren. Die 1990er-Jahre waren das wärmste Jahrzehnt seit Beginn der Messungen. Wissenschaftler, die gefährliche Auswirkungen der globalen Erwärmung besonders auf die Antarktis befürchten, haben am Larsen-B-Eisschelf Untersuchungen durchgeführt. Spalten im Eis und große Brocken, die sich lösen und ins Meer fallen, deuten darauf hin, dass das gesamte Eisschelf in absehbarer Zeit entzweibrechen könnte. Andernorts häufen sich extreme Wetterphänomene. So haben etwa Wirbelstürme und Überschwemmungen an der Ostküste der USA in jüngerer Zeit schwere Schäden verursacht. In einigen Regionen regnet es stärker und häufiger als früher, während andere unter ungewöhnlicher Trockenheit leiden. Nicht alle Veränderungen sind negativ – einige Länder verzeichnen nun ein homogeneres Klima und längere Wachstumsperioden.

Häufig wird der Temperaturanstieg auf den sogenannten Treibhauseffekt zurückgeführt. Gase steigen dabei in die Atmosphäre und verhindern, dass Erdwärme ins Weltall abgestrahlt wird. Einige Forscher glauben, dass dieser Effekt sich verstärkt, weil durch menschliche

Aktivitäten immer mehr Treibhausgase – besonders Kohlendioxid und Wasserdampf – in die Atmosphäre gelangen. Kohlendioxid wird vor allem von Fabriken und beim Einsatz fossiler Brennstoffe freigesetzt, aber auch bei der Brandrodung. Auch Fluorchlorkohlenwasserstoffe (FCKW) aus Spraydosen und Kühlschränken, Stickstoff aus Autoabgasen und Düngemitteln sowie Methangas aus verrottenden Pflanzen und Müll zählen zu den Treibhausgasen.

Fluorchlorkohlenwasserstoffe beschädigen überdies die Ozonschicht, die die Erde vor ultravioletten Strahlen aus dem Weltall schützt. Alljährlich im Frühling sind über der Antarktis große Löcher in der Ozonschicht zu beobachten, und auch in der Arktis hat man jüngst ein kleines Loch beobachtet. Eine starke ultraviolette Strahlung auf der Erde vergrößert das Hautkrebsrisiko und schwächt das Immunsystem der Menschen. Sie gelangt ins Meer und beeinträchtigt die Planktonproduktion, was sich auf die gesamte Nahrungskette auswirken könnte.

Oben und links: Die globale Erwärmung verändert weltweit die Niederschlagshäufigkeit und -menge. Viele Regionen werden trockener, in anderen mehren sich Stürme und Orkane. Mit ihnen gehen heftige Regenfälle und Überschwemmungen einher, die Ernten und Städte verwüsten und Todesopfer fordern.

Steigender Meeresspiegel

Der weltweit steigende Meeresspiegel hat viele Diskussionen ausgelöst. Häufig führt man das Abschmelzen der Polkappen aufgrund der globalen Erwärmung als Hauptgrund an. Würden die Polkappen der Arktis und Antarktis vollständig abschmelzen, könnte der Meeresspiegel weltweit um etwa 80 Meter ansteigen. Selbst ein nur geringfügiger, jedoch dauerhafter Anstieg würde viele Küstenstädte bedrohen, die sich zumindest aufwendig vor den Wassermassen schützen müssten. Doch einige Gebiete – zum Beispiel über Jahrhunderte ausgetrocknete Sümpfe und Feuchtgebiete – könnten wiederum vom Wasseranstieg profitieren. Es ist andererseits keineswegs sicher, dass die Polkappen schmelzen, denn viele Forscher glauben, dass wir auf eine neue Eiszeit zusteuern, die allerdings erst in 10 000 bis 15 000 Jahren zu erwarten ist.

Bis zum Beginn des 19. Jahrhunderts war der Meeresspiegel gut 3000 Jahre lang relativ konstant geblieben. Seitdem ist er in einigen Regionen gestiegen, in anderen dafür gefallen. Die Höhe des Meeres im Verhältnis zum Festland war nie statisch und hängt von zahlreichen Faktoren ab, etwa von Vulkanaktivitäten und Erdplattenbewegungen. Klimatische Veränderungen stehen in enger Verbindung mit dem Anstieg des Meeresspiegels, doch sind die Zusammenhänge von Ursache und Wirkung keineswegs endgültig erforscht. In Eiszeiten bedeckt Wasser in Form von Eis und Schnee das Festland. Eis ist schwer und drückt die Landmassen langsam nach unten, sodass der Meeresspiegel zu steigen scheint. Schmilzt das Wasser und fließt in die Meere ab, steigt der Wasserpegel noch stärker, doch das nun leichtere Land hebt sich ebenfalls – der Fachbegriff hierfür lautet isostatische Hebung –, sodass sich Meeresspiegel und Festlandniveau gegenseitig stabilisieren. Skandinavien, das vor rund 10 000 Jahren noch unter einer dicken Eisschicht lag, hebt sich derzeit mit etwa 90 Zentimetern pro Jahrhundert, in Kanada sind es sogar 182 Zentimeter. Deshalb steigt der Meeresspiegel in einigen Regionen der Erde, während er in anderen zu sinken scheint.

Die meisten Messungen, die einen starken Anstieg des Meeresspiegels ergeben, werden mithilfe von Satelliten vorgenommen. In vielen Fällen werden die Ergebnisse jedoch nicht mit Gezeitenmessungen an den Küsten abgeglichen. Die Satellitendaten können fehlerhaft sein, weil die Messgeräte nicht richtig geeicht sind oder falsch abgelesen werden. Auch werden saisonale Veränderungen oftmals nicht eingerechnet.

Register

Aal
  Conger- 73
  Dornrücken- 284
  Einkiefer- 277
  Europäischer Fluss- 75
  -mutter 284
  Pelikan- 276f
  Schleim- 285
  Schnepfen- 266, 277
Abwässer 310f
Affe
  Javaner- 158
  Nasen- 158f
Ährenfisch, Kalifornischer 90
Albatros
  Schwarzbrauen- 59, 252
  Wander- 253
  Weißkappen- 111
Algen 98, 99, 100, 108
  Braun- 98, 108, 123f
  Grün- 108, 123f
  Kartoffel- 108
  Rot- 100, 116, 123f, 134
  Trompeten- 108
Alke 59
Americardia media 118
Amphipoden (Flohkrebse) 69, 80
Ampithoe humeralis 126
Amphiura brachiata 67, 83
Anaitides 67
Anemone
  Chrysanthemen- 83
  Gestreifte Röhren- 202
  Mertens-See- 202
  Pracht- 213
Anemonenfische 202, 213
  Orangeringel- 213
Anglerfisch 278f
  Laternen- 278
  Schwarz- 278
  Tiefsee- 278
Anodontia edentula 153
Antarktis 15, 26f, 162, 172, 177, 182, 184f, 187
Antarktis-Skua 58, 187
Anthenopleura africana 153
Äquator 30
Archaeomysis grebnitzkii 84
Arktis 26f, 162–171, 184
Artenvielfalt, marine 41
Äsche 72
Assel 50, 64, 98, 116
  Riesen- 283
  Strand- 98
Asselspinnen 135, 283

Atemwurzeln 148
Atolle 199
Atrina fragilis 68
Auster
  Baum- 150
  Europäische 68
Austernfischer 63
Australien 294

Barnoness 208
Barrakuda 122, 235
Barsch 70
  Felsen- 216
  Tang- 130
  Wolfs- 70
Bathygobius soporator 111
Bathynomus giganteus 283
Bathypterois longifilis 285
Bathypterois longipes 285
Beagle 294
Beilfische 264, 267, 276
Beluga (Weißwal) 165, 167
Bergelohn 306
Big Sur Coast, Kalifornien 95
Biolumineszenz 262f, 275f
Blauaugenscharbe 187
Blepharipoda occidentalis 84
Blütenpflanzen 64, 95, 114
Borstenmäuler 277
Brachidontes exustus 118
Braunpelikan 149
Bryozoen 126
Bull Kelp 136
Buntfuß-Sturmschwalbe 59, 187, 252
Busycon contrarium 119
Butterfisch 111

Caridina propinqua 154
Cerithidea obtusa 150
Chauliodus sloani 266
Chimäre
  Kurznasen- 285
  Langnasen- 285
Chitonen (Käferschnecken) 107
Clownfisch, Falscher 194, 200, 213
Chondrilla nucula 116
Colpomenia peregrina 108
Conus geographicus 204
Conus textile 204
Conus tulipas 204
Cook, James 294f
Corioliskraft 230f
Cousteau, Jacques-Yves 298

Cristiceps aurantiacus 126
Cynopterus brachyotis 158

Darwin, Charles 295
DDT 312
Delfin 244–247
  Flecken- 244, 246
  Gemeiner 244
  Spinner- 244
  Zügel- 245
Depositfresser 44, 80
Dermasterias imbricata 95
Detritivoren 44
Diagonal-Süßlippen 197
Diatomeen 79, 226
DNA (Desoxyribonucleinsäure) 38
Dorsch 70
  Franzosen- 70
  Polar- 164
  Zwerg- 70
Drachenfisch
  Barten- 264
  Schwarzer 264
  Tiefsee- 264
Dreistelzenfisch 285
Drückerfisch
  Picasso- 216
  Riesen- 216
Dugong 138f, 141
Dulse 129
Dünen 50
Durdle Door 21

Eingeweidefische 284
Eisbär 169
Eisdecken, polare 26f, 184
El Niño 28–31
Emerita talpoida 84
Endeavour 294
Endofauna
  der Sandküsten 79
  der Tiefsee 282
  der Watten 66f
Energie, ozeanische 306
Enigmonia aenigmatica 150
Enteromorpha spp. 108
Epiphyten der Seegräser 116
Erdbeben 35
Erde, Entstehung 14
Erdgas 305
Erdkruste 14, 17
Erwärmung, globale 18, 26, 314f
Eukaryoten 39
Evolution 38–41

Falke
  Ger- 170
  Wander- 58
Falterfisch
  Gestreifter 208
  Halbmasken- 208
  Meyers 208
  Vieraugen- 208
Fangzahnfisch 264
FCKW 314
Felsenbohrer 103
Felsenspringer 98
Fetzenfisch 121
Filtrierer 44
Finte 75
Fischadler 71
Fischfang, kommerzieller 300f
Fischotter 130
Fischzucht 303
Flamingozunge 203
Flechten 96, 98
Fliegende Fische 232
Flunder 72
  Stern- 72
Foraminiferen 282
Forschungsreisen 290, 292, 295
Friesenknopf 108

Gagnan, Emile 298
Gammarus 69, 80
Gari elongata 153
Garibaldifisch 115, 130
Garnele 302
  Gras- 121
  Nordsee- 84, 121
  Rote 69, 121
  Säge- 69
Gelbschopflund 59
Gespensterfische 264
Gezeiten 18, 21, 32f, 35
  -kraftwerk 306
Girella simplicidens 126
Globales Förderband 22
Goldrose, Karibische 202
Golfstrom 22f, 231
Grantia compressa 100
Great Barrier Reef 199, 313
Grenadierfische (Rattenschwänze) 284
  Riesen- 284
Große Schlangennadel 122
Großer Tümmler 244

Haarbutt 111
Haarsterne 134, 207

Hadal 280–282
Hai 236–241
    Ammen- 149
    Blau- 130, 224, 236
    Bogenstirn-Hammer- 45, 218, 237
    Dorn- 137
    Engels- 73
    Grönland- 164, 236
    Großer Hammer- 236
    Horn- 121
    Karibischer Riff- 236, 238
    Kleingefleckter Katzen- 87
    Portugiesen- 285
    Riesen- 228, 236, 243
    Schwarzspitzen-Riff- 218
    Tiger- 218, 236
    Wal- 236f, 239
    Weißer 236f
    Weißspitzen-Riff- 218
    Zigarren- 285
Halley, Edmond 297
Handelsrouten 290
Harmothoe lunulata 67
Harriota haeckeli 285
Hasel 72
Haubenlangur 158
Hecht, Europäischer 72
Hechtling, Gefleckter 71
Hering 75, 164
    Atlantischer 232f
    Pazifischer 250
Hiatella arctica 103
Hoheitsgebiete 307
Holland, John P. 299
Hornlund 59
Hummer 101, 120, 135
Hydroidpolypen 116
Hydrothermale Schlote 17, 280, 286f

Ibisse 158
Idiacanthus antrostumus 264
Idiacanthus fasciola 264
Infauna, *siehe* Endofauna
Isognomon ephippium 150

Kabeljau 122, 250
Kaiserfisch
    Blaugelber Zwerg- 210
    Diadem- 210
    Diadem-Pracht- 210
    Großer 210
    Orange-Pracht- 210
    Pazifischer Zebra- 210
    Pfauen- 210
Kalmenzone 30
Karausche 72

Kelp, *siehe* Tang
Kieselalgen, *siehe* Diatomeen
Klappmütze 167
Kliesche 70
Klimawandel 18, 314f
Klippen 20
Klipper 291
Kolkrabe 170
Kolumbus, Christoph 290, 292
Kompass 293
Kontinentaldrift 14
Kontinentale Platten 14–16
Kontinentalverschiebung 14f
Korallen
    Bau und Ernährung 192f
    -bleiche 194, 313
    Feuer- 192
    Fortpflanzung 196f
    Hirn- 194
    -moos 108
Korallenriffe 313
    Typen 198f
    Zerstörung 313
Krabbe
    Blau- 69
    Land- 50, 54f
    Masken- 84
    Porzellan- 109
    Quadrat- 154
    Sand- 84
    Schwimm- 101
    Strand- 109
    Weihnachtsinsel- 55
    Westatlantische Reiter- 80
    Winker- 154
Krabbenfresser 57, 174
Krake 47, 101, 225
    Blauring- 207, 225
    Tiefsee- 272f
    Zirren- 164
Krebs
    Bunter Fangschrecken- 207
    Floh- 50, 69, 80, 98, 260
    Maulwurf- 154
    Pfeilschwanz- 91
    Pistolen- 121
    Taschen- 69, 109, 302
Krill 173
Krustensteinblatt 100
Kurznasen-Flughund 158
Küstenseeschwalbe 170, 187

La Niña 28
Labyrinthula zosterae 122
Lachs, Atlantischer 73, 75

Langkopf-Partnergrundel 109
Languste
    Karibik- 120
    Rote 126
Laomedea angulata 116
Lärm 312
Laternenfische 224, 233
Laternula truncata 153
Leguan, Grüner 157
Leistenkrokodil 50, 146
Lepadogaster lepadogaster 111
Linckia guildingii 205
Lipophrys pholis 111
Lippfisch
    Junker- 216
    Napoleon- 216
Littorina irrorata 64
London Arch 20
Lucernariopsis campanulata 116
Lumme
    Dickschnabel- 59, 170
    Trottel- 59
Lysmata grabhami 205
Lytechinus variegatus 118

Macrocystis pyrifera 136
Macropipus/Necora puber 101
Magellan, Ferdinand 292
Maifisch 75
Makrele, Gewöhnliche 73
Manati 138–141
    Afrikanischer 138
    Amazonas- 138
    Karibik- 39, 138
Mangrove 25, 150–159
    -bäume 146–149
Manteltiere 134, 194
    Tiefsee- 282
Marianengraben 16, 280
Marlin
    Blauer 224, 233
    Gestreifter 233
Meerässche, Dicklippige 70
Meerechse 105
Meereskunde 295f
Meeresspiegelanstieg 18, 315
Meeresströmungen 22–25
Meeresverschmutzung 309–312
Meerfenchel 67
Meerlavendel 64
Meerohr
    Rosafarbenes 135
    Rotes 135
Meersalat 108, 123
Meerzitrone 108
Megalodicopia hians 282
Melongena corona 119

Mercenaria mercenaria 68
Metalle 305
Metaplax elegans 154
Milchkraut 64
Mittelatlantischer Rücken 15, 17
Mittelozeanische Rücken 15, 17
Mond 32f
Mondmonat 33
Monognatus alstromi 277
Moostierchen 126
Moschusochse 169
Möwe
    Dominikaner- 187
    Mantel- 58
    Rosen- 170
    Schmarotzerraub- 170
Müll
    Gift- 311f
    Radioaktiver 312
Muräne 217
    Rußkopf- 216
Muscheln 44, 68, 81, 83, 282, 287
    an hydrothermalen Schloten 287
    Dattel- 103
    Essbare Herz- 118, 136
    Essbare Mies- 68f, 99, 118
    Gemeine Pfeffer- 68
    Gestutzte Klaff- 68
    Große Bohr- 103
    Lagunenherz- 118
    Lange Otter- 68
    Platte Tell- 81
    Raue Bohr- 103
    Raue Feilen- 203
    Riesen- 203
    Riesenklaff- 287
    Steck- 68
    Tiefsee-Kamm- 260
Musculista senhausii 153
Mysella bidentata 67
Myxicola infundibulum 118

Nahrungsnetze 41, 43, 108
Nattern-Plattschwanz 219
Nautilus spp. 274
Navigation 293
Nematoden 118
Nephthys hombergi 83
Nerita lineata 150
Neustonschicht 223
Nordatlantischer Strom 22f
Nordatlantisches Tiefenwasser (NADW) 22
Nordpazifik 59
Nordsee-Erdgas 305

Occultammina profunda 282
Oerstedia dorsalis 118
Öl 308, 310
Oneirophanta mutabilis 281
Orca, *siehe* Wal, Schwert-
Oxyjulis californica 130
Ozeane, Entstehung 14
Ozeanografie 295
Ozonschicht 39, 314

Paelopatides grisea 281
Palmendieb 54f
Pampan 217
Pangäa 15
Panthalassia 15
Panulirus interruptus 135
Papageifisch 214
    Büffelkopf- 214
Papageitaucher 59
Passatwinde 30
PCBs 312
Periclimenes holthuisi 205
Perlboot 274
Perlen 303
Perlwurz, Antarktische 172
Petermännchen
    Gewöhnliches 89
    Kleines 87
Pferdeaktinie 100
Phascolosoma arcuatum 153
Phasianotrochus eximius 204
Philippinenfrosch 156
Phytoplankton 28, 32, 42, 226
Pinguine 27
    Adelie- 182
    Esels- 182, 185
    Galapagos- 182
    Goldschopf- 182
    Kaiser- 58, 182, 185
    Königs- 182
    Zügel- 173, 182
Pinzettfisch
    Kupfer- 208
    Röhrenmaul- 208
Planktonblüte 42, 226, 311
Plattentektonik 14, 17, 296
Plattfische 72, 86
Pneumatophoren 25, 148
Polare Eisdecken 26f, 184f
Porcellana platycheles 109
Portugiesische Galeere 234
Prionurus laticlavius 212
Pulpit Rock, Dorset 95
Purpurrose 100
Putzerfisch
    Falscher 216
    Gemeiner 216
Putzgrundel, Blaue 150

Qualle 228f, 263, 269
    Mond- 228
    Ohren- 228
    Rippen- 258f, 268
    Staats- 268
    Stiel- 116
    Wurzelmund- 120, 228
Quastenflosser 267
Queller 64, 114

Rankenfußkrebse, *siehe* Seepocken
Regenbogenforelle 75
Reiche (Klassifikation) 41
Reiher 158
Rhinochimaera pacifica 285
Rhizophora stylosa 144, 146
Riesen-Bartwürmer 287
Riesenkalmar 273
Riesenmanta 251
Riesenseeadler 58
Riesenstern 136
Riffbarsch
    Afterfleck- 213
    Goldener 212
Riffbildung 194
Ringelgans 123
Rissoa membranacea 116
Robbe 18, 27, 56f, 167f, 248–249
    Band- 167
    Bart- 167, 169
    Eismeer-Ringel- 167
    Grau- 248
    Kegel- 248
    Ringel- 169
    Ross- 174
    Sattel- 162f, 167
    Weddell- 174, 176
Rochen 251
    Amerikanischer Stech- 88, 218
    Blaupunkt- 218
    Gewöhnlicher Stech- 87
    Leopard-Stech- 218
    Nagel- 87
    Teufels- 251
Rote Tide 42, 311
Rotfeuerfisch 217

Salinität 22f, 25, 63, 107
Salzgehalt, *siehe* Salinität
Salzgras 64
Salzmarschen 21, 64f
Sanddollars 83
Sanderling 91
Sandküsten 21, 78
Schalentiere, Nutzung 302
Scharlachsichler 158
Schelfmeere 250

Schellfisch 250
Schiffe 291
Schifffahrtsrecht 307
Schiffsbohrwürmer 150
Schildfische 111
Schildkröte 52f
    Bastard- 52f
    Echte Karett- 52, 120
    Leder- 53
    Suppen- 52, 120
Schildkrötengras 114
Schlammspringer 157
Schlammtreter 67
Schlangenstern 83, 205
    Schwarze 134
    Tiefsee- 280f
    Zerbrechliche 134
Schlickgras 64, 114
Schlinger, Schwarzer 277
Schmarotzerrose 101
Schmiele, Antarktische 172
Schnapper
    Blaustreifen- 233
    Gelbschwanz- 224
Schnecke 204
    Breitwarzige Faden- 108
    Bunte Kreisel- 107
    Durchsichtige Napf- 126
    Fasanen- 126
    Gemeine Napf- 96, 102
    Gemeine Strand- 116
    Gemeine Watt- 68
    Käfer- 107
    Kleine Gitter- 116
    Kreisel- 126
    Kronen- 119
    Mangroven- 150
    Napf- 97, 108
    Nordische Purpur- 99, 104
    Raue Strand- 98
    Riesen-Flügel- 119
    Schwarze Pazifische Turban- 126
    Spitze Strand- 97
    Stumpfe Strand- 99
    Tiger- 204
Schneeeule 170
Schneehuhn 170
Scholle 70, 86
Schützenfisch 156
Schwalbenschwänzchen, Grünes 213
Schwämme
    Brotkrumen- (Meerbrot) 100, 108
    Gelbe Bohr- 100, 103
    der Tiefsee 282
Schwermetalle 311

Schwertfische 235
Sebastes atrovirens 130
Sedimentfresser 44, 80
Seeampfer, Blutroter 129
Seeanemonen, *siehe* Anemonen
Seebär
    Antarktischer 57, 174, 176
    Nördlicher 57
Seedahlie 134
Seedrache, Schwarzer 264
Seeelefant
    Nördlicher 248
    Südlicher 57, 174, 176
Seefächer 199, 204
Seegras 45, 66, 95, 114f, 122
    Kleines 123
    -krankheit 122f
Seegurke 45, 83, 281
Seewalze, Schwarze 67
Seehase 116, 126
Seehecht 250
Seehund 56, 97, 130, 248
Seeigel 107, 118, 135, 281
    Diadem- 118, 205
    Essbarer 135
    Griffel- 205
    Herz- 82f, 118
    Leder- 205
    Purpur- 135
    Roter 135
Seekühe 138–142
Seeleopard 173f, 179, 248
Seelilien 281
Seelöwe, Kalifornischer 56, 130f, 248f
Seemaus 67
Seenadeln 122
Seeotter 130, 132f
Seepferdchen 122
    Kurzschnauziges 122
    Langschnauziges 200
Seepocken 97f, 103
    Kleine Streifen- 150
Seeratte 134
Seerecht 307
Seerinde 126
Seesaibling 164
Seescheiden 134
    Stern- 134
Seeschlange
    Gelbbauch- 219
    Plättchen- 219
    Plattschwanz- 219
Seespinne 135, 283
Seestern 46, 107, 281, 304
    Blauer 203, 205
    Dornenkronen- 204f

Eis- 136
    Gemeiner 109, 136
Seevögel 58f
Seezunge 70, 72
Sepie 272
    Atlantische Zwerg- 121
Sergeant
    Gestreifter 213
    Indopazifischer 213
Sextant 293
Sheephead, Kalifornischer 130
Sirenen 138–142
Sonnenrose 83
Spanische Tänzerin 204
Spartina partens 64
Stachelhäuter 46, 83, 118f, 135f, 202
Stachelsonnenstern 136
Steinbutt 86
Steinfisch 217
Stellersche Seekuh 138
Stichling
    Dreistachliger 72
    See- 111
Stint 75
Strandaster 64
Strandläufer 158
Strömungen 22–25, 230f, 296
Sturmvogel
    Antarktis- 187
    Kap- 187
    Riesen- 187
    Schnee- 187
    Silber- 187
    Tauben- 187
Südkaper 180
Südpolarmeer 17, 26
Sundanella sibogae 150
Suspensionsfresser 44, 81
Syringodium filiforme 114

Taliepus nuttallii 126
Talitrus saltator 80
Tang 95, 124–130
    Blasen- 99, 123
    Finger- 124
    Gabel- 98
    Knoten- 99
    Knorpel- 123
    Palmen- 124
    Riemen- 108
    Riesen- 136f
    Rinnen- 98
    Scheren- 108
    Zucker- 124
Taucheranzug 298
Taucherglocke 297

Temperaturen
    der Meeresoberfläche 230
    der Tiefsee 256, 260
    hydrothermaler Quellen 286
Thalassina spp. 154
Thaumatichthys axeli 278
Thermohaline Zirkulation 22f
Thunfische 235, 300
Tidenhub 32
Tiefseeebene (abyssale Ebene) 281
Tiefseerinnen 16, 280
Tintenfisch 272
    Gemeiner 121
    Vampir- 273
Titanic 308
Tölpel
    Bass- 59
    Blaufuß- 59, 253
    Masken- 59
    Rotfuß- 59
    Weißbauch- 59
Tordalk 59
Tote Meerhand 134
Totes Meer 23
Treibhausgase 18, 314
Tridacna spp. 203
Tritonshorn, Großes 204
Tsunami 18, 34f

Uca thayeri 154
Uca vocans 154
Unterseeboote 299
Unterseeische Berge 231

Venerupis cerrusata 68
Viperfisch 266
Vulkane, unterseeische 16f

Wachsrose 100
Wal 242f
    Barten- 44
    Blau- 179–181, 242f
    Buckel- 180, 242f
    Finn- 180, 242
    Grau- 130, 242
    Grönland- 165
    Nar- 165
    Pott- 224, 269, 273
    Schwert- (Orca) 130, 173, 179, 244, 247
    Sei- 179f, 242
    Weiß- (Beluga) 165, 167
    Zwerg- 180, 242
Walross 168
Wanderungen bei Fischen 73–75

Wasserschichten 222f
Weißgesicht-Scheidenschnabel 187
Wellen 34
Wikinger 291
Winde 30, 230
Winteria telescopa 264
Wittling 70
Wobbegong 218
Wracks 308
Wurm
    Dreikant- 134
    Fächer- 154
    Gemeiner Strand- 67, 80, 118
    Grüner Feuer- 203
    Grüner Meerringel- 67
    Pfauen- 80
    Pompeji- 286
    Posthörnchen- 116
    Sand- 80
    Seeringel- 67, 81
    Weihnachtsbaumröhren- 193, 202

Zackenbarsch 217
    Braunflecken- 217
    Juwelen- 214, 217
    Karibischer 216
    Riesen- 217
Zooplankton 43, 226f, 257
Zostera angustifolia 123

DANKSAGUNG

Der Verlag dankt Oxford Scientific Films und Getty Images
für die Bereitstellung der Fotos in diesem Buch.

©Oxford Scientific Films:
12 Phototake Inc; 17 Oliver Grunewald; 31 (unten) Vince Cavataio; 35 (oben) Bill Brennan;
42 (links) Harold Taylor; 43 Harold Taylor; 48 Ron Dahlquist; 50 Steve Turner; 51 Richard Herrmann;
53 (oben) Patricio Robles Gil; 54 Green Cape Pty Ltd; 55 Ed Robinson; 56 Gerard Soury; 58 Bill Paton;
60 Niall Benvie; 62 Chris Knights; 64 Ian West; 66 Sue Scott; 67 (oben) Olaf Broders; 67 (unten) Bob Gibbons;
68 Rodger Jackman; 69 Paul Kay; 70 Mark Webster; 71 (unten) Chris Knights; 72 Mark Webster; 73 Gerard Soury;
76 Ian West; 78 William Gray; 79 Oxford Scientific; 80 Tony Tilford; 81 (oben) Oxford Scientific;
81 (unten) Oxford Scientific; 82 (oben) Paul Kay; 83 Oxford Scientific; 84 Gustav Verderber; 85 Colin Milkins;
86 Paul Kay; 87 (oben) Paul Kay; 87 (unten) Oxford Scientific; 89 (oben) Fredrik Ehrenstrom; 89 (unten) Tobias Bernhard;
90 Howard Hall; 91 (unten rechts) Terry Button; 91 (unten links) Chris Sharp; 92 Richard Herrmann; 94 David Boag;
95 (rechts) Rodger Jackman; 96 Oxford Scientific; 97 (oben) David Boag; 98 Sue Scott; 99 Oxford Scientific; 101 Paul Kay;
102 (oben) Barrie Watts; 102 (unten) Harold Taylor; 103 Barrie Watts; 104 Paul Kay; 106 Richard Herrmann;
107 (links) Paul Kay; 107 (rechts) Oxford Scientific; 108 Richard Herrmann; 109 Paul Kay; 110 Kathie Atkinson;
112 Sue Scott; 114 Randy Morse; 115 Paul Kay; 117 Karen Gowlett Holmes; 118 (oben) Tobias Bernhard;
120 (oben) Gerard Soury; 121 Karen Gowlett Holmes; 122 Doug Wechsler; 123 (unten) Bob Gibbons; 124 Sue Scott;
126 Tobias Bernhard; 127 David B. Fleetham; 128 Paul Kay; 130 Tammy Peluso; 131 (oben) Richard Herrmann;
131 (unten) David Fleetham; 133 Daniel Cox; 134 Oxford Scientific; 135 Gerard Soury; 136 (oben) Sue Scott;
137 Tobias Bernhard; 139 Gerard Soury; 142 William Gray; 144 Kathie Atkinson; 147 Kathie Atkinson; 148 Mark Jones;
149 (oben) Waina Cheng; 149 (unten) David B. Fleetham; 150 (unten) Mark Webster; 151 David B. Fleetham;
152 Mark Deebie & Victoria Stone; 154 Tobias Bernhard; 155 Tobias Bernhard; 156 Oxford Scientific;
157 (oben) Mary Plage; 157 (unten) Phillip J. DeVries; 158 Berndt Fischer; 159 (oben) Partridge Prod Ltd;
159 (unten) Mike Birkhead; 162 Doug Allan; 164 David Fleetham; 165 Gerard Soury; 166 Doug Allan; 167 Doug Allan;
168 Gerard Soury; 169 (unten) Norbert Rosing; 170 Mark Hamblin; 171 Patricio Robles Gil; 173 (rechts) Ben Osborne;
178 (unten) Gerard Soury; 178 (oben) Doug Allan; 180 David B. Fleetham; 186 (oben) Konrad Wothe;
186 (unten) Tim Jackson; 187 Steve Turner; 204 Richard Herrmann; 225 David B. Fleetham; 226 Oxford Scientific;
227 Harold Taylor; 228 Thomas Haider; 232 David B. Fleetham; 234 Karen Gowlett-Holmes; 235 Richard Herrmann;
239 Tammy Peluso; 241 Howard Hall; 248 Tobias Bernhard; 252 Chris & Monique Fallows; 253 Godfrey Merlen;
258 David B. Fleetham; 259 Herb Segars; 261 (oben) Zigmund Leszczynski; 262 Oxford Scientific;
263 (unten) David B. Fleetham; 265 Norbert Wu; 266 Oxford Scientific; 267 Paulo De Oliveira; 268 Tobias Bernhard;
269 Thomas Haider; 270 Paulo De Oliveira; 272 (oben) Oxford Scientific; 272 (unten) Roland Birke; 273 Bob Cranston;
274 W. Gregory Brown; 275 Paulo De Oliveira; 277 Mark Deebie & Victoria Stone; 278 Clive Bromhall;
280 Scripps Inst. Oceanography; 285 (links) Paulo De Oliveira; 285 (rechts) Joanne Huemoeller;
287 Scripps Inst. Oceanography; 290 David A. Land; 299 David B. Fleetham; 301 Richard Herrmann; 305 Mark Webster;
307 Sharon Green; 310 Bennett Productions; 312 (unten links) Jan Callagan.

©Getty Images: 21 (oben); 21 (unten); 23 (oben); 24; 29; 30 (unten); 31 (oben); 33; 34; 291; 292 (rechts);
293 (oben); 293 (unten); 294; 295 (unten links); 303 (links); 308 (oben links); 308 (unten); 311; 314 (oben).

Dieses Buch hätte ohne die freundliche Unterstützung von Jane Benn, Oliver Higgs,
Mark Brown, Richard Betts und Murray Mahon nicht entstehen können.